全国高等院校旅游专业规划教材

# 旅游社交礼仪

陈刚平　主编

旅游教育出版社
·北　京·

责任编辑：张瑞芳

**图书在版编目(CIP)数据**

旅游社交礼仪/陈刚平主编.—北京：旅游教育出版社，2006.8(2014.8)
全国高等院校旅游专业规划教材
ISBN 978-7-5637-1416-2

Ⅰ.旅…　Ⅱ.陈…　Ⅲ.旅游业-礼仪-高等学校-教材　Ⅳ.F590.63

中国版本图书馆CIP数据核字(2006)第095879号

全国高等院校旅游专业规划教材
**旅游社交礼仪**
陈刚平　主编

| | |
|---|---|
| 出版单位 | 旅游教育出版社 |
| 地　　址 | 北京市朝阳区定福庄南里1号 |
| 邮　　编 | 100024 |
| 发行电话 | (010)65778403 65728372 65767462(传真) |
| 本社网址 | www.tepcb.com |
| E-mail | tepfx@163.com |
| 印刷单位 | 河北省三河市灵山红旗印刷厂 |
| 经销单位 | 新华书店 |
| 开　　本 | 787×960　1/16 |
| 印　　张 | 16.75 |
| 字　　数 | 275千字 |
| 版　　次 | 2006年11月第1版 |
| 印　　次 | 2014年8月第7次印刷 |
| 定　　价 | 23.00元 |

(图书如有装订差错请与发行部联系)

# 出版说明

为适应旅游业的发展要求，满足旅游高等教育的需要，我们根据高等院校旅游专业的课程设置、教学目标，在国家旅游局人事劳动教育司的主持下，集合国内旅游高等院校的众多专家学者，自20世纪90年代起，先后出版了系列旅游高等院校教材。该套教材出版以来，得到了广大院校师生和业界的普遍好评，至今仍是众多院校的首选教材，一版再版。迄今为止，该套教材不仅为众多院校广泛使用，而且是规模最大、品种最多的一套高等院校旅游专业教材。

但是我们深知，教材出版本身是一个不断完善的动态过程，需要产业的推动、研究的深化、时间的积淀，更需要广大师生的参与。本着这一目的，根据21世纪旅游业的发展要求与广大师生的殷切希望，我们根据教育部与国家旅游局对旅游学科的规划与行业要求，对本套教材进行了必要的增补与修订，以确保该系列教材的科学性、权威性。

与原教材相比，本版教材注意了课程设置与教材编写的科学性、针对性、规范性，使整套教材更适合学科教学和行业发展要求。在此基础上，本版教材强调了教材的研究含量，旨在倡导教材编写的严肃性、高等教育的研究性，避免教材编写中存在的简单雷同现象，体现了国家骨干教材应有的规范性与原创性。可以说，本版教材更加贴近了我国高等院校旅游专业教学实际，严格按照课程设置和教学目标设计安排教材内容，使高等教育教材的先进性与研究性得到充分保证。

在此次增补与修订中，我们始终强调教材编写应有的学术规范，无论从选题确定，乃至注释引文、参考文献，每一个细节都力求体现教材编写应有的学术规范。为了实现这样的目标，我们先后在全国广泛遴选作者，聘请在学科研究与教学领域有所建树的专家学者担任教材的编写工作。不少作者都有相关领域的专著成果作为教材写作的支撑，为本套教材的研究含量提供了必要保障。

作为国内唯一一家旅游教育专业出版社，我们始终得到广大旅游院校师生的关心与帮助，在新世纪，我们更期待着大家一如既往的呵护。我们希望将我们的教材建设成为一个开放式的园地，能始终站在学科研究与行业发展的前沿，随时反映旅游教育最新发展的动态。我们期待着教材使用者的意见和建议，更期待着潜在作者的新思路、新理念、新观点、新教学方式——我们定会“从善如流”，不断调整完善现有教材，不断吸纳新的作者、新的观点。

旅游教育出版社

# 前　言

旅游作为一个日益欣欣向荣的朝阳产业，正以其独特的魅力向越来越多的怀着旅游职业梦想的青年才俊们张开笑脸。在大学毕业生就业率持续低迷的近几年，旅游专业毕业的大学生就业率却在节节攀升。未来的五到十年，随着北京奥运会、上海世博会、广州亚运会的召开，中国的旅游人才正面临着空前的机遇和挑战。

旅游产业的强劲发展，迫切需要旅游服务与管理走向国际化、规范化、标准化。要让中国旅游真正融入世界旅游行业的大环境，必须全面提高旅游人才，尤其是旅游"高端"人才的综合素质。为旅游事业的大发展储备高起点的后备人才已是旅游行业迫在眉睫的头等大事。

为了适应旅游业发展形势的迫切需要，加强旅游专业学科建设，我们根据高等院校旅游专业教学的实际特点，编写了此书。本书注重了社交及社交能力的培养、人际关系网络的建设和维护、人际魅力的打造和完善等方面的知识，体现了在专业知识构架、社交能力提高和旅游礼仪规范掌握等方面齐头并进、平衡发展的旅游专业人才培养理念。本教材还注重理论与实践的有机结合，既注重提高学习者的理论水平，又注重知识的实用性、实践性、可操作性，以期能使旅游社交人员在掌握旅游礼仪的基本理论、知识和技能的基础上，全面丰富和发展自己的个性，更好适应当今旅游业发展现状的要求。

本教材在编写过程中，参阅了许多专家、学者的论著，吸取了大量有启发性的观点和有价值的资料，在此，诚表谢意。

参与本教材编写的人员，都是在旅游教育一线教学的专业教师，这支既有丰富的行业工作经验又有丰富的一线旅游专业教学经验的双师型编写队伍，在教材编写过程中糅合了大量的在实际工作中收集到的案例，希望为使用该教材的教师提供一些真实生动的案例素材。

本书共由十二个章节构成，其中，由陈刚平编写第二、三、四、六、十二章，汪瑞军编写第一、七、九、十章，张文杰编写第五、八章，朱丽萍编写第十一章。全书由陈刚平主编并统稿。

限于水平和时间，本书在编写过程中，仍不免会有疏漏和不妥之处，恳请各位专家、同行与读者批评指正。

编者

2006 年 8 月

# 目 录

# 第一章

# 社交礼仪概述

## 第一节　礼仪的起源与历史沿革

### 一、礼仪的起源

我国思想家孟子曾说:“恻隐之心,人皆有之;羞恶之心,人皆有之;恭敬之心,人皆有之;是非之心,人皆有之。恻隐之心,仁也;羞恶之心,义也;恭敬之心,礼也;是非之心,智也。仁义礼智,非由外铄我也,我固有之矣,弗思耳矣。”他认为,“仁义礼智”这些礼仪道德观念是人们本身所具有的,只要人们在自己内心求索挖掘,就会具有,否则就会缺乏。显然,这是一种主观唯心主义礼仪道德起源论。马克思主义伦理学认为,礼仪道德是人类社会特有的现象。人的生活和生产活动从一开始就是在群体中进行的,彼此便结成了一种社会关系。人们有意识、有目的地去调整这种社会关系,便产生了礼仪道德。

(一)中国古代礼仪的起源

中国是文明古国,被誉为“礼仪之邦”。作为文明标志的传统礼仪,源远流长。对礼仪起源一直有种种论述和探讨,现代人类学和考古学研究成果表明,礼仪起源于人类最原始的两大信仰:天地和祖先。从“禮”(礼)字的造字结构可以看出,禮的本意是敬奉神明。禮字左边的“示”表示祭祀容器,它是在庆丰收时用的,所以右边加上“豊”字。这反映出原始社会由于生产力极其低下,人类尚处于愚昧无知的状态,对于如日月、星辰、山川、河流、风雨、雷电等千变万化的自然现象无法解释,便将其神秘化、人格化,并依照人的形象想象出各种神灵作为崇拜的偶像,而生存繁衍又是原始人最强烈的企盼,粮食丰收则是他们赖以生存的物质基础。因此,礼仪是为祭祀天地神明,保佑风调雨顺;祈祷祖先显灵,拜求降福免灾而举行的一项敬神拜祖仪式。行了礼,来年就可逃避天灾人祸,就会五谷丰登,有一个好的年成。

此外,据考证“礼”字古时候通“履”字,意为鞋子,鞋子穿上后更好走路,但大了不舒服,小了又穿不进,因此“礼”一定要适度,正所谓“礼贵从宜,事难泥古”。后来,随着社会的不断进步,礼的内涵不断延伸,不断拓展。

（二）西方餐桌礼仪起源

西方餐桌礼仪起源于法国梅罗文加王朝，当时由于受到拜占庭文化启发，而制定一系列精到的礼仪。到了罗马帝国的查里曼大帝时，礼仪更为复杂而专制，皇帝必须坐最高的椅子，每当乐声响起时，王公贵族必须将菜肴传到皇帝手中。在17世纪以前，传统习惯是戴着帽子进餐。帝制时代餐桌礼仪显得烦琐与严苛，不同民族有不一样的用餐习惯：高卢人坐着用餐，罗马人卧着进食，法国人从小被教导用餐时双手要放在桌上，但是英国人却被教导不吃东西时双手要放在大腿上。欧洲的餐桌礼仪由骑士精神演变而来。12世纪，当意大利文化影响到法国时，餐桌礼仪与菜单用语变得更为优雅与精致，教导礼仪的著作纷纷问世。时至今日，餐桌礼仪在一定程度上和一定范围内，在欧洲国家还保留了下来。当你前往朋友家做客时，穿上体面的衣服，携带适当的礼物，言谈举止处处显现出优雅与教养，永远都是必要的。

## 二、礼仪的本质与构成要素

礼仪从神事扩展到人事，礼仪的本质就脱离了原始朴素的敬天奉神的内涵，而演化为维护人与人之间社会等级、社会分工的作用等。比如社会主义社会的礼就是指特定民族、人群或国家基于客观历史传统而形成的以确立、维护社会主义社会等级秩序为核心内容的价值观念、道德规范以及与之相适应的典章制度、行为方式。而礼仪则是在社会生活中约定俗成的，符合礼的要求维护礼的精神，指导、协调人际关系的行为方式和活动形式的总和。

（一）礼仪的本质

现代社会人们能以平等的心态进行社会交往，礼的本质已从维护等级制度向润滑协调人际关系发展。礼仪为人们灵活处理各种复杂的人际关系，避免摩擦减少冲突，化解纠纷和矛盾提供了手段和方法；也为人们提供了表现个人价值和树立良好自身形象的最直接方式。

（二）礼仪与礼貌、礼节

礼貌是人们在日常交往时相互表示敬重和友好的行为规范，是在人们交往时表现出的诚恳、谦恭、和善和有分寸，是“诚于中而形于外”的表现。礼节通常指人们在日常生活尤其是在交际场合，相互表示尊重、友好的问候、祝颂、慰问以及给予必要的协助与照料的惯用形式，是礼貌的具体表现形式，是礼貌在语言、行为、仪表等方面的具体规定。礼貌是礼节的规范；礼仪是通过礼貌、礼节得到体现的，三者之间相辅相成，密不可分。

礼仪是行为方式和活动形式的总和；礼貌是表示尊重的言行规范；礼节是表示尊重的惯用形式和具体要求。礼貌是礼仪的基础，礼节是礼仪的基本组成部分。礼仪在层次上要高于礼貌、礼节，其内涵更深更广，是一个完整的系统。

（三）礼仪的构成要素

礼仪作为指导、协调人际关系的行为方式和活动形式，涉及面十分广泛。但它们的构成要素基本相同，包括礼仪的主体与客体、媒体和环境。

1. 礼仪主体与客体

礼仪的主体是指各种礼仪行为和礼仪活动的操作者和实施者，主要包括个人和组织两种基本类型。礼仪的客体是指各种礼仪行为和礼仪活动的指向者和承受者，它因礼仪主体的价值标准的不同而不尽相同。如上课铃响，老师走上讲台，学生们全体起立向老师问好——学生就是礼仪主体，老师成为礼仪客体；老师向学生们致意并请学生们坐下——老师就成为礼仪主体，学生便是礼仪客体。因此，礼仪主体与礼仪客体之间的关系是动态变化的，它们随着礼仪过程的转换也会发生变化。

2. 礼仪媒体

礼仪媒体是礼仪行为和礼仪活动依托的媒介，是礼仪内容和礼仪形式的统一。礼仪内容和礼仪形式作为矛盾的两个方面，礼仪内容是主要方面处于决定地位，礼仪形式是次要方面处于从属地位；礼仪内容决定礼仪形式，礼仪形式从属礼仪内容；但在一定的条件下，两者又是可以转化的。例如，20 世纪 50 年代初周恩来总理在中南海勤政殿设宴招待欧洲客人，席间一道汤中的冬笋片刻成“卍”形表“万德吉祥”之意，以示对客人的良好祝愿。然而，当汤端上桌时冬笋片不知怎么翻了个身变成了法西斯的标志“卐”。在一般情况下菜肴中的小小图案毫无疑义属于礼仪形式的问题，可是在这个特定的场合这个冬笋片的图案却具有非同寻常、不可小觑的意义，倘若处理不当，必然酿成不小的礼仪失误。在客人注意到此情况而且非常惊讶之时，周恩来总理也发现了这个问题，当即神色自若地解释说：“这不是法西斯的标志！这是我们中国传统的一种图案，叫‘万’字，象征‘福寿绵长’，是对客人良好的祝愿！”随后他又风趣地说：“就算是法西斯的标志也没有关系嘛！我们大家一起来消灭法西斯，把它吃掉！”话音未落，已经满座欢笑，气氛更加热烈友好。

礼仪实践的大量事例说明，生活中的人、物、事，在一定的环境条件下，都是可以作为礼仪媒体而发挥作用的。因此，从宏观上将礼仪媒体划分为三大基本类型：人体礼仪媒体（通过人体自身——言语、态势以及人体间的相互状态来传达礼仪信息）、物体礼仪媒体（通过各种物体的各种状态来传达礼仪信息）、事体礼仪媒体（通过有关的事体来传达礼仪信息），并在此基础上构建礼仪媒体系统。

3. 礼仪环境

实施礼仪行为和礼仪活动的特定时空条件构成礼仪环境。时间和空间是礼仪环境内容构成必不可少的因素，礼仪环境变化都体现于时间和空间变化之中。譬如，夫妻两人同在一个单位工作，丈夫是单位领导，妻子是一般职工。在单位里，他们按照领导与被领导的关系来规范他们各自的行为，当然也包括礼仪行为；而在家里一般就不应该这样了。这是因为礼仪环境发生了变化。

《礼记·曲礼上》中“礼从宜,使从俗”就是说行礼要从实际情况出发,出使在外要遵从当地习俗。可见礼仪环境决定实施何种礼仪以及如何实施礼仪。在实际操作和实施礼仪时,要深入研究准确把握所面临的礼仪环境,根据具体的礼仪环境,恰如其分地运用礼仪规范来获得比较理想的礼仪效果。

### 三、礼仪的沿革与发展

按照历史研究的最新估计,人类在原始社会形态下的历史至少有一百万年。如此漫长的岁月,又没有可供记载的文字,所以人们对原始社会的礼仪形态的描述只能是一种推测。但是,由于原始社会解体时间并不平衡:古代埃及与美索不达米亚的解体时间约在公元前三千年左右,中国则约在公元前二千年左右的夏代,古希腊、罗马更晚些,直到近现代有些地区仍然处在原始社会状态。通过对这些残留的原始社会状态进行研究,发现原始社会礼仪具有以下特点:礼仪在原始社会生活中占据十分重要的位置,其内容广泛,尤以各种崇拜最为突出;原始社会礼仪活动具有明确的实用动机,其等级观念是民主平等的。关于原始社会礼仪,李泽厚先生曾明确阐述它的原型有极为重要的社会功能和政治作用。远古氏族正是通过这种原始礼仪活动,将其群体组织起来,团结起来,按照一定的社会秩序和规范进行生产和生活,以维系整个社会的生存和活动。因之这套礼仪对每个氏族成员便具有极大的强制性和约束力,它相当于后世的法律,实际上是一种未成文的习惯法。①

人类社会发展进入奴隶社会以后,礼仪便开始了在阶级对立的社会中曲折发展的历史。正如马克思、恩格斯所指出的:“任何一个时代的统治思想都不过是统治阶级的思想。”②奴隶社会的礼仪在体现和维护奴隶主统治阶级方面,呈现出尊君、强制、不平等及妇女地位下降得不到起码尊重的显著特征。到了封建社会,不但奴隶社会的尊君观念演绎为“君权神授说”的完整理论体系;强制不平等被发展为尊君抑臣、尊夫抑妇、尊父抑子、尊神抑人;妇女的地位进一步下降,礼仪对广大妇女的压迫和禁锢更甚。而且封建社会礼仪还表现出伪善(对野蛮的不人道的礼仪规范在理论上进行伪装和粉饰,并借助封建礼教予以软硬兼施)和封闭(封建统治者妄自尊大、目空一切,以自我为中心习惯于在一个封闭的或大或小的圈子内唯我独尊)两个尤为显著的特点。资本主义的礼仪最显著的特征是既文明又不文明,它奉行“一切人生而自由平等”但又不能真正做到;它具有强烈的民族利己主义的动机,从不会无条件地将所谓的“自由、平等、博爱”普施于其他民族和国家,对其他民族和国家的军事侵略和经济渗透却始终没有停止。诚然,以上所述奴隶社会、封

① 李泽厚.中国古代思想史论.合肥:安徽文艺出版社,1994:13.
② 马克思,恩格斯.共产党宣言.北京:人民出版社,1964:63.

建社会、资本主义社会的礼仪思想主要是服务于作为统治阶级的奴隶主、封建地主和资产阶级方面的。但是在这三种社会形态下，实际上顽强生长着不屈服于统治阶级反动意志的具有人民性的优秀传统礼仪，而且一直延续发展到社会主义社会并融入体现人类最高文明的社会主义新型礼仪之中。

社会主义取代资本主义是历史的必然，社会主义礼仪本质特征集中体现在礼仪主体与礼仪客体的关系和礼仪内容的定向两个根本问题上，即是建立在礼仪主体、客体平等基础上的，以社会主义思想为导向的新型礼仪。其每一个礼仪行为，每一次礼仪活动，都必然体现和服从全社会的整体利益、长远利益和根本利益。而承担着彻底解放全人类的历史使命的无产阶级是社会主义礼仪的倡导者、建设者和实行者，他们操作社会主义礼仪的目标是巩固人民民主专政和社会主义制度，维护社会主义的"礼"的精神。

### 四、礼仪在社交中的作用

当今世界各国社会制度、风俗习惯、文化背景虽有差异，但倡导礼仪已成为衡量一个国家或民族文明程度的重要标志和衡量一个国家或民族有无教养和道德水准的重要尺度之一。在全球化日益发展的今天，各国相互了解并尊重其他国家的民族习俗礼仪，无疑是十分必要的。礼仪在国际交往中的作用非常巨大，因此，随着中国改革的继续深入和对外开放的不断扩大，中国只有在继承传统礼仪的基础上深入研究其他各国的礼仪，才能在国际交往和竞争中不失礼仪大国强国的风范。

此外，人们的社会交往也离不开礼仪。人们都渴求文明舒适的工作和生活环境。这种环境的创立是人们共同努力协作的结果，个人之间的语言、行为都会相互影响，只有具备良好礼仪修养的协同共事的人们才可能创造文明环境。在人际交往中，礼仪不仅可以有效地展现一个人的教养、风度和魅力，还体现出一个人对社会的认知水准和个人的学识、修养与价值观。礼仪是一种潜在资本，如果能够恰当地运用，将取得显著的效果。

礼仪在社交中具有形象塑造、感情联络、关系协调、和谐维护、舆论倡导的作用。礼仪规范人们的言谈举止，在人际交往中要求交往双方注重塑造自身的形象，以便在交往中得到对方的认可，有利于交往的顺利进行。可见，礼仪在社交中形象塑造作用决定着人际交往的有效进程。此外，礼仪具有感情联络的作用，在人际交往中，自觉地执行礼仪规范，容易使双方的感情得到联络，促进人们之间的交际往来，有助于人们所从事的各种事业得到发展。礼仪在社交中还有关系协调的作用，从一定意义上说，礼仪是人际关系和谐发展的调节器。人们在交往时以礼相见，有助于加强人们之间互相尊重、友好合作的新型关系，缓和或避免某些不必要的情感对立与障碍。礼仪在社交中和谐维护的作用体现在礼仪是整个社会文明发展程度的反映和标志，同时也反作用于社会，对社会的风尚产生广泛、持久和深刻的影响。

社会上讲礼仪的越多，社会便越和谐安定，从而有效地维护了社会秩序。从这个意义上讲，礼仪可起到弥补与加强法律的作用。礼仪在社交中的舆论倡导作用主要是通过交往规则和社会舆论，评价、倡导、劝阻、示范引导着人们的交往行为，纠正人们不正确的行为习惯，倡导人们按一定的规范要求进行交往。民间尊重礼仪的习俗，客观上起着巨大、有效的教育作用。

## 第二节　东方礼仪与西方礼仪

### 一、东方礼仪及其特点

东方礼仪文化是指具有东方民族特点的礼仪文化，主要以中国、日本、朝鲜、泰国、新加坡等亚洲国家为代表。古老的东方是人类历史的发源地，以其富有人情味的传统礼仪向世人展示了悠久的历史文化和无穷的魅力。具体来说，东方礼仪具有以下特点：

（一）重视亲情和血缘关系

东方民族尤其信奉“血浓于水”这一传统观念，所以人际关系中最稳定的是血缘关系。当多种利益发生矛盾和冲突之时，多数人都会选择维护有血缘关系的家族利益。

在重视家族和血缘关系的东方，敬老爱幼的古风依然。特别是在中国，一直崇尚“老吾老以及人之老，幼吾幼以及人之幼”。许多传统的大家庭四世同堂共居一室，家长在维系家庭各个成员之间的关系中具有绝对的权威性。家长终生操劳，从养育儿女到孙辈，甚至重孙辈，不仅不以为苦，反而自得其乐。虽然家庭结构庞大且矛盾重重，但只要“人丁兴旺，儿孙满堂”就足够了。此外，像“父母在，不远游”等传统思想，无不体现出东方人强烈的家庭宗族观念。

（二）谦逊谨慎，含蓄内向

东方人的谦逊谨慎和含蓄内向与其文化传统密切相关，譬如在送礼这一较为普遍的社会交往习俗中，尤其是中国人及日本人在送礼时尽管费尽心机、精心挑选，但在受礼方面前总是谦逊而恭敬地说“微薄之礼不成敬意，请笑纳”之类的话。而在受礼时往往只说“谢谢”却从不马上打开礼物，唯恐礼物过轻或不尽如人意而有失对方的面子，或显得自己重利轻义，有失礼貌。

此外，在面对别人的夸奖所采取的态度中，东方人的谦虚谨慎也表现得淋漓尽致。例如，一位导游小姐在接待一英国旅游团时，其中一位英国老年妇女对其服务态度和语言水平及讲解内容评价颇高，便夸奖导游小姐说：“你的英语讲得好极了！”导游小姐马上回应说：“我的英语讲得不好。”英国老年妇女一听很生气，并说：“英语是我的母语，难道我不知道英语该怎么说？”这是东西方的文化差异影响了彼此的社交礼仪而造成的误解。

(三)承认现实,满足现状

随着年龄的增长,大多数东方人在心态上逐渐趋于平和稳定。对于“老”字的心安理得的认可和怡然自得的心态正突出了这一特点,“老”在东方,尤其在中国是褒义,在称呼前面冠之以“老”,是一种尊称,如,经验丰富的技术工人被人称作“老师傅”;德高望重的学者被人称为“吴老、赵老”等;即使一般的年长者,也都尊称为“老大爷”、“老大娘”;而“姜还是老的辣”、“老当益壮”等词语,则更是对“老”字的一种赞美。这是东方人对现实和现状的态度的反映。

东方人承认现实满足现状是与老幼尊卑的礼仪传统相关联的,也与重视亲情和血缘关系有关。孝敬老人是我们中华民族的优良传统之一,过去有句古话说“人生在世,孝字当先”,有的地方也说“作为人子,孝道当先”,意思是相同的。从老年人本身来说,他们的阅历丰富,经验很多,他们的大量知识、丰富经验是整个社会的宝贵财富,应该毫不保留地传授给青壮年,作为社会不断发展、不断前进的推动力量。对老年人越尊敬,越能激发老年人对社会的爱心和责任感,越能把自己多年积累的知识、经验、教训传授给后代人,也越能启迪青壮年奋发图强,为社会多作贡献。因此,东方人对待老人的态度就是承认现实和满足现状的特点的真实体现。

(四)强调共性

东方人非常注重共性拥有,国民都有较强的民族感。这一点在日本表现得尤为突出。他们国家、民族,甚至“集团”的凝聚力非常强烈。所以日本人为企业做事,有很强的“敬业精神”。很多日本的著名企业,如,丰田汽车公司,经营管理充满着家庭式的色彩,富有人情味并人人以为集团谋事出力而感光荣。

东方人的共性特征还表现在对领袖的崇拜上。对于神灵的信仰东方人只是处于一种表面的形式而已,但对于领袖人物的崇拜上,东方人表现出尤其明显的共性特征。其次,这种共性还表现在模仿的能力上,东方人的模仿借鉴力特别强,并在模仿借鉴中发挥创新的精神,进一步摸索和完善。最后,这种共性特征表现在文化上的重义轻利上,为了义东方人可以求大同,甚至以不惜损害自身利益为代价。

(五)礼尚往来

“礼”是联系人际交往的媒介和桥梁。这里的“礼”,主要指礼物,其实礼物本身并不重要,重要的是渗透其中的情感。

“来而不往非礼也”,意思是说接受了别人的礼物而不懂得回赠,是很不礼貌的行为。

东方人送礼的名目繁多,除了重要的节日相互拜访需要送礼外,平时的婚、丧、嫁、娶、生日、提职、加薪都可以作为送礼的理由。

## 二、西方礼仪及其特点

西方礼仪萌芽于古希腊,形成于17～18世纪的法国,其间深受古希腊、古罗马等国文化的影响。它的产生与西方文明的发展有着密切的关系。由于西方资产阶级登上历史舞台后,他们不仅在经济基础,而且在上层建筑各个领域进行了伟大变革,西方礼仪在这一时期有了重大的发展,原先属于少数贵族专利品的封建礼仪习俗,逐步被社会文明规范的礼仪所取代。在今天国际上依然通行的一些外交礼节,绝大部分都是在这个时期形成并延续下来的。譬如鸣放礼炮的礼仪起源于英国。这是由于当时英国是世界航海事业最发达的国家,英国海军舰队在驶入别国海域之前为了表示对对方没有敌意,把军舰上火炮内的炮弹放空;在遇到别国航船时,也同样把炮内的炮弹放掉,以表示同对方友好。后来鸣放礼炮便成了国际上接待国家元首和政府领导人的礼节。根据受礼人的身份而定鸣放礼炮多少,过去战舰的火炮多为7门,鸣炮时放7响。英国最大的战舰有21门炮,海军司令登舰时鸣21响,海军司令以下将官登舰时鸣19响。以后,鸣礼炮21响就成了最高的致礼礼节。

在西方礼仪文化中,西方人特别强调规范人的行为,注重良好的教养,如尊重妇女、男士的绅士风度等。综合起来,西方礼仪具有以下特点:

(一)简单现实

西方礼仪,是西方各国人民在长期实践活动中形成的。因此,西方礼仪具有很强的现实性。就美国来说,它只有短短200年的历史,它的人民又是从各个地方移民而来的,这些众多不同民族和种族融合在一起,产生了他们信奉的理念:只要我们能够梦想的我们就一定能够实现——西方现实精神,这是在英雄主义和献身精神的基础上建立起来的。正因为如此,他们创造了人类史上的灿烂文明,创造了比过去一切世代创造的全部生产力还要多的生产力,这与他们的现实精神是密不可分的。

(二)崇尚个性自由

西方礼仪处处强调在不违反法律的前提下个人拥有绝对的自由,将个人的尊严看得神圣不可侵犯;崇尚个人的力量,追求个人利益。所以,在西方,冒犯对方"私人的"所有权,是非常失礼的行为。因为西方人尊重别人的隐私权,同样也要求别人尊重他们的隐私权。因此,与西方人打交道忌讳询问年龄、工资、家室以及其他私事(如恋爱婚姻、身体健康、家庭住址、个人经历、信仰政见、所忙何事等)。在老人面前,忌说"老"字。西方人对自己的衣物及行装,有随意乱放的习惯,但忌讳别人乱动。欧美的老人,多忌讳由别人来搀扶,他们认为这有损于体面,是受轻视的表现。西方人独立意识强,不愿老,不服老。譬如,在德国柏林的一个地铁出站口一位满头白发的老太太吃力地推着一辆行李车,出于礼貌一位中国游人赶紧上前,对老妇人说:"老太太,让我来帮您。"谁知这位老太太不但不领情,还回过头来满脸怒气地说:"不,不需要。我自己能做。"这位中国游客当时很纳闷,以为自己碰上了一位精神不正常的老人。后来经过打听,才知道是在称呼上犯了大忌:用"老"

来称呼西方人,当然会引起反感。

此外,西方人提倡个性自由,崇尚个人力量;对家庭观念、孝顺老人、哺养孩子等,看得比东方人"淡"得多。他们将责任、义务分得很清楚,责任必须要尽,义务则完全取决于实际的能力,绝不勉为其难。

(三)惜时如金

西方人常随身携带记事本,记录日程的安排,赴约须提前到达,至少要准时,且不应随意改动。这一点在德国人的思想观念中表现尤为突出。他们与人约会常将时间精确到分秒不差。所以,与德国人约会迟到,对方是不会容忍的。尽管在我们看来只不过是几分钟的区区小事。

西方人不仅惜时如"金",而且将交往对方是否遵守时间,当做判断其工作是否负责,是否值得与之合作的重要依据。在他们看来,这直接反映出一个人的形象和素养。曾有一家中资公司拟从德国引进一条电子产品生产线,前期的工作进展得相当顺利,临近商讨合同条款时,双方约定了谈判的时间。但在谈判当天,中方负责人中午参加了别人邀请的午宴,并在午宴上不加克制多饮了几杯,临时让秘书电话通知德方公司更改谈判时间。德方人员非常生气,决定终止这项合作项目。中方后来一直探寻合作失败的原因,结果从翻译那里得到的答复大出所料,德方代表对翻译说:"一个连时间都不懂得遵守的合作伙伴,怎能想象他会遵守合同条款呢?"中方代表如果知道德国人苛刻的时间观念,想必就一定会放弃那次并不重要的午宴,而全身心地投入下午的谈判了。

遵守时间,养成了西方人严谨的工作作风,办起事来井井有条。西方人工作时间和业余时间区别分明,下班时间、休假时间不打电话谈论工作,甚至在休假期间断绝非生活范畴的交往。西方人的这种时间观念,值得东方人学习和借鉴。

(四)自由、平等、开放

从古希腊开始,西方人在与自然的抗争中,就形成了独立进取的乐观精神。西方人提倡人人平等,积极参与竞争,漠视家庭血缘关系。

## 三、东西方礼仪的共性

东西方礼仪虽然在特点上存在不同,但是东西方礼仪也存在着共性,而随着全球国际化进程的加速,东西方礼仪的共性也日益突出。这些共性主要表现为:维护形象、入乡随俗、信守约定、求同存异等。

(一)维护形象

在国际旅游交往活动中,每一名相关人员的言行,都往往代表着一个国家、一个民族、一个地区、一个城市的形象,注重自我形象是对旅游交往对象的尊重,若是对自我形象毫不在意,则是一种失礼行为。所以在旅游交往活动中,时时刻刻应该注重个人言谈举止、服饰仪容,不可蓬头垢面、不修边幅。

（二）入乡随俗

在国际旅游交往中，要真正做到尊重旅游交往对象，首先要尊重对方所独有的风俗习惯。因为世界上的各个国家、地区和民族，在其历史发展的具体进程中，形成了各自的宗教、语言、文化、风俗和习惯，就是同一个国家、地区、民族内部，也可能存在着不同程度的差异。这种"十里不同风，百里不同俗"的局面，是不以人的主观意志为转移的，是客观存在的。

在旅游交往中尊重外国友人所特有的习俗，容易增进双方的理解和沟通，有助于更好地、恰如其分地向国际旅游者表达我方的亲善友好之意。当自己身为旅游目的国时，通常在讲究"主随客便"的同时充分发扬自身优势满足客人求新求异的心情；当自己充当旅游客源国时，则又讲究"客随主便"。因此，旅游接待人员必须充分地了解接待对象的风俗习惯，无条件地加以尊重，不可少见多怪、妄加非议。

（三）信守约定

信守约定是指在一切正式的国际旅游交往之中，都必须认真而严格地遵守自己的承诺。对一切有关时间方面的正式约定，尤其需要恪守不渝。在旅游交往中，要真正做到"信守约定"，就是要做到说话务必算数，许诺一定兑现，约会必须守时。尤其在下列三个方面要身体力行，严格地要求自己。第一，在旅游人际交往中，许诺必须谨慎。第二，对于自己已经作出的约定，务必要认真地加以遵守。第三，万一由于难以抗拒的因素，致使自己单方面失约，或是有约难行，需要尽早向有关各方进行通报，如实地解释，并且还要郑重其事向对方致以歉意，并且主动地负担按照规定和惯例因此而给对方所造成的某些物质方面的损失。

（四）求同存异

求同就是遵守国际惯例，取得共识，便于沟通，避免周折；存异就是注意"个性"，了解具体交往对象的礼仪习俗禁忌，并予以尊重。首先，我们要承认中外礼仪与习俗的差异性。其次，在涉外交往中，对于类似的差异性，尤其是我国与交往对象所在国之间的礼仪与习俗的差异性，重要的是要了解，而不是要评判是非，鉴定优劣。在国际交往中，究竟遵守哪一种礼仪为好呢？一般而论，目前可行的大体有三种主要方法。其一，"以我为主"。所谓"以我为主"即在涉外交往中，依旧基本上采用本国礼仪。其二，"兼及他方"。所谓"兼及他方"，即在涉外交往中基本采用本国礼仪的同时，适当地采用一些交往对象所在国现行的礼仪。其三，"求同存异"。所谓"求同存异"是指在涉外交往中为了减少麻烦，避免误会，最为可行的做法，是既对交往对象所在国的礼仪与习俗有所了解并予以尊重，更要对国际上通行的礼仪惯例认真地加以遵守。

## 四、东西方礼仪的差异

《礼记·曲礼上》说："入境而问禁，入国而问俗，入门而问讳。"随着国际交往的频繁和普遍,这就要求旅游从业人员掌握好旅游社交礼仪,才能友好、真诚地进行交流、沟通和合作。

东方和西方国家由于文化背景的不同,导致在具体礼仪上存在着很多不同的地方。

(一)谦虚和赞美

谦虚一直被东方人视为美德。不论是对于自己的能力还是成绩,总是喜欢自谦。这表现在对别人的赞美所采取的态度上,尽管内心十分喜悦,但表面上总是予以礼貌的否定,如用“做的还不够好!”“有待进一步提高!”“马马虎虎吧!”“与您相比差远了啊!”“您太过奖了!”等等以示谦逊。倘若不这样可能会被指责为“不谦虚”、“狂妄自大”。所以,中国学者在作演讲前,通常会说:“我的学问研究不够深,准备也不充分,请各位同仁多多指教”;在宴会上,好客的主人面对满桌子的菜却说:“没有什么好菜,请随便吃”;当上司委以重任,通常会谦虚地说:“我恐怕难以胜任”、“我担心辜负您的期望”。

西方人没有自谦的习惯。他们认为,一个人要得到别人的承认,首先必须自我肯定。西方人的率直崇尚个性自由的特性表现在对待赞美的态度上就是“喜形于色”,总是用“谢谢”来肯定别人对自己的赞美。所以,他们对于自己的能力和成绩总是实事求是地加以评价。宴请的时候,主人会详尽地向客人介绍所点菜的特色,并希望客人喜欢;而被上司委以重任的时候,他们会感谢上司,并表示自己肯定能干好。

(二)待人和处事

东方人与人相处的时候,习惯上总是站在自己的角度去为别人着想。这表现在待人和处事上,譬如,主人邀请客人赴宴,尽责的客人总是尽量不去麻烦主人,不让主人破费,因而对于主人的招待总是要礼貌地加以谢绝。在宴席前,主人问客人想喝点什么,客人一般会说“我不渴”或“不用麻烦了”;主人在餐桌上为客人斟酒,客人总要加以推辞,说“够了,够了”,而事实上,客人并不一定是不想喝,往往只是客气而已。所以,称职的主人不会直接问客人想要什么,而是主动揣摩客人的需求,并积极地给予满足。在餐桌上,殷勤好客的主人总是不停地给客人劝酒劝菜。一方不停地劝,另一方则不停地推辞。所以,中国人的待人和处事往往表现得尤为热情热烈,重视人际关系发展。

西方人无论是主人还是客人,大家都非常直率,无需客套。当客人上门了,主人会直截了当地问对方“想喝点什么”;如果客人想喝点什么,可以直接反问对方“你有什么饮料”,并选择一种自己喜欢的饮料;如果客人确实不想喝,客人会说“谢谢!我不想喝”。在餐桌上,主人会问客人还要不要再来点,如果客人说够了,主人一般不会再向客人劝吃劝喝。在处事方面,西方人非常敬重能力,处事果断简洁,效率明显。

（三）劝告和建议

无论是东方人，还是西方人，都喜欢向自己的亲朋好友提出一些友好的建议和劝告，以示关心和爱护。但东西方人向别人提劝告和建议的方式却有很大差异。

东方人向朋友提建议和劝告的时候，往往都非常直接，常用带有命令口气的词如“应该”、“不应该”，“要”、“不要”，等等。比如，“天气很冷，要多穿点衣服，别感冒了！”“路上很滑，走路要小心！”“你要多注意身体！”“你该刮胡子了！”“你该去上班了！”等。

西方人在向亲朋好友提劝告和建议的时候，措辞非常婉转，比如，“今天天气很冷，我要是你的话，我会加件毛衣。”“你最好还是把胡子刮了吧。”一般来说，双方关系越接近，说话的语气越直接。但即使是最亲密的人之间，也不会使用像我们那样的命令语气。否则，会被认为不够尊重对方独立的人格。

（四）个人隐私

西方人非常注重个人隐私权。在日常交谈中，大家一般不会涉及对方的“私人问题”。这些私人问题除了前面介绍的年龄、婚姻状况、收入、工作、住所、经历、宗教信仰、选举等外，还包括个人的私人生活空间。不应随便乱动、乱翻别人房间里的壁橱、桌子、抽屉，以及桌子上的信件、文件和其他文稿（如果需要借用别人物品，必须得到对方的许可）。假如别人在阅读或写作，也不能从背后去看对方阅读和写作的内容，即使对方只是在阅读报纸或杂志。

西方人对空间距离也很在意。即使在公共场所，大家都十分自觉地为对方留出一定私人空间。比如，排队的时候他们总是习惯和别人保持一米以上的距离。

东方人的个人隐私观念比较淡薄。特别是在亲朋好友之间，大家喜欢不分你我，共同分享对方的私人生活。尤其长者往往可以随意问及晚辈的私人生活，以显示关心。

（五）时间观念

西方人大多时间观念很强，日程安排很紧凑。如果要拜会或是宴请西方人，一定要提前预约，预约时间通常在一周以上。如果你没有预约而突然拜访或是临时约请对方，对方一般会拒绝你。而且，对于工作时间和个人时间有严格的区分。如果是工作交往，应选择在对方的工作时间里进行；如果是私人交往，就要选择在对方下班的时间里进行。

另外，时间上，西方人忌讳日期 13 和星期五。特别既是 13 号又是星期五的日子，往往不安排任何外出事宜。

东方人尤其是很多中国人的时间观念不是太强，没有预约的突然造访和临时约请都相当普遍，即使提前预约也往往在一周以内。另外，职业人在时间分配上往往公私不分，下班以后谈公事或是上班时间谈私事都是寻常之事。

(六)着装和化妆

在着装和化妆方面东方人与西方人同样表现出较为明显的差异。东方人上了一定的年纪,在服装的选择上便逐渐趋于保守,往往不再选择鲜艳、亮丽的色彩,而偏重于中性色或中性偏冷色,如灰色、深蓝色、黑色等,对鲜艳的红色、黄色、大花系列不敢问津。这种选择并不一定是不喜欢,而是担心别人说自己“老来俏”或“老不正经”等。而老年人在化妆品的使用上则更是慎之又慎、少之又少了。

西方人在化妆品的使用上呈年龄上的倒挂状态。年轻女性崇尚自然美,若不是出席正式场合,她们一般都是“素面朝天”,不施粉黛;倒是上了年纪的老太太们,每天都要精心涂抹,将自己装扮一新之后,才愿在街头行走。在服装的选择方面老年人更是新潮大胆,无论多么亮丽鲜艳的服装,只要她们喜欢,都敢买来穿在身上。如果以东方人的审美观,用“花枝招展”去评价她们一定也不为过。

(七)礼物与情意

西方人(除拉美人)不是很重视“礼尚往来”,尽管他们也常常在节日、生日和拜访时向亲朋好友赠送礼物。他们一般不看重礼品的价值(因而喜欢赠送一些小礼物),认为向朋友赠送礼物不是为了满足朋友的某种需求,而只是为了表达感情。

另外,在送礼的方式上,东西方也存在明显的差异。西方人在收到礼物的时候,一般要当着送礼人的面打开礼物包装,并对礼物表示赞赏。如果不当面打开礼物包装,送礼人会以为对方不喜欢他送的礼物。

东方人尤其是中国人大多比较看重礼品的价值,礼品的价值一定程度上代表了送礼人的情意。此外,大多人不会当着送礼人的面打开礼物包装,除非送礼人要求对方这么做。这么做的目的也是为了表示自己看重的是相互间的情谊,而不是物质利益,如果受礼人当着送礼人的面打开礼物包装,就有重利轻义的嫌疑了。

## 第三节　社交礼仪与社会文明

### 一、社交礼仪的内涵

在欧洲,“礼仪”一词最早见于法语的“etiquette”,原意是“法庭上的通行证”。法庭,无论是在古代还是在现代,为了显示司法活动的威严性,保证审判活动能够合法有序地进行,总是既安排得庄严肃穆,又要求所有进入法庭的人员必须十分严格地遵守法庭纪律。古代的法国法庭有类似的规定,不过它不是当庭宣读,而是将其写在或印在一张长方形的“etiquette”即通行证上,发给进入法庭的每一个人,作为其入庭后必须遵守的规矩或行为准则。

由于在社会交往中,人们也必须遵守一定的规矩和准则,才能体现人之所以为人的特有风范,才能保证文明社会得以正常维系和发展,所以,当“etiquette”一词进入英文后，便有了“礼仪”的含义，意即“人际交往的通行证”。

因此，社交礼仪泛指人们在社会交往活动过程中形成的应共同遵守的行为规范和准则，具体表现为礼节、礼貌、仪式、仪表等。礼节即礼仪节度。礼本意谓敬神，后引申为敬意的通称。《礼记·儒行》中说：“礼节者，仁之貌也。”礼节指人们在社会交际过程中表示致意、问候、祝愿等的惯用形式。礼貌指人们在相互交往过程中表示敬重、友好的行为规范。仪式泛指在一定场合举行的具有专门程序的、规范化的活动。《说文解字》中说：“仪，度也。”本意指法度、准则、典范，后引申为礼节、仪式。仪表指人的外表，包括容貌、服饰、姿态、举止等方面。总之，现代社交礼仪是现代人用以沟通思想、联络感情、促进了解的一种行为规范，是现代交际不可缺少的润滑剂。

## 二、社交礼仪与社会文明

一个社会文明程度的高低往往是通过这个社会的礼仪发展程度来展现的，社交礼仪与社会道德、个人修养的关系是相辅相成、相互补充、相互渗透的。

### (一)社交礼仪与社会道德

社会道德依靠社会舆论的力量，以善恶、好坏、美丑、公正和偏私、诚实和虚伪等道德观念评价人的言行，使人明是非，知荣辱，让人们自觉遵守共同的生活和行为准则与规范，以调整各种社会关系。

社交礼仪是社会道德的载体，社会道德是社交礼仪的抽象；社交礼仪体现道德观念，道德观念制约和调整社交礼仪行为规范的完善和发展。

### (二)社交礼仪与个人修养

修养是一种素质和能力的体现，它是通过在道德、学问、技艺等方面刻苦学习、艰苦磨炼以及长期陶冶逐渐培养出来的。一个人的礼貌修养绝对不是简单地学习、模仿能够获得的，它更不是仅仅讲究形式的例行公事。它是一个人内心世界的外在表现和真实情感的流露。举止大方、谈吐不凡、温文尔雅、彬彬有礼的风度必须以良好的个人修养为基础。一个缺乏修养的人，无论怎样“包装”自己，终究只能给人一种粗俗、浮浅的感觉和印象。因此，加强礼节、礼貌知识的学习的同时，更要不断提高自身的道德修养，全面综合地提高自身素质。

## 三、社交礼仪中应遵循的原则

在社交场合中，社交礼仪的运用，社交礼仪应有效应的发挥，最佳人际关系状态的创造，都与严格遵守社交礼仪原则密切相关。

### (一)诚实守信与尊重他人的原则

诚实守信尊重他人是社交礼仪的首要原则。苏格拉底曾言：“不要靠馈赠来获得一个朋友，你须贡献你诚挚的爱，学习怎样用正当的方法来赢得一个人的心。”因此,只有诚实守信待人才是尊重他人,只有诚实守信尊重他人,方能创造和谐愉快的人际关系,诚实守信和尊重他人是相辅相成的。

诚实守信是对人对事的一种实事求是的态度,是待人真心实意的友善表现。诚实守信和尊重他人首先表现为对人不说谎,不虚伪,不骗人,不侮辱人,所谓"骗人一次,终身无友";其次表现为对于他人有正确的认识,相信他人,尊重他人。

孔子曾有言:"民无信不立,与朋友交,言而有信。"强调的正是守信用的原则。守信是我们中华民族的美德,在社交场合,一是要守时,与人约定时间的约会、会见、会谈、会议等,决不应拖延迟到。二是要守约,即与人签订的协议、约定和口头答应他人的事一定要说到做到,所谓"言必信,行必果"。所以在社交场合,如没有十分的把握就不要轻易对他人许诺。

在社交场合中,诚实守信和尊重他人是相辅相成的,由于忽略了这一点,有时我们会陷入一些误区。一种是在社交场合,不管对象如何一味地倾吐自己的所有"真诚";一种是不管对方是否能接受,凡是自己不赞同的或不喜欢的一味地抵制排斥,甚至攻击。因此在社交中,要表现你的诚信和对他人的尊重,切记三点:充分给他人表现的机会;用你最大的热情对待他人;永远给对方留有余地。

(二)平等与适度的原则

在社交场上,礼仪行为的表现总是双方的,你给对方施礼,自然对方也会相应地还礼于你,这种礼仪施行必须建立在平等的原则基础上。平等是人与人交往时建立情感的基础,是保持良好的人际关系的诀窍。平等在交往中,表现为不要骄狂,不要我行我素,不要自以为是,不要厚此薄彼,更不要傲视一切,目中无人,不能以貌取人,或以职业、地位、权势压人,而是应该处处时时平等谦虚待人,唯有此,才能结交更多的朋友。

适度原则即交往应把握礼仪分寸,根据具体情况、具体情境而行使相应的礼仪。如在与人交往时,既要彬彬有礼,又不能低三下四;既要热情大方,又不能轻浮谄谀;要自尊却不能自负;要坦诚但不能粗鲁;要信人但不能轻信;要活泼但不能轻浮;要谦虚但不能拘谨;要老练持重,但又不能圆滑世故。堂堂正正,坦诚乐观,豁达开朗,从容不迫,落落大方,一视同仁是社交活动时应该遵守的基本准则。周恩来同志曾经要求我国的涉外人员"具备高度的社会主义觉悟。坚定的政治立场和严格的组织纪律,在任何复杂艰险的情况下,对祖国赤胆忠心,为维护国家利益和民族尊严,甚至不惜牺牲个人一切"。江泽民同志则指出:涉外人员必须"能在变化多端的形势中判明方向,在错综复杂的斗争中站稳立场,再大的风浪中也能顶住,在各种环境中都严守纪律,在任何情况下都忠于祖国,维护国家利益和尊严,体现中国人民的气概"。

此外,适度原则要求社交人员必须把握举止、批评、关心和距离的"度",做到言谈举止有分寸,批评指责有限度,关心体贴有讲究,距离保持有学问。

(三)自信与自律的原则

自信属于在社交场合中心理健康范畴的原则,一个人唯有对自己充满信心,才能如鱼得水,得心应手。具有充分自信心的人,能在交往中不卑不亢、落落大方,遇到强者不自惭,遇到艰难不气馁,遇到侮辱敢于挺身反击,遇到弱者会伸出援助之手;缺乏自信的人,就可能会处处碰壁。可见,自信是社交场合中一份很可贵的心理素质。

人需要自信但不能自负。一个人若总是自以为了不起、过度自信,他往往就会走向自负的极端,表现出凡事自以为是,不尊重他人,甚至强人所难。那么人际交往中人们怎样剔除自负的劣根性呢?自律原则恰好能正确把握自信与自负的度。自律乃自我约束的原则。在社会交往过程中,在心中树立起一种内心的道德信念和行为修养准则,以此来约束自己的行为,严以律己,实现自我教育,自我管理,摆正自信的天平,既不必前怕虎后怕狼地缺少信心,又不能凡事自以为是而自负高傲。

(四)遵守与宽容的原则

社交礼仪作为行为的规范、处事的准则,每个人有责任和义务去维护它,共同遵守它。遵守原则主要体现为在时间上一定要守时,在交往上一定要守约,在社会上一定要有公德意识并自觉遵守。具体地说就是人际交往时必须遵守规定或约定的时间,不得违时,更不可违约。在社会上遵守公共秩序、爱护公物、爱护儿童、尊重老人,等等。

宽容就是与人为善。在社交场合,宽容是一种较高的境界,《大英百科全书》对"宽容"下了这样一个定义:"宽容即容许别人有判断和行动的自由,心平气和、不执偏见地容忍不同于自己或传统的观点。"

在人际交往中,宽容的思想是创造和谐人际关系的法宝。宽容他人,理解他人,体谅他人,千万不要求全责备、斤斤计较,甚至咄咄逼人。总而言之,站在对方的立场去考虑一切,是你争取朋友的最好方法。

## 四、社交礼仪的现实意义

随着现代社会文明程度的提高,对人的素质要求不断提高,人们对礼仪文化也越来越重视。社交礼仪在现代社会的进步中具有深远的意义。

(一)改革开放政策需要社交礼仪

改革开放的政策打破了长期封闭的环境,使人们大脑得到充分洗涤。人们越来越深刻地意识到坐井观天只做一只井底之蛙已难以适应国际形势的发展,唯有从井底跳出,走出国门,走向世界,充分借鉴和积累经验,不断改进和深入,才能在世界竞争之林中立于不败之地。要从狭小封闭的环境中走出来,除了应具备一些必备的专业技能外,还必须了解如何与人相处的法则和规范,而社交礼仪正可以提供这些规范。社交礼仪知识的掌握和运用能够帮助人们顺利地走向社会,走向世界,能够更好地树立起自身的形象,在与人交往中给人留下彬彬有礼、温文尔雅的美好印象。

(二)市场经济发展要求社交礼仪

市场经济的发展带来了大范围的分工协作关系和商品流通关系,促进了人与人之间、组织与组织之间、地域与地域之间的相互依赖和相互合作,同时更带来了激烈的市场竞争,"皇帝女儿不愁嫁"、"酒香不怕巷子深"的局面已一去不复返。这对于一个旅游企业或旅游服务行业而言,就更需要积极地适应这种由"卖方市场"向"买方市场"的转变,而这种转变总是需要具体的人去实施、操作的,这些实践者如不懂得现代的社交礼仪,那么就很难在市场上站稳脚跟。比如说旅游从业人员接待时,如事先不了解旅游者的风俗习惯,提供与旅游者习俗相悖的接待方式,就会使得旅游者感到不礼貌,甚至会被旅游者误解。所谓"礼多人不怪",在市场经济的氛围下,旅游从业人员不仅为自己也为组织均应更多地了解学习社交礼仪的知识,帮助自己顺利走向市场,立足市场。

(三)现代信息社会发展社交礼仪

现代信息社会飞速发展的传播沟通技术和手段日益改变着人们传统的交往观念和交往行为。尤其是人们交往的范围已逐步从人际沟通扩展为大范围的公众沟通,从面对面的近距离沟通发展到了不见面的远程沟通,从慢节奏、低频率的沟通变为快节奏、高频率的沟通。这种现代信息社会的人际沟通的变化对人类社交礼仪的内容和方式均提出了更高的要求。如何在这种沟通的条件下,实现有礼有节的交往,去实现创造"人和"的境界,这是现代信息社会对社交礼仪发展的要求。

(四)现代社会文明深化社交礼仪

在现代社会文明程度不断提高的进程中,国家提倡每个公民均应争做"四有"新人,即做一个有道德、有文化、有纪律、有知识的人。掌握和运用社交礼仪知识对于争做"四有"新人有非常重要的指导作用。在与人交往中,熟练运用社交礼仪会给人留下良好的印象,可以免除交际场上的胆怯与害羞,指点你在交际场中的迷津,给你增添更多的信心和勇气,使自己知礼懂礼,做一个有教养、有礼貌、受人欢迎的现代文明人。可见,现代社会文明的发展是社交礼仪深入发展的孵化器。

## 第四节 旅游社交礼仪

### 一、旅游社交礼仪的功能

旅游社交礼仪除了具备一般社交礼仪的形象塑造、感情联络、关系协调、和谐维护、舆论倡导的作用外,由于旅游自身的特点还具有服务创新、多元体验、绿色公关的功能。

(一)旅游社交礼仪的服务创新功能

旅游市场激烈竞争的实质主要体现在旅游服务质量的竞争。旅游企业获得生存与发展,争取市场与客源靠的是全方位的优质服务。最大限度满足客人的需求是优质服务的标准,客人寻求尊重、自我实现的需求正是通过旅游社交礼仪来实现的。所以,在旅游服务业,礼仪服务是优质服务的主要内容。旅游社交礼仪不仅规范着旅游优质服务,而且指引着旅游服务合理创新。

旅游社交礼仪通过旅游服务人员良好的仪容、仪表、仪态,规范得体的礼貌服务用语与标准的服务操作程序,亲切的笑容、耐心的态度、细致而周到的体贴与关怀,将"客人是上帝"这一服务理念演绎得淋漓尽致。所以说旅游社交礼仪是提供优质服务的关键,是服务创新的源泉,决定着旅游服务质量的高低,关系到旅游业的声誉。

(二)旅游社交礼仪的多元体验功能

旅游是现代社会中居民的一种短暂的具有异地性、业余性、享受性和消遣性的特殊生活方式。旅游者前往旅游目的地旅游一方面是为了领略当地的优美风光,另一方面更多的是为了了解和体会当地的人文风情,获得不一样的感受。因此,"入乡随俗,出国问忌"便成为旅游者共同遵守的一项不成文的原则。旅游社交礼仪正是在充分挖掘旅游地的人文风情、民俗礼节的基础上教育和感召旅游者,使旅游者能充分认识和体验生活,获得最大限度的满足。

此外,旅游社交礼仪本身就是规范和约束旅游者和旅游从业人员的行为准则,指导着旅游从业人员充实和完善自我。通过良好的礼仪训练,旅游从业人员谈吐文雅,服饰与装扮富有个性,在古朴中体现时代的气息,将民俗民风与现代科技相融合,让旅游者的体验呈现多元化趋势。

(三)旅游社交礼仪的绿色公关功能

礼仪是现代文明的集中体现。旅游社交礼仪蕴含着丰富的文化内涵,体现着社会的要求和时代的精神。大凡到过新加坡的人都对这个美丽的花园岛国留有深刻的印象,其中原因之一就是新加坡作为一个"富而有礼"的国家,国民养成了良好的礼仪习惯,具有世界公认的良好素质。这种礼仪意识成为新加坡吸引旅游者的无形手段。

现代旅游崇尚绿色公关。绿色公关是通过旅游企业的公关人员参与一系列公关活动,诸如社交联谊、环保公益活动等,广泛与社会公众进行接触,增强旅游公众的绿色意识,树立企业的绿色形象,为旅游企业建立广泛的社会基础。旅游社交礼仪为绿色公关提供了丰富的资料和成功的基石,旅游公关人员的社交礼仪水准的高低直接影响着旅游企业公关运作的绩效。

## 二、旅游社交礼仪的实践

只有将旅游社交礼仪的理论知识付诸实践,坚持知行统一才能真正体现其形象塑造、感情联络、关系协调、和谐维护、舆论倡导、服务创新、多元体验、绿色公关的多重功能。反之,实践为旅游社交礼仪的创新与发展积累了丰富的经验,充实着旅游社交礼仪的内容。

### (一)旅游社交礼仪的实践原则

1. 精通理论,广猎资料

旅游从业人员必须精通旅游社交礼仪理论知识,明确旅游社交礼仪的主体、客体及媒体,针对不同地区不同国度的旅游者,提供与之需求相适应的礼仪接待,使旅游者获得最具特色的体验。旅游社交礼仪实践在要求旅游从业人员精通旅游社交礼仪的同时,还应与时俱进,广猎最新最前沿的资料,为提供独具匠心的优质服务作出有益的补充。随着旅游业的突飞猛进,旅游社交礼仪的理论知识会在实践中不断得到充实和发展。

2. 循序渐进,反复体验应用

学习旅游社交礼仪不可贪多求全,而应当分清主次,突出重点。一般来说,旅游从业人员应该从与自己生活最密切的环节着手,结合自己工作岗位的服务特点,循序渐进,往往可以收到事半功倍的显著效果。

因此,学习旅游社交礼仪必须遵循循序渐进的原则,针对某些具体规范、要求,进行反复体验和运用,真正掌握其精髓。例如,关于方位的礼仪,不论宴请、谈判、乘车、悬挂国旗都会涉及。如到底是"左为上",还是"右为上"?有的说"中国人左为上","外国人右为上",那么两国交往哪边为上?同是一国人,由于角色不同,站的方位不同,对"左右"的方位感也不同,如何确定?为此,经过反复体验运用,发现如果加上一个方位物或目标,就可使问题简单化、统一化,即"面对目标左为上",这就是说,在墙上挂旗,"面对墙壁左为上";在车上挂旗,"面对车头左为上";在宴会、谈判、摆名牌时,"面对桌子左为上"。

3. 加强自我监督,提高自身修养

旅游社交礼仪的实践必须从自身做起,古人强调的"吾日三省吾身",也表明在实践中旅游从业人员只有加强自我监督,时时注意自我检查,反躬自省,才能发现缺点找出不足,不断提高自身修养。

加强自我监督应该从身边的小事做起,做到讲卫生,绝不随地吐痰乱扔垃圾;爱环境,绝不攀摘践踏花草树木;讲文明,绝不粗言恶语散漫无知;爱名胜,绝不乱刻乱画"遗臭万年"。

4. 及时调整反馈,点滴积累知识

实践是一个漫长的过程。在实践中只有及时调整反馈适合时代发展要求的礼仪规范和礼仪内容，积累更多更全的礼仪知识，才能使旅游社交礼仪稳步健康快速发展。譬如，在接待日本专家时，从礼仪教材中获悉日本人唯一忌讳绿色，但是在接待时却发现一位日本女专家穿了浅绿色裙子，经过询问原来日本人在历史上根本不忌讳绿色，只是不喜欢大红大绿那种强烈刺激的颜色，喜欢淡雅的色调。这样，在实践中点滴积累的礼仪常识纠正了认识中的偏误，补充了旅游社交礼仪的内容。

（二）旅游社交礼仪的实践重点

由上可知，旅游社交礼仪的学习关键在于实践。一方面要以主动积极的态度，坚持理论联系实际，在旅游职业岗位、家庭、社会等场合中时时处处自觉从大处着眼小处着手，多实践；另一方面广泛涉猎科学文化知识，提高思考问题周密透彻度和处理问题的能力。

同时，旅游社交礼仪实践中切忌眉毛胡子一把抓，一齐上的作风。卓有成效的旅游社交礼仪实践要善于抓住重点。旅游社交礼仪的重点，就是那些对旅游交际活动具有普遍指导意义的主要原则。其一是适用于整个交际活动的原则，例如，相互尊重、诚信真挚、顾全大局、不卑不亢的原则；其二是适用于局部交际活动的原则，例如，在正式场合必须遵守的着装“TPO”原则（Time“时间”，Place“地点”，Occasion“场合”）。掌握这些主要原则后，做到举一反三，以点带面。

## 三、旅游社交礼仪的特点

旅游社交礼仪的基本特征是社会和时代精神完美的结合。它以科学精神、民主思想和现实生活为基础，以新颖、实用、简单、灵活的形式体现出高效率、快节奏的时代气息。一般来说，旅游社交礼仪具有国际性、民族性、传承性、时代性的特点。

（一）国际性

旅游本身就是经济文化现象的载体，礼仪作为文化现象已成为人类的共同财富。礼仪跨越了国家和地区的界线，为世界各国人民共同拥有。虽然礼仪在不同国家、不同民族、不同的社会制度中所表现的具体规范和内容存在差异，但在讲文明、懂礼貌、相互尊重原则基础上形成的完善的礼节形式，已为世界各国人民所接受并约定俗成地共同遵守。

随着中国加入世界贸易组织（WTO），旅游业迎来了千载难逢的好机遇。旅游业发展与国际接轨的步伐越来越大，旅游社交礼仪在国际化进程中的作用越来越突出。因此，旅游社交礼仪国际化已成为旅游业蓬勃发展的必需条件。

（二）民族性

礼仪作为约定俗成的行为规范，在拥有共性的同时又表现出较为明显的民族差异性。譬如，东方民族的含蓄、深沉；西方民族的直率、开放。礼仪的这种民族差异性尤其在不同宗教信仰的民族的行为方式中表现得更加突出。如中国抚摸儿童的头部表现对孩子的爱护,而在伊斯兰教国家,因为信仰的原因严禁抚摸孩子的头部。

(三)传承性

礼仪是历史的产物。它的形成和完善是经过一个又一个的时代洗涤和陶炼,在不断去粗取精,剔除糟粕,取其精华的过程中逐渐固定下来。礼仪一旦形成,通常会长期沿袭,代代相承。诸如尊老爱幼、父慈子孝、礼尚往来、重德敬贤等一些反映民族传统美德的礼仪,在我国就具有深厚的历史文化渊源。

(四)时代性

旅游社交礼仪的时代性主要指旅游社交礼仪与时代紧密相连,随时代发展而发展。随着旅游事业的深入发展,人际交往日益频繁,礼仪已经渗透到了社会生活的各个方面,表现出较为强烈的时代气息。

## 四、旅游社交礼仪的发展趋势

旅游社交礼仪的国际性、民族性、传承性、时代性的特点指引着其发展趋势。在现代社会,旅游已成为人们解除疲劳、放松心境的最佳生活方式之一。旅游社交礼仪的发展势必越来越迎合现代生活观念、审美标准、国际惯例和时代需求。

(一)迎合生活观念

现代社会的道德观、价值观均建立在相互尊重、相互平等的基础上。旅游社交礼仪的发展更要体现平等性,不能因旅游者的国籍、性别、年龄、经济状况的不同而给予不平等的服务待遇。在旅游接待过程中,始终要以平等、尊重为原则,认真细致做好各项工作,为旅游者营造良好舒适的游览环境。

此外,现代生活节奏快,生活质量务求实效,要求旅游社交礼仪活动与之相适应。因此,在礼仪安排上要灵活多样,周密快捷,实用高效,充分突出现代生活观念,满足旅游者需求。

(二)迎合审美标准

现代礼仪基本要求人们达到真、善、美的统一。旅游社交礼仪要求旅游从业人员迎合审美标准,力求表达真实情感,为旅游者提供优质高效的服务。同时,旅游者的审美标准和审美观点对旅游社交礼仪内容和形式的统一具有指导作用,旅游者所需的审美旅游从业人员就应尽最大努力去满足,用规范的礼仪去传递,用特色的礼仪形式去感召,使旅游社交礼仪尽显美的要义。

(三)迎合国际惯例

旅游的国际交往性非常强,尤其在信息高速公路迅猛发展的当代,人们之间的交往越来越频繁,交往的距离越来越短。各个国家、地区和社会集团所惯用的一些礼仪形式,已被人们接受和广泛使用,并逐渐形成规范化的国际礼仪。旅游社交礼仪兼收并蓄,融汇世界各国礼仪之长,迎合国际惯例,走国际化发展的趋势已刻不容缓。

(四)迎合时代需求

旅游社交礼仪的发展必须符合时代需求。现代社会生活呈现出多元化、繁杂多变的特征,旅游社交礼仪应该正确反映时代精神,体现社会道德规范,确立新型旅游人际关系,并在实践中不断更新内容,改变形式,使旅游社交礼仪的发展紧跟时代步伐,把握时代气息,迎合时代需求。

**思考与练习**

1. 简述礼仪的本质。
2. 如何理解旅游社交礼仪的功能?
3. 简述东西方礼仪的异同。
4. 社交礼仪应遵循哪些原则?
5. 请结合社交礼仪的发展趋势思考旅游社交礼仪的发展前景。

**案例分析**

在旅游社交活动舞会上,导游员小赵的舞姿优美,本来游客对她的讲解、向导及相关服务都非常满意,又加上她出众的艺术天赋,更是赢得众多游客的赞赏。但是,小赵遇到该团中一位修养较差的男性游客,他频繁与小赵搭讪,甚至有时借跳舞之机有意挑逗。然而,小赵不卑不亢,沉着应对,表现出良好的礼仪素养,礼节性地回避不愉快事件的发生。可是,在旅行团结束后,小赵却收到了一位游客的无礼的投诉,说她服务不周。经核实就是那位修养较差的游客。此时,小赵该如何处理此事?旅行社该如何对待此类投诉?请运用旅游社交礼仪相关知识为小赵处理此事。

# 第二章

# 旅游社交中人际交往与人际关系

## 第一节 人际交往理论

### 一、人际关系与人际交往

(一)什么是人际交往

交往指人们运用语言或非语言符号交换意见、传达思想、表达感情和需要等的交流过程,也是人们在心理和行为上产生相互影响的动态过程。它包括物质交往和精神交往。它是人类的特定社会现象,对于社会的发展和个性的成长有重要作用。

(二)什么是人际关系

人际关系是指人与人之间因血缘、情感、利益、共同需求等因素结合而成的相互关系。

(三)人际交往和人际关系的联系与区别

人际交往与人际关系二者之间既有密切联系又有明显区别,人际交往的过程,是一个不断变化和发展的系列活动,人与人的每次交往只是系列交往活动中的一部分。

人际交往的过程,常常表现出双向性特点。在社交活动中,人际关系渗透在社会生活的每一个角落中,各种不同的人际关系又包含着相同的因素。

1. 二者的联系

(1)人际交往是人际关系实现的根本前提和基础,也是人际关系形成的途径。

(2)人际关系是人际交往的表现和结果。

2. 二者的区别

(1)人际交往侧重于人与人之间的联系与接触的过程,以及行为方式的程度等。

(2)人际关系侧重于在交往基础上所形成的心理状态和结果。

(3)从时间上看,人际交往在前,人际关系在后,人际交往是一个动态的过程,而人际关系则具有相对的稳定性。

## 二、人际交往的意义

### (一)人际交往是影响个人事业和个性发展的重要因素

人需要建立良好的人际关系作为自己生存和发展的必要条件。在生活节奏不断加快,竞争激烈的当今社会更是如此。在交往的过程中,也会有不懂交往、不愿交往、不善交往的现象。有的人怕耽误自己的学习和工作,不愿与他人交往,闭目塞耳;有的人自卑,害怕与人交往;而有的人虽有强烈的交往意愿,但不懂怎样去交往。种种这样的现象都不利于我们建立良好的人际关系。

我们知道轰动全国的云南大学“二二三凶杀案”,主犯马加爵,由于与同学产生了一些小矛盾,而走上杀人的道路。这件事不得不引起我们的思考。我们在生活、学习、工作中,要正视和解决不愿交往、不懂交往、不善交往的问题,塑造自身形象,以积极的态度和行为对待人际交往,建立和谐的人际关系。

### (二)人际交往是交流信息、获取知识的重要途径

现代社会是信息社会,信息量之大,信息价值之高,是前所未有的。人们拥有各种信息和利用信息的要求随着信息量的扩大,也在不断地增长。

通过人际交往,我们可以相互传递、交流信息和成果,使自己丰富经验,增长见识,开阔视野,活跃思维,启迪思想。

### (三)人际交往是个体认识自我、完善自我的重要手段

孔子曾说过:“独学而无友,则孤陋而寡闻。”人际交往可以帮助我们提高对自己的认识,以及自己对别人的认识。在人际交往的过程中,彼此从对方的言谈举止中认识了对方。同时,又从对方对自己的反应和评价中了解了自己。交往面越宽,交往越深,对对方的认识越完整,对自己的认识也就越深刻。只有对他人的认识全面,对自己的认识深刻,才能得到别人的理解、同情、关怀和帮助,自我完善才可能实现。

### (四)人际交往是集体成长和社会发展的需要

人际交往是协调集体关系、形成集体合力的纽带。而一个良好的集体,能促进集体成员优良个性品质的形成。如正义感、同情心、乐观向上等良好品质都是在民主、和睦、友爱的人际关系中成长起来的。

人际交往是人与人之间的一种互动,良好的人际关系还能够增进集体的凝聚力,成为集体中最重要的教育力量。良好的人际交往能力是积极向上的,反之,不懂和不善交往则不利于个体全面健康地发展。

### (五)人际交往是健康成长的基础

积极的人际交往有助于人的心理健康发展,有利于个性发展和社会适应力的提高。它是身心健康的必要条件,是个性自由发展的关键环节,是成才的重要

途径。

积极的人际交往一方面可以帮助人们及时宣泄不良情绪，转移和遗忘心中的烦恼和不快，使心理矛盾得到缓解，心理压力得到释放；另一方面也可以使人们心里有所依托，精神充实，心情舒畅，有利于身心健康。

(六)人际交往是营造良好人际环境的有效方法

积极的人际交往，能使交往双方在相互学习中取长补短，产生向上的情绪，从而使性格得到优化，个性得到发展。

## 三、人际交往的基本原则

(一)平等原则

平等是建立良好人际关系的基础。人们只有在交往中能彼此从人格、爱好、风俗习惯等方面相互尊重，关系才能够不断和谐、巩固、发展。

(二)真诚原则

真诚是做人之本，是美好品德的体现。真诚待人是人际交往中最有价值、最重要的原则。人之相识，贵在坦诚。旅游工作者无论与什么人交往，都要摈弃虚伪，在交往中表里如一。人与人之间只有真诚相待，言行一致，信守诺言，才能赢得别人的拥戴。

(三)宽容原则

宽容是一个人乐观自信、意志坚定、胸襟宽阔的表现。

宽容是人际交往成败的关键。宽容并不是丧失自我，而是在坚持原则和自爱的基础上，以博大的胸怀容纳别人，包容别人的错误和缺陷。

(四)求同原则

求同是人际间成功交往的保障。求同不是毫无原则的迎合，而是在不违反原则的前提下，尽量保持意见的一致，使相互间的矛盾不断得到化解，关系进一步密切。

(五)诚信原则

交往离不开诚信。诚信指一个人诚实，不欺，信守诺言。

古人有“一言既出，驷马难追”的格言，现代人有以诚信为本的原则。与人交往，不要轻易许诺，而一旦许诺，就要设法兑现，以免失信于人。朋友相交，言必信，行必果；不卑不亢，端庄而不过于矜持，谦虚而不矫饰伪诈，不俯仰讨好位尊者，不藐视位轻卑贱者。

## 四、人际交往类型

人际交往通常可分为三种类型，即积极型、被动型、沉静型。

(一)积极型的特征

积极型的人对人际交往的重要性认识深刻，行动积极，对人际交往表现出较大的兴趣和热情。大多热心参加社交活动,能主动承担社交组织工作,多数能成为社交活动的倡导者和组织者。

(二)被动型的特征

被动型的人对封闭的生活现状不满意,渴望真诚、深厚的友谊,但感到缺少知心朋友。他们虽主张开展积极交往,认识上比较明确,但行动上却不主动,一般较少主动交往,而多是被动卷入。

(三)沉静型的特征

这种类型人数少,习惯过平静的生活,性格一般比较孤僻。平日少言寡语,不善交往,只保持与少数人的交往和接触。不敢交往,不愿交往,不善交往,不懂交往。

## 五、人际交往的心理效应

(一)首因效应

首因,即最初的印象,或称第一印象。

在人际交往中,人们往往注意在开始时接触到的细节,如对方的表情、身材、容貌等,而对后来接触到的细节不太注意。这种由先前的信息而形成的最初的印象及其对后来信息的影响,就是首因效应,即我们常说的"先入为主"。

第一印象赖以产生的信息是有限的,所以第一印象不一定是真实可靠的。但是由于认知具有综合性,随着时间的变化、认识的深入,人完全可以把这些不完全的信息贯穿起来,用思维填补空缺,形成一定程度的整体印象。

(二)近因效应

近因,即最后的印象。

近因效应,指最后的印象对人们认知具有的影响。最后留下的印象,往往是最深刻的印象,这也就是心理学上所阐释的后摄作用。

首因效应与近因效应不是对立的,而是一个问题的两个方面。在旅游社交人员的人际交往中,第一印象固然重要,最后的印象也是不可忽视的。在对陌生人的认知中,首因效应比较明显;而对熟识的人的认知中,近因效应比较明显。这就告诉我们,在与他人进行交往时,既要注意第一次给对方留下的印象,也要注意给对方留下的最后印象。

(三)光环效应

光环效应又称晕轮效应,指人际交往中,人们从对方具有的某个特性而泛化到其他有关的一系列特性上,从局部信息形成一个完整的印象。即根据最少量的情况对别人作出全面的结论。所谓"情人眼里出西施",就是这种光环效应的结果。

光环效应实际上是个人主观推断泛化的结果。在光环效应状态下,一个人的优点或缺点一旦变为"光环"被扩大,其优点或缺点也就隐退到"光环"的背后被别人视而不见了。

(四)投射效应

投射效应,指人际交往中形成的对别人的印象总是假设与自己有相同的倾向,即把自己的特性投射到其他人身上。所谓"以小人之心,度君子之腹",反映的就是投射效应的一个侧面。

投射效应分为两种类型:

(1)个人没有意识到自己具有某些特性,而把这些特性加到了他人身上。

(2)个人意识到自己的某些不称心的特性,而把这些特性加到他人身上。目的是通过这种投射重新估价自己的不称心的特性,以求得心理上的暂时平衡。

(五)刻板印象

刻板印象是社会上对于某一类事物或人物的一种比较固定、概括而笼统的看法。

它表现为在人际交往过程中主观、机械地将交往对象归于某一类人,不管他是否呈现出该类人的特征,都认为他是该类人的代表,进而把对该类人的评价强加于他。

刻板印象作为一种固定化的认识,虽然有利于对某一群体作出概括性的评价,但也容易产生偏差,造成"先入为主"的成见,阻碍人与人之间深入细致的认知。

## 六、影响人际交往的因素

(一)仪表因素

个人的仪表包括长相、仪态、风度、穿着等。

仪表因素是直接影响人们彼此间的吸引和接纳欲望的关键因素。尤其在初次见面时,由于人们无法对交往者作出准确的判断和评价,只能凭借感觉和印象作出初步的情感定位,而良好仪表所展现出来的优雅气质和风度就直接影响到情感的倾斜性。所以它对人际交往的成败起着关键性的作用。

仪表之所以能成为影响人际吸引的一个重要因素,是由人的审美倾向和审美心理的特殊性决定的。外在的美能够带给人的愉悦心理和美感享受使人们对感官的美的需求十分重视,它是人性中最原始的生理需求和具有较高心理需求层面的审美需求的结合体。

对此,心理学家兰德和赛格尔(D. Landy & H. Sigall,1874)曾做过一个实验。他们让实验组试阅读附有作者照片的一些文章,文章的水平有高有低,作者有的漂亮有的不漂亮。另外让对照组试读没附照片的同样文章,然后由两组阅读后对这些文章作出评价。结果同样的文章,两组却作出了不同的评价:实验组的评价明显受了作者容貌的影响,漂亮作者的文章评分较高,而不漂亮的作者文章评分则普遍偏低。

综上所述,仪表在人际交往过程中起着不可忽视的作用。但是研究也同时表明，人际交往中随着时间的延长，双方了解的程度的加深，仪表因素的影响会逐渐减弱，人际交往的吸引力将会从外在的仪表的吸引逐渐进入对内在品质的认同。

(二)空间距离因素

人际交往的距离将直接影响人际关系的疏密程度，同时人类原始的群居性也形成了人们以距离的远近作为选择交往对象的重要依据的空间依赖性特征。

费斯廷格(Festmger, 1950)等人以麻省理工学院17对已婚学生为对象，多次研究他们之间的相互吸引力和彼此居住距离的关系。结果发现，相互交往的频率与居住距离远近的关系非常密切——这些大学生选择的朋友多为隔壁房间的邻居。另一心理学家西格尔(M. Segal)在一所警察学校也作了一个十分有趣的实验。他把新入学学生的名字按字母顺序排列出来，再按这一顺序安排教室座位和宿舍房间，6个月后，要求学生说出三个自己最亲近的伙伴名字，结果发现学生们的朋友都是名字字母顺序上和自己相近的人。

的确，人际交往，因为距离近，使相互接触和交往的机会增多，相互间更容易了解熟悉。如同班、同组、同寝室、同院的人更易成为朋友。研究表明，在一个新的环境里，与陌生人的第一次交往，距离的邻近是构成人际吸引的重要因素。但距离的邻近构成吸引并不是绝对的，近距离在构成相互吸引的同时也会构成相互排斥，自己所喜欢的人往往是邻近的人，而自己厌恶的人，也有邻近的人。

(三)相似性因素

人们往往习惯于在陌生的人群里搜寻熟悉的自我，以便能尽快排遣因为陌生环境带给自己的诸多心理不适(如，紧张、焦虑、空虚、茫然、不知所措等)，这是人性中特有的自我保护意识使然。

美国心理学家纽科姆(Newcomb,1961)曾在密执安大学做过一个实验，实验对象是17名大学生。实验者为他们免费提供住宿4个月，交换条件是要求他们定期接受谈话和测验。在被试者进入宿舍前先测定他们关于政治、经济、审美、社会福利等方面的态度和价值观以及他们的人格特征。然后将那些态度、价值观和人格特征相似和不相似的学生混合安排在几个房间里一起生活4个月，4个月后定期测定他们对上述问题的看法和态度，让他们相互评定室内人，喜欢谁不喜欢谁。实验结果表明，在相处的初期，空间距离的邻近性决定人际之间的吸引，到了后期相互吸引发生了变化，彼此间的态度和价值观越相似的人，相互间的吸引力越强。心理学家的进一步研究还发现，只要对方和自己的态度相似，哪怕在其他方面有缺陷，同样也会对自己产生很大吸引力。

因此，在人际交往过程和社交实践活动中，双方若能寻找到彼此的相似性，则容易互相吸引，产生亲密感，减少疏远感。构成相似性的因素很多，包括年龄、性别、学历、兴趣、性格、气质、态度等。

当然，在相似性因素中，态度是最主要的因素，例如在政治观、宗教信仰、对社会现象的看法等方面比较一致的人，在感情上更为融洽，即所谓志同道合，情投意合。

（四）互补性因素

俗话说"金无足赤，人无完人"，每个人在拥有区别与其他人的特质和长处的同时，也不可避免地存在自身性格、能力、特长等方面的劣势。人际交往过程中有时会因对别人的长处的羡慕、欣赏进而发展到对对方的好感从而激发起一种强烈的交往欲望，这就是我们通常所说的"人格魅力的互补吸引"。

研究证明，互补性因素增进人际吸引往往发生在感情深厚的朋友交往中，特别是在异性朋友和夫妻之间。美国社会心理学家 A. 克克霍夫（Kerckhoff，1962）等人研究了已建立恋爱关系的大学生，结果发现，对短期的伴侣来说，推动吸引的动力主要是相似的价值观念，而驱使长期伴侣发展更密切关系的动力主要是需要的互补。在实际生活中也可发现，无论是一般的朋友之间，还是夫妻恋人之间，情感亲密度的增强既有"志同道合"的相似性因素的作用，也有"珠联璧合"的互补性因素的作用。

通常我们容易看到一个支配欲较强的人喜欢和依赖性强的人交往，支配者可以从依赖者身上找到成功和满足的喜悦，而性格外向的人也可能和性格内向的人相处很好，因为性格外向者可以从内向性格者身上最大限度地满足自我表现的欲望，这可能就是互补性需要在人际交往过程中存在的依据。

（五）交往频率因素

有人说"时间是人类情感的稀释剂"，哪怕关系再密切的人，一旦长久失去联系，彼此的情感也会随时间的推移发生改变。

通常我们将人们在一定时间内的接触次数称为交往频率。交往的次数越多，越能增强彼此间的了解，越能从交往中找到彼此共同的经验、共同的话题和共同的感受，因而越可能建立密切的关系。尤其对素不相识的人来说，交往频率在形成人际关系的初期起着重要的作用。

在心理学家查荣克（R. Zajonc，1968）的一个实验中，他让几名女性被试"无意"地碰到 5 个陌生的妇女。实验不允许被试者和这 5 个妇女直接接触，而这 5 位妇女露面的次数有的多，有的少，然后要求被试者回答他们喜欢哪一位妇女。结果发现，被试者喜欢的人与对方露面的次数的多寡有关。最喜欢出现了 10 次的，较不喜欢只出现了 1 次的妇女。该实验充分说明交往频率也是增进相互吸引的一个很重要的因素。当然，人际关系的疏密程度主要还是取决于交往的内容和交往者的态度，如功利性太强的交往目的，受利益驱使而无诚意的交往态度，是不可能与人建立密切的人际关系的。

（六）能力因素

光环的吸引在人际交往中永远具有无限的魅力，这就是为什么常常会有人们无法理解的 Fans 的狂热，这是由人们人性中对于“精神领袖”的需求欲望决定的。

一个人在能力才干方面优势明显，有的甚至达到了常人无法企及的高度，显示了与众不同的人格魅力，其本身就构成了一种强烈的人际吸引力，使他人对之发生钦佩感并产生与他交往的欲望，这就是为什么出类拔萃的人身边永远不乏追随者的原因。

那么是否人越聪明能干就越招人喜欢呢？结论是不一定。F. 阿伦森（Aronson，1966）等人的心理学研究证实：太过强悍、征服欲太强或聪明绝顶但不顾场合一味高调的人，会使人感到高不可攀，产生自卑感，进而敬而远之。所以，不管是英雄或伟人、名人像普通人一样偶尔暴露些小缺点，或者遭受一些小挫折，反而会使人更喜欢接近他。

（七）个性品质因素

人品的高低决定着人们情感的价值趋向，因此，在对朋友的选择中，一旦某一方的人品遭到质疑，维系人际关系的锁链也将随之断裂。这就是为什么说在影响人际关系的诸多因素中，个性品质是最重要的因素。

在人际交往的初期，一个人的外表美往往具有较大的影响，但随着交往的加深，这种影响会逐渐减弱，而个性品质的影响则逐渐增大。

同外表美相比，优良的个性品质具有更持久的人际吸引力。优良的个性品质主要包括诚实、正直、真诚、热情、豁达、宽容、善良、机智、幽默、乐于助人等，而为人虚伪、冷漠孤僻、不尊重他人、疑心病重、忌妒心强、固执专横、心胸狭窄等不良品格会严重妨碍良好的人际关系的建立。

## 七、人际交往中必须克服的几种不健康心理状态

在人际交往和社交活动中，要想建立良好的人际关系，旅游社交人员应对那些影响人际交往的不健康心理状态进行自觉调整，自我约束。因为这些心理状态将严重影响人与人之间的正常交往，使得交往双方无法坦诚相对，甚至心生猜疑。

（一）自我中心论

这种人往往自我意识太强，一切以自我为中心，只关心个人的需要，强调自己的感受，在人际交往中表现为目中无人、专横霸道。与人相聚，不高兴时会不分场合地乱发脾气；高兴时则海阔天空、手舞足蹈讲个痛快，全然不考虑别人的情绪和别人的感受。另外，在处理自己与别人的关系上，过高地估计彼此的亲密程度，讲一些不该讲的话，做一些过于亲昵的行动，使人厌恶和反感，使别人出于心理防范而与之疏远。

（二）怀疑一切论

这种人怀疑一切自己不喜欢或不愿接受的事物，过分相信自我的判断，考虑问题以偏概全，是“自我中心论”极度膨胀的又一种表现形式。

具有多疑心理的人，往往先在主观上设定他人对自己不满，然后在生活中寻找证据。带着以邻为壑的心理，必然把无中生有的事实强加于人，甚至把别人的善意曲解为恶意。这是一种狭隘的、片面的、缺乏根据的盲目想象。交往一旦失去了坦诚相待的基本前提，人际关系也就会走入绝境。正如英国哲学家培根说的：“多疑之心犹如蝙蝠，它总是在黄昏中起飞。这种心理是迷陷人的，又是乱人心智的。它能使你陷入迷惘，混淆敌友，从而破坏人的事业。”

（三）否认一切论

这种人不愿承认自己的失败，不愿看到别人的成功，不希望别人过得比自己好，这是一种用极度的自尊所包裹着的极度的自卑感造成的一种极不健康的卑微心理，严重者会导致心理健康疾病。

不愿正视和接受现实而表现出的否认一切的心理状态，也就是我们通常所说的嫉妒心理。当看到与自己有某种联系的人取得了比自己优越的地位或成绩，便产生一种忌恨心理；当对方面临或陷入灾难时，就隔岸观火，幸灾乐祸；甚至借助造谣、中伤、刁难、穿小鞋等手段贬低他人，安慰自己。正如黑格尔所说：“有忌妒心的人自己不能完成伟大事业，便尽量去低估他人的伟大，贬低他人的伟大性，使之与他本人相齐。”

忌妒是对与自己有联系的、而强过自己的人的一种不服、不悦、仇视，甚至带有某种破坏性的危险情感，是通过把自己与他人进行对比，因自卑和失落而产生的一种消极心态。

（四）自我否定论

曾经有过过于卑微的成长环境和经历，生活中曾经遭受过重创，渴望成功却承受不起失败的打击的人，都会滋生出的一种不健康的“自我否定”的心理状态。

人的健全的心理成长期应当始于孩提时代，美国心理学家的研究表明，儿童时期如果各项活动取得成绩而得到老师、家长及同伴的认可、支持和赞许，便会增强他们的自信心、求知欲，内心获得一种快乐和满足，就会养成一种勤奋好学的良好习惯。相反，他们会产生一种受挫感和自卑感。个体自卑感的形成主要是社会环境长期影响的结果。

自卑的浅层感受是担心别人看不起自己，而深层则是自己看不起自己，即缺乏自信。有自卑心理的人往往过于封闭自己，不愿过多接触社会，更不善于人际交往。所以，旅游社交人员要想拥有良好的人际关系，必须首先战胜自我，以一种积极的心态投入社会，在人际交往和社交活动中培养和建立自己的自信心。

(五)仇视一切论

这是交际中比较严重的一种心理障碍。它是人性长期遭受压抑和摧残后所产生的一种变态的消极反映。曾经轰动一时的"马加爵事件"就是较为典型的敌视心理造成的,可以说,马加爵的人生,既是他个人的悲剧,同时也是社会经济高度发展的今天太过明显的贫富悬殊现象所必然引发的一种社会的悲剧,这种心理或许来自童年时期在家庭环境中受到的虐待的影响。这种人总是以仇视的目光看待别人,对不如自己的人以不宽容表示敌视;对比自己厉害的人用敢怒不敢言的方式表示敌视;对处境与己类似的人则用攻击、中伤的方式表示敌视。这种心理会使周围的人随时有遭受其伤害的危险,而不愿与之往来。

## 八、旅游社交人员在人际交往中的态度要求

(一)真挚、坦荡

旅游社交人员在人际交往和社交实践活动中,应始终遵循真挚坦荡、谦让敬人的总体原则,待人接物要符合礼尚往来的礼仪规范,将乐于助人当做人际交往的"情感储蓄"。如曾接受过别人的关怀和帮助,应常存一颗感恩的心,并寻找机会向对方表达真诚的感激之情。

(二)关怀别人,关心自己

要懂得关怀别人并不是一种恩赐,更不是一种向别人索取回报的砝码,社交圈里是容不得半点虚情假意的,如果尽说些表里不一、口惠而实不至的空话和假话,是会丧失朋友的信任和尊重的。关怀别人,在赢得别人的信任和尊重的同时,就是关心了自己。

(三)将每个朋友都当做"客户"

旅游社交与一般社交最大的差别是始终要懂得将社交对象和工作对象当做"客户"的原则。礼貌待人是职业素质的基本要求,所以,与人交往应多询问意见,多站在对方的立场上考虑问题,少发号施令。

(四)多赞扬,少批评抱怨

人际交往中要获得好人缘很重要的一个前提是懂得如何利用恰当的时间、地点和场合进行合理的沟通。将批评的沟通方式转化为建议和商量、探讨的方式,将抱怨转化为包容和理解,一定会使自己在社交圈里有好人缘和"市场"。

(五)"微笑"总是万全之策

好心情经常写在脸上,不愉快尽量藏在心里,在任何时候,微笑总是能赢得他人好感的必胜武器。

(六)自尊敬人

自尊是赢得别人尊重的基础,不懂自尊的人,只会受到别人鄙视和嘲弄。所

以，旅游社交人员万不可为迎合他人而丧失自尊，更不得妄自尊大，目中无人。

(七)做一个有幽默感的人

凡能做到遇大事精明，遇小事“糊涂”，为娱人而愿自嘲，为哄别人开心而不惜“损”己，随和、谦让的人，通常都是“大智若愚”的社交高手。

## 第二节 人际关系理论

### 一、人际关系的结构

(一)人际关系构成

人际关系包含着认知、情感和行为三个相互联系与相互制约的成分，其中以感情相悦和价值观相似为核心。

感情相悦和价值观相似，是人际吸引的两大心理机制，其功能的差异是前者作用于交往的前期，后者则常作用于交往后期。

理想的人际关系是这两种机制同时发生作用的结果，既感情相悦又价值观相似。交往中的相互了解、感情相悦和价值观相似，常常会使交往的双方在较短的时间内产生强烈的共鸣。

(二)集体中的人际关系

集体是群体发展的高级形式，是社交活动得以进行的最基本的元素。

1. 集体的社会心理特点

(1)具有与社会目标一致的、成为集体成员行动指南的目标，并由此而产生正确的、统一的舆论。

(2)以具有社会价值的个人意义的协同活动为中介把人们联结在一起，成员的人际关系是团结、民主、平等的，是从集体利益出发的责任依从关系。

(3)具有较完善的管理与自我管理机构和较高水平的整合功能。

(4)个人的才能和个性在集体中得到充分的发展。

2. 集体中的人际关系结构

集体中的人际关系包括表层、深层和核心层三个层次：

(1)表层：个人间的关系。它是建立在直接接触、感情联系基础上的比较表面的关系。

(2)深层：个人间以群体共同活动的内容、价值观为中介，人与人之间的关系表现为把他人看成群体活动的参加者、学业上的同学、工作上的同道。

(3)核心层：所有成员都接受群体共同活动的统一目的，并在此基础上发挥群体的内部关系的能量。这是群体内人际关系发展的最高水平。

## 二、需求关系是人际关系的核心

人际需求关系可以分为三类:

(一)包容关系

包容关系的基本行为特征是求助,一方有所求,一方有所予,如果彼此双方无所予求,就无法建立包容关系。

(二)控制关系

控制关系的基本行为特征是支配与依赖。

(三)感情关系

感情关系的基本行为特征是同情、喜爱、亲密、热心、照顾等。

人都有与他人建立和维持良好关系的欲望,与这种动机相反所产生的人际反应特征是冷淡、厌恶、疏离、憎恨等;感情关系建立的基本条件是交往的双方都是爱的主体,同时又都是爱的客体;双方都给予对方以爱,同时又都接受对方的爱。

## 三、建立健康人际关系的基本原则

(一)尊重原则

尊重原则包括自尊和尊重他人两个方面。

(二)真诚原则

真诚原则指与人交往的愿望发自于内心,坦诚而没有功利。它是人际交往中最有价值、最重要的原则。

(三)宽容原则

宽容原则指对待非原则问题不斤斤计较,能够以德报怨。

(四)互利原则

互利原则指交往双方在物质和精神两方面的互利互惠。人际交往是一种双向行为,故有"来而不往非礼也"之说,只有单方获得好处的人际交往是不能长久的。所以要双方都受益,不仅是物质的,还有精神的,交往双方都要讲付出和奉献。它是人际关系能够得以长久维持的基础和前提。

(五)谦逊原则

谦逊是一种美德,也是人际交往得以持续的基础和前提条件。

(六)理解原则

理解是人际沟通、促进交往的条件。

(七)信用原则

信用原则有两层含义:一是言必信;二是行必果。

## 第三节 提高人际交往能力与改善人际关系的方法

人际交往能力是旅游专业人才的重要素质，是衡量一个人能否适应旅游社交工作的重要标志。

### 一、如何找准成功交际的切入点

交际的切入点对交际的成败起着至关重要的作用。切入得好，交际得以顺利进行并取得圆满成功；而一旦切入得不好，就会导致交流不畅，沟通受阻。那么，交际该怎么准确地切入呢？

(一)亲近欲望和情感认同是成功切入的第一把钥匙

与人交往，永远不要忽略了第一印象的作用，因为第一印象留给人的感觉最深刻，它将直接影响人的情感定位，决定能否唤起交往欲望。在人的感觉中，支配情感定位的往往是直觉，虽然直觉作出的判断不一定准确，但却能决定一个人的判断和取舍。所以，进入社交领域，一定要对自我进行全方位的形象包装，从仪容、仪表、仪态、谈吐、礼节规范等各个方面严格规范自己。当你良好的第一印象在别人心中建立起来时，被人接纳和认同也就基本“水到渠成”了。

(二)巧妙的情感投资可以为你打开“心”门

“情感需求”是人性中与生俱来的基本需求的一部分，即使再强悍的人也会有心灵脆弱的一面，所以，没有人会拒绝别人的关心，尤其是当自己最亲近的人被人关心着，心中定会激起一种感激的情怀，如果一旦发现了别人也在关心着自己所关心的人，情感的距离便会立刻缩短，亲近的感觉便会油然而生。人际交往中的情感投资就是利用人们这种共同的心理倾向，从关心他最亲近的人切入，以拉近交际的距离。因为直接的关心往往不易把握好恰当的分寸，可能有巴结和媚俗之嫌。

曾被看做和日本前首相佐藤荣实力相当的河野一郎，最会利用人们的这种微妙的心理。有一次河野一郎在作欧美旅行时，在纽约遇到了多年不见已显生疏的朋友米仓近。两人在互道近况后，都留下了在国内的住址和电话，知道彼此都成了家。当晚，河野一郎回到旅馆的第一件事，便是挂了个长途电话给米仓近太太：“我是米仓近的老朋友，我叫河野一郎，我们在纽约碰面了，他一切都很好。”米仓近太太没想到丈夫的这位朋友会对丈夫这么关心、体贴，感动得热泪盈眶。米仓近后来知道了，专程去向他表示感谢。

(三)乐于助人，为自己作情感储备

生活在社会大环境中，遇到各种各样的困难是在所难免的，没人能肯定地说自己永远都不需要别人的帮助，这些与金钱的多寡和权力的大小无关。

热情相助最能博得人的好感。日常生活中,那些具有古道热肠、为人厚道、不吝啬、好助人的人总能在邻里之间、同事之间拥有好人缘和好名声。因为人们一般都乐意与这些热心肠的人相识相交。

当你有能力的时候,如果你能热情地为那些需要帮助的人奉献一颗爱心,伸出援助之手,你才能在遇到困难和挫折的时候得到别人的真诚关心和帮助,所以,乐于助人实是一种情感储蓄。

(四)冤家宜解不宜结

人际交往,人与人之间产生矛盾在所难免,人们一般都认为,双方的矛盾爆发之后的一段时间,是交际的冰点。但如果此时一方能主动作出一个与对方预期截然相反的善意举动,就会使对方在惊愕、感叹、敬服之中认同你,从而化敌为友。交际的冰点就成了成功交际的切入点。

美国开国总统华盛顿还是一位上校的时候,他率领着部队驻守在亚历山大历亚。在选举弗吉尼亚议会的议员时,有一个名叫威廉·佩恩的人反对华盛顿所支持的候选人。同时,在关于选举问题的某一点上,华盛顿与佩恩也形成了对抗。华盛顿出言不逊,冒犯了佩恩;佩恩一怒之下,将华盛顿一拳打倒在地。华盛顿的部下闻讯,群情激愤,部队马上开了过来,准备教训一下佩恩。华盛顿当场加以阻止,并劝说他们返回营地,就这样一场干戈暂时避免了。

第二天一早,华盛顿派人送给佩恩一张便条,要求他尽快赶到当地的一家小酒店来。佩恩怀着凶多吉少的心情如约到来,他猜想华盛顿一定要和他进行一场决斗,然而出乎意料,华盛顿在那里摆开了丰盛的宴席。华盛顿见佩恩到来,立即站起来迎接他,并笑着伸过手来,说道:“佩恩先生,犯错误乃人之常情,纠正错误是件光荣的事。我相信昨天是我不对,不过你也已经采取行动挽回了面子。如果你认为到此可以解决的话,那么握住我的手,让我们交个朋友吧。”华盛顿热情洋溢的话语感动了佩恩。从此以后,佩恩成为一个热烈拥护华盛顿的人。

(五)利用共性心理满足对方需求

寻求满意而温馨的交际环境,最重要的是能营造一种让交际双方都欢欣愉悦的交际氛围。我们应当摈弃交际中的媚俗心理,但有针对性地满足交际对象的心理需求,可以使人际交往朝着双方满意的良性循环方向发展。

人们在交际中既有明显的个性心理,也有普遍的共性心理。如果能针对人们的共性心理切入交际活动,就可以获得满意的交际效果。

人们的共性心理有:(1)称许心理;(2)成就心理;(3)自炫心理;(4)自信心理;(5)年轻心理;(6)共趣心理;(7)尊敬心理;(8)好胜心理等。

把满足对方的心理需要作为交际的切入点,是交际活动取得成功的捷径。

## 二、建立健康的人际交往的根本途径

### (一)培养自身的人际交往能力

人际交往的能力直接影响着良好人际关系的建立。人际交往的能力主要包括以下几个方面:不同人际环境的适应与渗透能力;人际沟通能力、协调能力;营造和谐人际交往环境和气氛的能力等。

培养自身人际交往能力,可以从以下几方面着手:

1. 善于在不同的人际环境中进行准确的角色定位

首先,要求人们能充分认识人际关系的意义和重要性,对学会与人相处和协调人际关系始终采取积极的态度,在人际交往和社交活动中,尤其应具有清醒的"角色"意识,懂得在不同的社交环境中自身所处的不同的角色位置,需用不同的态度、不同的沟通方式与人交往,而不能沿袭一种单一的模式。社交圈里永远有着约定俗成的规范,需要大家共同遵守和奉行。

2. 既懂得欣赏别人,也要努力克服自卑心理

现实生活中的每个人都有自己的长处和短处,与人交往时切不可自傲自负,更不得盲目清高,自以为是。不要拿自己的长处比别人的短处。任何人本领再大也没有自负的理由。交往中也不要自卑。自卑是影响人际交往的严重心理障碍,是交往的大敌。自卑表现在人际交往活动中就是缺乏自信。有道是,"天生我材必有用",自信是人生最好的财富,每个人都有自己的不足,正视自己的短处,扬长避短,克服自卑就能成功交往。

3. 张弛有序方能进退有余

要想在短时间得到别人的接受和认同,既要学会不断寻找机会充分展示自己的个性才能,又不能表现得过于张扬,给别人造成一种轻浮、不知"天高地厚"的感觉印象,其中的妙处全在分寸感的把握和恰当时机的拿捏了。

人与人之间的交往和沟通有时非常微妙,在进入陌生的交际领域的时候,如果一开始就无所顾忌,目空一切,则极易使交往对方形成一种本能的排斥心理。而这种情感的"排他性"一经形成是很难改变的,这无疑增加了与他人磨合的难度。

所以,张弛有序,方能进退有余,采取沉稳简约的交际姿态才是得宜的。这是一个以静观动的方法,在你对自我的保留节制中,你会对新的交际环境作个全面细致深入的观察和把握,从而有针对性有实效地实现与新环境的契合和交融。表面上看来这是一种消极的方式,实质上是一种策略,是一种更积极有效的技巧。在此基础上,再在适当的机会恰当地展示自己,将能使你更好地被别人所接受。

### (二)增强自身的交际魅力

人际吸引的光环效应所带来的积极影响是任何其他方式的吸引所无法替代的。"光环"可以让一个人的优点无限地放大,有时候甚至可以让缺点变成优点。

一个人在交际中形成的对别人的吸引力表现为他的交际魅力。交际魅力是一个内容丰富的综合体。包括人的形象、知识、品德、能力、语言、幽默等多层次多方面的内容。社交场合,考验的是个人的综合素养,是一种言谈举止都能为公众接纳和包容的能力,这就是为什么旅游人才在形象上特别强调气质和风度,在待人接物上特别强调礼仪规范,在语言表达上特别强调恭敬谦和,在处理人际关系上特别强调宽容大度,在个性品质上特别强调开朗随和;在个人能力上特别强调多才多艺等,因为这一切,都是决定一个人能否拥有交际魅力的关键所在。

一个充满交际魅力的人,别人会主动亲近他、接受他、适应他,人际之间的差异、矛盾就会得到有效消除,人际关系磨合期也就能较快顺利度过。

所以面对新环境、新朋友,要努力培育出自己独特的交际魅力,以便使自己拥有一个宽松的交际环境,为自己赢得一个理想的交际地位,从而形成"光环"效应。

增强人际吸引的因素主要包括:

1. 积极的人生态度

人生观决定了一个人的思想倾向和精神面貌。

人生观以理想、信念、动机、兴趣等具体形式表现在人际交往中。积极的人生观鼓舞人们对待任何事物都能怀着一种积极的心态,全身心投入其中,不怕困难,不畏艰险,不达目的誓不罢休。

现实生活中如果以自私自利的人生观对待周围的人和事,必然使人们对其敬而远之。只有以无私奉献的精神对待周围的人和事,才会焕发出强大的吸引力和凝聚力,激发别人产生与之交往的愿望。

2. 高尚的品德修养

良好的品德修养可以给人以信任和安全感。

人们都愿意与具有真诚守信、谦虚大度、虚怀若谷、宽容他人等良好品质的人交往。具备这种品质的人必然会有很强的人际吸引力。

3. 良好的心理素质

心理素质是一个人的志向、意志、情绪、兴趣、气质、性格等方面表现出来的心理特征。良好的心理素质主要表现在以下几个方面:

(1)志向宏伟,兴趣高雅广泛;

(2)意志坚定情绪乐观;

(3)为人豁达、慷慨;

(4)幽默风趣,热情开朗,稳重宽厚;

(5)善解人意,富有同情心、正义感,办事认真等。

以上五个方面都是人际交往必备的心理素质,在人际交往中具有极大的魅力。

4. 超凡的智慧和杰出才能

智慧和才能可以给人以力量,也是人际吸引的重要因素。掌握丰富的知识和锻炼培养自己各方面的能力，能大大地增强吸引力。

## 三、实践是培养社交能力最好的"老师"

### (一)学会沟通

沟通主要指人与人之间的信息交流过程。沟通是交往的基础，是人与人之间发生相互联系的最主要的形式。沟通是观念、思想、情感的交换过程。

作为旅游社交人员，在人际沟通时一定要注意分清时间、地点、场合、沟通对象的差异性，确定自身的角色身份，选择合适的语言表达形式行使有效的人际沟通。社交人员的工作主要是通过沟通完成的，所以平时要注意培养自己良好的沟通意识，只有具备了良好的沟通意识，才能够进行有效的人际沟通。

沟通意识主要包括以下四个方面的内容：

1. 沟通愿望

良好的沟通愿望要求我们在人际沟通时始终保持一种积极的态度，主动沟通，及时沟通，对任何获得的沟通信息迅速反馈。

2. 沟通方式

正确的沟通方式要求我们在不同的时间、地点、场合，对不同的沟通对象应采取不同的方式，以礼仪规范为先导，以尊重宾客为前提，以有效传达信息为目的，以沟通对象满意为原则。

3. 沟通能力

超强的沟通能力要求我们必须具有熟练流畅的驾驭和运用不同语言的能力，不仅能做到阐述事实明确清晰，表达观点重点突出，回答疑问条理清晰，政策性突出；同时也要求语言表达丰富生动，具有良好的职业素养和一定的文化底蕴。

4. 沟通技巧

灵活的沟通技巧要求我们对待不同的沟通对象能随时转换符合对方身份要求的沟通方式和语言表达方式，能随时根据沟通对象的情绪变化来调整自己的沟通策略，人际交往"和"为贵，斗气，斗狠，遇到冲突"针尖对麦芒"的沟通方式是旅游社交的大忌。

### (二)人际协调，攻"心"为上

实现人际关系的协调发展，要学习一些改善人际关系的心理学技术。这种心理学技术，试图改变人们的自我意识水平，或移情能力，或社交技能，并通过这种途径使人们的人际关系状况得到改善。

用心理学技术改善人际关系，一般有两大类：一类是综合性的方法，可以同时改善人们的自我意识水平、移情能力和社交技能。主要有敏感性训练和角色扮演。

第二类方法是分别训练自我意识水平、移情能力和社交技能，主要有意识训练法、移情练习和社交能力训练等。这里主要谈综合性方法。

1. 敏感性训练

敏感性训练是一种从团体心理疗法发展起来的团体训练技术。

活动方式主要是语言交流。这类团体通常由 5 ～15 人组成,包括 1 名团体心理辅导人员。训练期限可以是 1 ～4 周。

训练团体主要以非指导性的方式为参与者提供真实体验"此时此地"的情境。随着沟通的深入,人们会逐渐了解别人对自己的问题和当时表现的反应。当团体成员之间的信任感和真诚的气氛建立起来后,团体作为一个整体不容忍任何成员拒绝暴露真正自我。设计的活动可以有盲行、同舟共济等。

2. 角色扮演法

角色扮演法是一种直接摆脱既定角色关系束缚的个体训练技术。

方法:通过角色改变,充当或扮演某种角色,站在一个新的立场去体验、了解和领会别人的内心世界,理解自己反应的适当性,由此来增加扮演者的自我意识水平、移情能力,并改变其过去的行为方式,使之更适合于自己的社会角色,从而获得新的社交技能。

3. 表达训练法

在交往中当受到别人真诚的赞美时,人的精神会因此振奋飞扬。而这种训练方法正是培养人们赞美别人的能力。

团体心理辅导中,有抢坐红椅活动。当大家初步了解后,每个组员轮流坐在中间红椅上,其他组员用实事求是的话语赞美他。每个从红椅上下来的人都非常兴奋。有人讲:"在短短的时间里听到那么多的赞扬和肯定,令我脸发热,心剧跳。"有人说:"今天听到的比 20 年听到的赞美语言都丰富。我会有那么多值得赞美的优点吗? 真令我兴奋!"

表达训练法注意遵循两个原则:第一,发自内心;第二,多赞美对方的行为与性格。

4. 个人自我训练法

根据多种影响人际交往的心理障碍,对照自己行为看自己出现过几种心理障碍,用笔记本写下正确的处理方法。

(1)找出自己的心理障碍后,每天早上对着镜子默默提醒三次,并坚持一段时间。

(2)假定别人损坏自己的物品时,学着使用豁达的语言,并对着镜子配合相应的动作和表情。

(3)在热闹场合练习几次沉默和微笑。

(4)各种活动不管是否擅长都要参加。

(5)面对镜子设想一个好朋友,微笑对之。

5. 利他行为实践法

利他行为实践法指人际交往过程中，无私助人而不指望得到任何外在奖励的行为训练方法。

有高度利他行为的人，心理健康水平也高，反之亦然；不具有利他行为的人在人际关系、焦虑、抑郁等项目上与有高度利他行为的人存在显著性差异。利他倾向强的人，有较强的社会责任感，强调维护社会规范，形成了道德义务感、责任感、正确的信念和价值观。

利他行为的发生不是由于社会的要求，而是自己感到"这样做是对的"，不遵守这些社会规范不仅仅会受到社会的惩罚，更主要的是违背了个人的信念而受到良心的谴责。

**思考与练习**

1. 什么是人际交往和人际关系，二者有哪些联系和区别？
2. 简述人际交往的意义。
3. 人际交往应把握哪些原则？
4. 简述影响人际交往的七大因素。
5. 人际交往必须自觉克服哪几种不健康的心理状态？
6. 简述成功交际切入的几种方法。
7. 如何正确用心理学技术改善人际关系？
8. 谈谈你学习本章后的收获和体会。

# 第三章

# 旅游社交中人际关系网络的建立和维护

## 第一节　旅游社交人际关系网络的建立

有位成功人士在总结个人成就时曾说过:“个人事业的成功,80%应归因于与别人相处,20%才是来自于自己的心灵。”

作为社会性的群居动物,人的成功离不开他所处的人群及所在的社会,如果离开了人群和社会,人的能量会由于孤独而变得逐渐萎缩和枯竭,只有善于在这个社会中建立自己广泛的人际网络才可为事业的成功开辟一条广阔的道路。

作为旅游社交人员,有时不妨问问自己,你会常与人联系吗?你会找机会认识别人吗?你会有计划地与人交谈,给人写信吗?你在集体中活跃吗?你会发表演讲与致辞吗?你会给相关的杂志投稿吗?开会时你会积极主动去认识陌生人,收集名片,并与尽可能多的人交谈吗?如果你的回答是否定的,那么有一点可以肯定,你该着手编织自己的人际关系网络了。

我们不妨做一个尝试,当两腿并拢的时候左右摇晃自己的身体,你会感觉到很容易失去平衡;而双腿分开一定的距离时再摇晃自己的身体,你会感觉保持平衡其实是很容易做到的。这个游戏告诉我们,一个人要保持安全和稳定是不能只有一个支撑点的,支撑点的多寡决定了他是否拥有较强的安全系数,同时一个人的延展度决定了他的安全感。这些“延展”除了用专业技能、学识、经验等能力做支撑以外,还有一个很重要的因素,就是是否拥有自己的人际关系网络。

社交工作本身就是与人打交道的职业,如何“为人处世”,怎样与各种各样的人建立起良好的人际关系,人际关系网是否广泛,决定了社交人员职业素质的高低,也是社交工作成败的关键。

### 一、人际关系网络的概念

简单地说,人际关系网络就是与你熟悉的人怎样相处,和你不熟悉的人怎样相识。处在人际关系网络中的个体,仅只是“服务器”而已。人们通过网络关系沟通信息,传递情报,联络情感,相互交换彼此的资源等。

处在社会大环境的人，注定会因为各种不同的关系类型而形成错综复杂的结构，而当人以独立的个体正式进入社会大环境中时，人际关系便会急剧地扩大和膨胀，形成包括同事、同学、亲戚、朋友、领导、下属、客户、合作伙伴等的关系系列。这些关系有的以利益为纽带，有的以情感为依托，相互联系起来形成一种网络状态，就形成了人际关系网。

## 二、构建人际关系网络的重要性

### (一)人际关系网络为事业插上腾飞的翅膀

人们经过大量的研究证实了一个不争的事实，那就是：善于与人相处，有较为广泛人际关系网络是所有成功人士的共同特征。

曾任美国总统的西奥多·罗斯福曾说："成功的第一要素是懂得如何搞好人际关系。"的确如此，在美国，曾有人向2000多位知名企业和公司的雇主做过这样一个问卷调查："请查阅贵公司最近解雇的三名员工的资料，然后回答解雇的理由是什么。"结果无论什么地区、什么行业的雇主，2/3的答复都是："他们是因为不善于人际沟通，不懂如何与别人相处而被解雇的。"

很多成功的政界和商界人士都深深意识到了人际关系网络对自己事业成功的重要性。曾任美国某大铁路公司总裁的A. H. 史密斯说："铁路的95%是人，5%是铁。如果没有人，哪怕拥有再先进的铁路，列车也难以成功到达最终的目标。"美国钢铁大王卡耐基经过长期研究得出结论："专业知识在一个人成功中的作用只占15%，而其余的85%则取决于人际关系。"

所以说，作为旅游社交人员，必须首先懂得如何与人相处，如何处理错综复杂的人际关系，如何在较短时间与陌生的人建立联系，如何在刚刚熟悉的人际环境中得到别人的接受和认同，这样才能在未来的工作中打开局面。

可以说，在人际关系网络中，处理好与同事、上司及客户的关系是关系我们事业成败的最关键因素。因为这类关系是与你的工作和事业联系最紧密的：上司可以为你提供事业发展的机会，为你提供职位上升的空间，上司对你的印象直接决定公司和企业对你的工作业绩的认同和评估；同事可以为你提供工作上的协调和配合，帮助你解决工作上遇到的问题和麻烦，与你共同开辟自己的客源市场；而客户则是你工作的基础，在旅游业，通常我们将客户比做"衣食父母"，因为是客户在帮助我们提升工作业绩，为我们带来工作的机会，为我们提供各类信息，为我们引见和结识新的朋友，使我们的人际关系网络不断扩大。一旦这些人际关系链出现问题，将对你的工作和事业带来直接的影响。因此，一个没有良好的人际关系的人，即使知识再丰富，技能再娴熟，能力再超群，也难以得到施展才华的空间。

美国商界曾在管理人群中做过领导能力调查，结果显示：

(1)管理人员的时间平均有3/4花在处理人际关系上；

(2)大部分公司的最大开支用在人力资源上;

(3)管理人员所定计划能否执行与执行的成败,关键在于是否拥有一个和谐融洽的人际关系氛围,是否有一个高凝聚力、团结协作的良好人际关系的团队。

可见,任何人,要想成就一番轰轰烈烈的事业,都必须有一个坚强的人际关系网络作支撑。帮助个人获得事业的成功,人际网络将是最大,也是最重要的财富。

旅游业,是一个融合了"吃、住、行、游、购、娱"等六大功能的服务性行业,旅游从业人员的工作范围几乎涉及社会生活的方方面面,人员结构复杂,社会关系复杂,市场、销售、管理、服务等方面都需要进行多方面的协调和配合,如重要客户的引荐,人际关系的协调,政府各职能部门关系的疏通,各种大型活动的组织与策划等,都是在人际关系协调中进行的。从事旅游社交工作,要想获得事业的成功,如果得不到人际关系网络力量的支持,将很难在工作中打开局面,更不用说有所成就了。相反,如果你有坚强的人际关系网络作后盾,你就拥有了畅通的信息沟通渠道,遍布于各行业的朋友、同事、同学的鼎力支持。

(二)人际关系网络是一笔无形资产

我们通常说人际关系网络资源是一种潜在的无形资产,是一种潜在的财富。表面上看来,人际关系不是直接的财富,可没有它,就很难聚敛财富。不是吗?商场上需要的不仅仅只是实力的比拼,"关系"在很多时候更显重要,尤其是在中国这样一个曾受到过几千年儒学思想统治的国度,"中庸之道"的影响根深蒂固,待人接物,立身行事,如果我们仅仅固守某一个原则,不懂得灵活应对各种复杂的人际关系,不善于发展和利用身边的人际关系,就一定会感到举步维艰,寸步难行。比如你现在正在策划或参与一个很重要的商业谈判,为谈判的成功你在各方面都做好了充分的准备,从能力上来讲,你拥有很扎实的专业知识和文化素养,礼仪规范训练有素,待人接物彬彬有礼,而且能言善辩,沟通技巧一流,但你却不一定能够成功地促成这次商谈。因为,个人的能力兴许并不是这次商谈成功最重要的砝码,而过硬的"人际关系"才是这次商谈成功的关键,这时候如果能有一位具有影响力的人物协助你,为你撑腰,相信一切需要面对的困难都将"迎刃而解"。

旅游从业人员,要想成功开创个人的事业,必须拥有足够的条件和基础,首先你必须拥有合适的发展机遇,其次,你的工作本身需要你能为企业开发一定的客源市场,这些都是证明你是否胜任本职工作和是否拥有良好的工作业绩的至关重要的砝码。而客源市场的开辟,则必须拥有畅通的信息沟通渠道和愿意为你引荐客源的行业资深人士。所以,事业开展最重要的,决定成败与否的关键因素,便是你是否能得到人际关系网络的支持、帮助与协作。

在个人事业的发展中,人、技术、资金是三个最关键的因素,其中,"人"更是影响有时甚至决定着其他两个因素。所以,搭建丰富有效的人际关系网络是我们到达成功彼岸的不二法门,是一笔看不见的无形资产。

(三)人际关系网络是我们工作的情报站

我们处在一个信息发达的时代,拥有了无限广泛的信息资源,就意味着拥有了无限发展的可能性。虽然情报来源渠道很多,如报纸、杂志、电视、电话、传真、国际互联网等,但最重要的信息渠道却常常来自我们自己的情报站——我们的人际关系网络。我们通常讲,人际关系网络有多广,情报就有多广,情报为我们事业的发展提供了宽阔的平台。一个人怎样获得工作上必需的情报呢?我们所知的最有效的方法是:

1. 经常看报

报纸是收集和获取情报最直接、最有效、成本最低的途径,所以旅游社交人员的日程表里,看报纸的时间是一定要在计划之列的。报纸的选择,除了时事、财经类外,还要经常性地关注行业信息。

2. 与人建立良好关系

首先构建起同事、同行、专业同学等的信息链,懂得运用现代化的信息渠道(电话、手机短信、电邮、电传、互联网等)与他们保持经常性的联系。

3. 养成读书习惯

学习对旅游工作者来说,是一个永无止境的任务,因为现代社会知识的更新速度远比我们学习的速度要快得多,一旦停止了学习,马上就会跟不上时代发展的节奏。

对社交人员来说,最重要的情报来源是"人"。越是一流的社交人才,越重视这种"人的情报"。

对于旅游社交人员来说,如何从人身上得到情报及如何处理情报这样的工作,其实是和编辑的工作一样的。许多记者都知道,在没有新闻时,设法找个话题和人聊聊。从事社交工作的人也应当是这样的。也许没有办法随时外出,但我们可以通过电话、网络等方式与朋友沟通,以随时获取有价值的信息资源。

日本三洋电机公司的总裁龟山太一郎被同行誉为"情报人",他对于情报的汇集别有心得,最有趣的是他自创一格的"情报槽"理论。他说:"一般汇集情报,多从人身上或从事物身上两个来源获得。我主张从人身上加以汇集。如此一来,资料建档之后随时可以活用,对方也随时会有反应,就好像把活鱼放回鱼槽中一样。把情报养在情报槽里,它才能随时吸收到足够的营养。"

把人的情报比喻成"鱼"非常有道理。一位有名的评论家也曾说过:"我每一次采访或访问都像烧一条鱼一样,什么样的鱼可以在什么市场买到,应该怎么烹调最好,我得先弄清楚。"

一个人思考的时代已经过去了,建立品质优良的人际关系网络为我们提供情报,已成了决定工作成败的关键。

## 三、如何构建有效的人际关系网络

### (一)懂得如何交友

人际关系网络的形成首先是从交友开始的。交友,使我们拥有了自己的社交圈,再从这个社交圈里向外延伸,扩大自己的朋友范围,通过选择、比较、适应、磨合、淘汰等一系列过程,人际关系网络便逐渐形成了。那么如何结交朋友呢?

1.“有缘”相识

人与人相识有时是因为某种缘分邂逅,相互产生好感,然后才开始进行交流,几经接触和了解,慢慢再进入“熟识”阶段。和朋友相交觉得有趣或愉快,通常都是在这个阶段。

2.“有意”相知

朋友之间熟识之后,慢慢因共同点逐渐增多会有一种似曾相识,相见恨晚的感觉,彼此间友谊加深。认为朋友会对我们有帮助,通常是在这个阶段。这个阶段的友谊,联系性强,彼此间也容易产生超过利害关系的亲密感。说得更具体一点,交往的本质其实也就是互相启发和互相学习。彼此从不断摸索中逐渐改变逐渐成长,建立起稳固而深厚的友情。

### (二)择友的“价值”取向

交友宜“精”不宜“滥”,选择朋友的总体原则是应选择那些对我们的工作、生活、个人素质的提高有帮助的人做朋友。

1. 选择能为我们提供有关工作的情报和意见的朋友

我们将这类朋友称为“情报提供者”。

这类人大都从事记者、杂志和书籍的编辑、广告等相关工作,这类人士通常拥有丰富的信息资源,人际关系网络资源也十分丰富,他们往往思想前卫,接受新生事物快,观念新潮。拥有这类人士的支持,会使我们足不出户,一样能“眼观六路,耳听八方”。

2. 选择能为我们提供有关工作方式和生活态度的意见的朋友

这类朋友可称为“顾问”。

这种人多半是专家、学者,教师等,他们有丰富的阅历和社会实践经验,思维敏捷,分析问题有独到的见解。这类人多半是各自行业里的资深人士,我们可以把他们视为前辈或师长,遇到问题和困难可先向他们请教和咨询。

3. 选择拥有丰富“情报”来源的朋友

这类朋友我们通常称为“游伴”。

这类人大多与我们不是同行,通常是我们在参加研讨会、同乡会和各种社交活动时认识的,有些也可以是“酒友”、“舞友”或“牌友”,这类朋友社交广泛,有各种渠道的情报来源。

(三)巧妙构建人际关系网络

有效的人际关系网络是一笔巨大财富。有了它,事业上才会顺利,生活上才会如意。它需要我们努力营造,全力维护。构建人际关系网络应着重从以下几个方面努力:

1. 尊重与被尊重都是一种需要

俗话说:“种瓜得瓜,种豆得豆。”把这条朴素哲理运用到旅游社交中,同样适用。可以说,你只有处处尊重别人,得到的回报才能是别人处处尊重你。尊重别人其实就是尊重你自己。

有这样一个有趣的故事:一个小孩不懂得见到大人要主动问好、对同伴要友好团结的道理。聪明的妈妈为了纠正他这个缺点,把他领到一个山谷中,对着周围的群山喊:“你好,你好。”山谷回应:“你好,你好。”妈妈又领着小孩喊:“我爱你,我爱你。”不用说,山谷也喊道:“我爱你,我爱你。”小孩惊奇地问妈妈这是为什么,妈妈告诉他:“朝天空吐唾沫的人,唾沫也会落在他的脸上;尊敬别人的人,别人也会尊敬他。”

因此,不管是时常见面,还是远隔千里,都要像尊敬自己一样尊敬别人。

2. 乐于助人是一种胸怀

人都是需要关怀和帮助的,我们尤其应当珍惜自己在困境中得到过的关怀和帮助,视帮助者为真正的、值得信赖的朋友。

著名的思想家和哲学家马克思在创立马克思政治经济学时,正是他在经济上最贫困的时候,恩格斯经常慷慨解囊帮助他摆脱经济上的困境。对此,马克思十分感激。当《资本论》出版后,马克思写了一封信表示他的衷心谢意:“这件事之所以成为可能,我只有归功于你!没有你对我的牺牲精神,我绝对不可能完成那三卷的巨著。”两人友好相处,患难与共长达40年之久。列宁曾盛赞这两位革命导师的友谊“超过了一切古老传说中最动人的友谊故事”。帮助别人不一定是物质上的帮助,简单的举手之劳或关怀的话语,同样能收到意想不到的效果。尤其是在你有能力帮助别人的时候,你主动去帮助了别人,实际上是为自己的未来储蓄了资源,因为每个人都有遇到困难需要别人帮助的时候。当然,如果你能做到帮助曾经伤害过自己的人,不但能显示出你的博大胸怀,而且还有助于“化敌为友”,为自己营造一个更为宽松的人际环境。

3. 懂得感激是一种美好的情感

现实生活中,人与人的关系最是微妙不过,对于别人的好意或帮助,如果你感受不到,或者冷漠处之,常常会使对方生出种种怨恨。

旅游社交人员,在与人相处时,一定要懂得和学会换位思考,能设身处地站在对方的立场上考虑问题。当我们工作中觉得轻松了,说不定有人在为我们负重;当我们享受着生活赐予的甜蜜时,定是有人在为我们付出辛勤劳动……生活在社会大群体里的你我,拥有的常常是别人付出的。古人尚且能“受人之滴水,报之以涌泉”,我们又为何不该常存一份感激之心呢?

情感的纽带因为有了感激,才会更加坚韧;友谊之树必须靠感激来滋养,才会枝繁叶茂。

4.“同频共振”是一种力量

声学中有个规律叫“同频共振”,就是指一处声波在遇到另一处频率相同的声波时,会发出更强的声波振荡,而遇到频率不同的声波则不然。

人与人之间,如果能主动寻找共鸣点,使自己的“固有频率”与别人的“固有频率”相一致,就能够增进友谊,结成朋友,发生“同频共振”。

别人的正确观点和行动、有益身心健康的兴趣爱好等,都可以成为你取得友谊的共鸣点、支撑点。当别人飞黄腾达、一帆风顺时,你应为其欢呼,为其喜悦;当别人遇到困难、不幸时,你应把别人的困难、不幸当做你自己的困难和不幸……这些也是“同频共振”的应有之义。

5. 真诚赞美是一种技巧

林肯说过:“每个人都喜欢赞美。”赞美之所以得其殊遇,一在于其“美”字,表明被赞美者有卓然不凡的地方;二在于其“赞”字,表明赞美者友好、热情的待人态度。

人类行为学家约翰·杜威说:“人类本质里最深远的驱策力就是希望具有重要性,希望被赞美。”因此,当别人有值得褒奖之处时,你应毫不吝啬地给予诚挚的赞许,你们的交往会变得更加和谐而温馨。

可以说,赞美是友谊的源泉,是一种情感的黏合剂,它不但会把老相识、老朋友团结得更加紧密,而且可以把互不相识的人连在一起。

6. 诙谐幽默是一种智慧

人人都喜欢和机智风趣、谈吐幽默的人交往,而不愿同动辄与人争吵,或者郁郁寡欢、言语乏味的人来往。

幽默,是一种自信和智慧的表现,它犹如一块磁铁,吸引着周围的人;又像一种润滑剂,使烦恼变为欢畅,将尴尬转为融洽。

美国作家马克·吐温机智幽默。有一次他去某小城,临行前别人告诉他,那里的蚊子特别厉害。到了那个小城,正当他在旅店登记房间时,一只蚊子正好在马克·吐温眼前盘旋,这使得职员不胜尴尬。马克·吐温却满不在乎地对职员说:“贵地蚊子比传说中不知聪明多少倍,它竟会预先看好我的房间号码,以便夜晚光顾,饱餐一顿。”大家听了不禁哈哈大笑。结果,这一夜马克·吐温睡得十分香甜。原来,旅馆全体职员一齐出动,驱赶蚊子,不让这位博得众人喜爱的作家被“聪明的蚊子”叮咬。幽默,不仅使马克·吐温拥有一群诚挚的朋友,而且也因此得到陌生人的“特别关照”。

7. 大度宽容是一种气量

人与人频繁接触,难免会出现磕磕碰碰的现象。在这种情况下,学会大度和宽容,就会使你赢得一个“绿色”的人际环境。

“人非圣贤,孰能无过”。因此,不要对别人的过错耿耿于怀、念念不忘。生活的路,因为有了大度和宽容,才会越走越宽,而思想狭隘,则会把自己逼进死胡同。

《三国演义》中,周瑜是个才华横溢、度量狭窄的英雄人物,而据史书记载,周瑜并不是小肚鸡肠的,相反因为自己的大度宽容拥有一份好人缘。比如说,东吴老将程普原先与周瑜不和,关系很不好。周瑜不因程普对自己不友好,就以其人之道还治其人之身,而是不抱成见,宽容待之。日子长了,程普了解了周瑜的为人,深受感动,体会到和周瑜交往,“若饮醇醪自醉”。

8. 诚恳道歉是一种坦荡

有时候,一不小心,可能会碰碎别人心爱的花瓶;自己欠考虑,可能会误解别人的好意;自己一句无意的话,可能会大大伤害别人的心……如果你不小心得罪了别人,就应真诚地道歉。这样不仅可以弥补过失,化解矛盾,而且还能促进双方心理上的沟通,缓解彼此的关系。

英国首相丘吉尔起初对美国总统杜鲁门印象很坏,但是他后来告诉杜鲁门,说以前低估了他,这是以赞许的方式表示道歉。解放战争时期,彭德怀元帅有一次错怪了洪学智将军,后来彭德怀拿了一个梨,笑着对洪学智说:“来,吃梨吧!我赔礼(梨)了。”说完两人一起哈哈大笑起来。

当然,一个人要想保持良好的人际关系,最好尽量减少自己的过失。曾子讲:吾日三省吾身。要想拥有良好的人际关系,一个人应不断检讨自己的过失,提高个人的修养。

## 四、努力增强自己的人际魅力

### (一)什么是人际魅力

人际魅力,是指在人际交往过程中形成的,个体对他人展示的积极和正面评价的倾向。每个人都有自己喜欢的人,并愿意与之交往;每个人也都有自己讨厌的人,不愿意和这些人交往。这种现象所反映的实际上正是人际魅力。

### (二)增添人际魅力的途径

1. 第一印象形成良好的情感导向

心理学家卡耐基在其著作《怎样赢得朋友,怎样影响别人》一书中总结出如何给人留下良好的第一印象的六种途径。

(1)真诚地对别人感兴趣。

以浓厚的兴趣对待朋友的信息是接纳对方的一种积极的信号,而这种信号传达给对方的感觉印象是一种真诚和发自内心的尊重,朋友当然也会在你需要的时候“投桃报李”。人际间的信息交流有时并不是都要用语言去表达的，心灵间的信息交流有时就是在那么“灵犀一闪”之间。

(2)微笑。

微笑是一种全世界都懂得的“世界性语言”，真情、友善、关爱、尊重、宽厚等众多的情感都在这一颦一笑中传达出去了，接纳方心灵最需要什么，它就可以成为什么。

(3)多提别人的名字。

反复、强调、重申等信息所传达的是一种重视和强烈的关注情感，谁都愿意接纳这样的信息，因为这是人的心理需求中最为重要的一部分。所以，在与人交往时，尽量多提别人的名字，适当的场合，别人自然也就将你当做注目的中心了。

(4)做一个耐心的听者，鼓励别人谈他们自己。

有耐心的倾听别人诉说的行动所传达的是一种强烈关爱的情感，一个期盼倾吐衷肠的诉说者此刻是一定有这种情感需求的；同时，你若有幸成为对方倾诉的对象一定要懂得珍惜，因为，对方是将你当做知心和可信赖的朋友。

(5)谈符合别人兴趣的话题。

俗话说“酒逢知己千杯少，话不投机半句多”，社交圈里的人际交流，一定要熟谙交往者的心理，要尽量选择对方感兴趣的话题，否则，大家人虽相处一起，却味同嚼蜡，试想，这样的交流又如何能维系长久呢?

(6)以真诚的方式让别人感到他很重要。

自己在别人心目中处于一种什么样的位置，这是所有人都十分关心的，所以，要想让对方成为你的知己，不妨以恰当的方式告诉他“你很重要”，当然，如果用语言直白地说出这句话，可能效果会适得其反了。

2. 提高个人的内外素质

(1)追求美、欣赏美、塑造美是人的天性。

美的外貌、风度能使人感到轻松愉快，并且在心理上构成一种潜在的认同。所以，社交人员应恰当地修饰自己的容貌，扬长避短，注意在不同场合下选择样式和色彩符合自己的服装，形成自己独特的气质和风度。

(2)应注意追求外在美和内在美的协调一致。

外在美和内在美的协调一致，即外秀内慧。因为随着时间的推移，交往的加深，外在美的作用会逐渐减弱，对他人的吸引会逐渐由外及内，从相貌、仪表转为道德、才能。所以，提高个人的内在素质对增添人际魅力至关重要。

3. 培养良好的个性特征

良好的个性特征对建立良好的人际关系有促进作用，不良个性特征对建立良好的人际关系有阻碍作用。

生活中，大家都愿意与性格良好的人交往，没有人愿意与自私、虚伪、狡猾、性情粗暴、心胸狭隘的人打交道。因此,要不断形成良好的个性特征,注意克服性格上的弱点。

## 五、在人际关系网络中提升自己

### (一)透过人际关系网络了解竞争对手,从而提高自己

所谓知己知彼,方能百战不殆。旅游业是一个充满了竞争"硝烟战火"的新兴行业,旅游社交工作的目的,主要是销售产品和服务,吸引客源,宣传企业形象,打造企业品牌等,而要想在这种激烈的竞争中让自己立于不败之地,我们必须掌握竞争对手的特点、动向。比如他们是否重视教育训练;他们在客户心目中的"口碑"如何;他们有什么新的产品和服务向社会推介;以及是否鼓励员工进修以提高他们的员工素质;他们在同业中的名声如何;是否参加商展;有没有加入商业性组织等。了解了竞争对手并进行了比较后,必须取长补短,保持优势,弥补差距和不足。

人际关系网络是我们了解这些信息的最佳渠道,而且大部分信息是真实可靠的。朋友的帮助将会提升我们的竞争实力,从而间接削弱我们的竞争对手。

### (二)有人际关系网络就会有机遇

积极努力构建和充实人际关系网络,就提供了这样的可能:既让你结识他人,同时也让他人认识了你,当彼此间的品行、才干、信息得以沟通、了解、认同和接纳的时候,我们事业的发展就有了越来越坚实的基础,同时它也加深了彼此的友谊,使双方都能获得发展的机遇。

可以说旅游社交活动是旅游事业发展机遇的催产术。当我们逐步懂得了着意开发人际关系网络资源对我们事业发展的重要性,学会了如何捕捉机遇,成功的彼岸就离我们更近了。

## 六、如何营造自己的人际关系网络

### (一)确立目标

为你的未来确定一个关键目标。你确定得越具体,你的关系网就越容易被联结起来:比如将媒体上频频宣扬的经济人物树为自己的职业偶像。将你的职业愿望用语言形容出来,然后确立你可以分步骤达到的中间目标。

### (二)利用各种机会建立联系

出去社交,积极利用各种集会时间,不光是正式的派对,包括活动前、讲座休息时、午餐时或是在飞机候机室里的每个机会积极扩大自己的社交圈。你可事先思考一下,你希望认识哪些人,然后收集一些可以创造机会与这些人交谈的信息。尽量去适应环境,让自己尽可能与更多的人建立联系。

### (三)告诉别人你的需要

以一种主动的姿态去收集、传达和沟通信息,这样你才能尽快得到你所需要的

信息反馈，不管你是在找一份新工作还是一台便宜的手提电脑——只要你并不知道谁能够帮助你，“撒网”就可能会派上用场。将你的愿望告诉你所有碰巧遇到的人，通过口头“广告”肯定会让你受益匪浅。

（四）收集信息

仔细而且积极地倾听，通过提问你可以让谈话朝你希望的方向发展。为了你的现在和将来，为了你自己和他人，应该收集一些联系方式和值得了解的信息，敏锐的信息嗅觉力是旅游从业人员的一项基本素质要求，只要有任何与你的职业相关的信息，首先收集起来，说不定什么时候就能派上大用场。

## 第二节　人际关系网络的维护

人际关系网络的建立固然重要，但要维持自己的人际关系网络并能使之适时发挥出应有的效应却并非易事，如果不懂得珍惜得来不易的人际关系，懒于沟通，疏于维护，人际关系网络就会失去应有的效应。缺乏妥善的管理更会让你最初的努力功亏一篑。

### 一、维护人际关系网络的策略

（一）勤作记录

从事旅游社交工作的人，进入职场就应当将勤做记录的习惯当做一种重要的职业素养来全力培养了，因为一旦接触的人多，事多，混淆和遗忘就会在所难免了。我们要学会记录在什么活动中结交了什么人，不仅要记录下他们的名字，而且要记录下你对他们工作最感兴趣的方面和他们在哪些方面会与你今后的工作发生联系。最重要的是要记下对方的联系方式，这样就不用记住所有的细节了。当有所需要的时候查看卡片，你会发现这个习惯真的对你有很大的帮助。

（二）广“采”博“收”

如果你的人际关系网是张安全的网，你应当可以尽量慷慨些——介绍第三个人或更多的人加入到你们的行列中来。人际关系网络的延伸在于懂得广“采”博“收”，这样做的价值在于，你是这个关系网中的一分子而且是一个善于引荐其他朋友加入的介绍人的名声可以就此传开。这样，你的人际关系网络就会拥有足够的“人气指数”。

（三）保持忠诚

朋友的忠诚是友谊得以维系的一个至关重要的因素，如果你曾得到过某位朋友的帮助，千万不要短时间没有其他利用价值就中断了与他的联系，而是应经常地、主动地与该朋友保持联系，并尽可能创造回报的机会。保持对朋友的忠诚度，会使你的人际关系网络得到不断延伸。俗话说“天晴需防天雨时”，只有当你在顺利的好时机时维护好你的人际关系,你才能在不顺利的时刻获得帮助。

(四)千里送"鹅毛"

小事也可以有大影响:在熟人生日时送上鲜花或是发出一个祝福的电子邮件,在朋友举行婚礼或是生儿育女时能及时送上祝福,当你在行业报告中读到老同事获得成功时打电话说番洋溢着热情祝贺的话语,最终你会发现自己也会收到意想不到的祝福,也会有人时常念着你。

(五)保持固定的联络方式

与同事或是同行可能会每个月在聚会上碰面,在这种内部聚会上会有不少免费的内部消息、工作方法的建议和成功的策略。所以,适当地参加对你工作和事业有益的社交团体和"沙龙"聚会,能使自己的人际关系网络得到渗透性发展。从事旅游社交职业的人,最忌讳的就是频繁更换通信联系方式,如果没有特别的原因和理由,最好不要轻易更换自己的联系方式,否则你会因此丧失很多信息,失去很多机会。

## 二、内部人际关系网络的维护

人际关系网络如果没有内力的支撑,是难有外力的扩充和发展的。所以,善于维护人际关系网络的高手总是首先打造强有力的内部人际关系网并尽力做好维护。

(一)内部人际圈的建立

建立强有力的10人左右内部人际圈,对你的职业发展及人际关系网络的维护有着重要的意义。

当你开始选择可以助你一臂之力的人时,你可能不得不卸掉一些关系网中的额外包袱,其中或许包括那些相识已久但对你的职业生涯无所裨益的人。

(二)如何核定内部人际圈规模

良好、稳固、有力的人际关系的核心最好由10个左右你能靠得住的人组成。这首选的10个人可以包括你的朋友、家庭成员和那些在你职业生涯中彼此联系紧密的人,他们构成你的有较强影响力的内部圈,因为他们能让你发挥所长,而且彼此都希望对方成功。

当双方建立了稳固关系时,彼此会激发出强大能量,他们会激发对方的创造力,使彼此的灵感达到至美境界。

为什么将你的影响力内部圈人数限定为10个人呢?因为强有力的关系需要你一个月至少维护1次,所以10个人或许已经用尽你所有可能用于社交的时间。

(三)内部人际圈的补充和完善

如果你拥有有足够选择余地的人际关系网络,应该至少挑选15个人作为你"强有力10人内部圈"的后备力量,并经常与他们保持联系。如果你的一位主要关系退休或移民国外,最好的替补就是你的后备军。只要你能每月定期和他们联系,无论是通过电话、传真、聚会、电子邮件或信件,这个团体的人数都可以超过15人。

### 三、外部人际关系网络的延伸

有了良好的内部人际关系网络,便应着手建立外部人际关系网络了,一般说来,外部人际关系网络能得以不断延伸,重要的是拥有一个积极的心态,同时还应善于抓住机遇。

#### (一)巧问妙答获机缘

当别人试图与你建立某种关系时,人们总会问到你的职业或者是社会经历等方面的问题,如果你不懂得抓住时机,回答问题平淡如水,比如只是一句简单的"我是一位教师",你就失去了一个与对方交流的机会。比较机智的回答是:"我在某某大学是研究沟通学教育的。我爱看足球,常常打乒乓球,也热爱读书……"在不到15秒的时间里,你不仅使你的回答增添了色彩,也为对方提供了一系列可以延伸的话题,说不定其中就有让对方感兴趣的。当他这样回答:"哦,你打乒乓球?我也喜欢"时,你们就开始建立关系了。

#### (二)愿效"犬马之劳"

旅游社交人员,应时刻铭记的忠告是社交圈的人位,应始终抱着一种"高位投人,低位进入"的心态,旅游工作强调的"退让以敬人"是一条不变的准则。所以,我们在建造人际关系网络时必须遵守的规则是,不是"别人能为我做什么",而是"我能为别人做什么"。在回答别人的问题时,不妨再接着问一下,"我能为你做些什么?""如果有机会,我当尽全力为您效劳。"

#### (三)情感常"念"常新

人际情感的维持需经常补充养料,所以,对朋友保持经常性联络是成功建立和维护人际关系网络的另一关键。

《纽约时报》记者问美国前总统克林顿是如何保持自己的政治关系网的,克林顿回答:"每天晚上睡觉前,我会在一张卡片上列出我当天联系过的每一个人,注明重要细节、时间、会晤地点和其他一些相关信息,然后添加到秘书为我建立的关系网数据库中。这些年来朋友们给了我不少的帮助。"

要与关系网络中的每个人保持积极联系,唯一的方式就是创造性地运用你的日程表。记下那些对你的关系特别重要的日子,比如生日或周年庆祝等,打电话给他们,至少给他们寄张贺卡让他们知道你心中想着他们。

#### (四)热切关注网络成员的信息变化

人际关系网络的维护,对网络成员各种信息的变化采取一种积极关注的态度是十分必要的。因为,我们只有让信息沟通的渠道保持足够的畅通,才能在传递和获取信息时做到信手拈来。同时观察网络成员在组织中的变化也同样重要,当你的关系网成员升职或调到新的组织去时,你就能够及时为他们送上一份真挚的祝福。

(五)及时将自己的信息变化告知网络成员

网络维护不能忽略的另一件事就是要向你的网络成员定期通报你的最新信息。如去度假之前,打电话问问他们有什么需要;将你在外地的联系方式告知对方;新换了手机,调动了工作,调整了岗位;搬迁了新居;准备出国的计划等应及时以恰当的方式告诉你的网络成员。

(六)关怀网络成员

人生犹如浪潮,有高峰,也会有低谷,辉煌时的锦上添花兴许并不重要,但低潮时的雪中送炭才更显得珍贵。当你的网络成员落入低谷时,得知后的第一时间打电话给他们鼓劲。不论你的人际关系网络中谁遇到麻烦,立即与他联络,并主动提供帮助,这是表现支持的最好方式。

(七)珍惜商务旅行的机会

如果你旅行的地点正好邻近你的人际关系网络中某位成员,不要忘记给他打一个电话并记得提议和他共进午餐或晚餐。兴许对对方来讲这是一份意外的惊喜,或是他长久以来的期待,当然,如果方便,顺便捎点家乡土特产给老人孩子一定是一个不错的感情投资。

(八)为人际关系网络和组织提供信息

时刻关注对网络成员有用的信息,应定期将你收到的信息与他们分享。

优秀的人际关系网络是双向的,如果你仅仅是个接受者,无论什么网络都会疏远你。搭建人际关系网络时,要做得好像你的职业生涯和个人生活都离不开它似的,其实,事实上也的确如此。

## 四、如何做好人际关系网络中的角色定位

有职业规划专家说,10%的成绩,30%的自我定位以及60%的人际关系网络才是成就理想的标准因素。

人际关系网络的角色定位,往往不要先考虑自己,更不能先考虑自己的利益因素,而应当首先为对方考虑,多考虑对方的实际利益。人际关系的维护,懂得换位思考是十分重要的。角色定位要注意下面几个问题。

(一)随缘,但不强求

做人坦荡荡,不强求。给别人足够的空间和时间去选择你或不选择你,让你身上特有的气质、品位、能力、价值观、审美观等充分展示出来,由别人根据自己的实际情况来作出判断和选择。

在双向选择的前提下,要把握机缘。所谓相请不如偶遇,就是这个道理。

（二）不要对别人有所期望，先要求自己处处帮人

曾有这样一个故事：阎罗王问一个即将转世的人："你想做一个一辈子给予的人呢，还是一辈子拿来的人？"那人说他想做拿来的人，结果他做了乞丐。

事实也是这样，善于帮助别人的人，得到了真善美光环的照耀，越来越感到自己有价值和能力。

需要强调的是有时人家不能够，有时不愿意帮助你，都是无可厚非的，而帮助了你，是值得感激的。

（三）永远站在对方的立场上

人的情感维系是双向的，曾经付出的情感，可以不求回报，但如果连起码的认可都没有，维系这份情感的理由便会荡然无存了。

欣然接受别人无私的帮助，认为别人为你所做的一切都是理所当然，不懂应当首先考虑别人的人，只会断了自己的"人脉"，让自己苦心经营的人际关系网络逐渐消亡。

总之，人际关系的维系应着重强调懂得奉献，不计较得失，随缘坦荡。

## 第三节　营造人际关系网络中和谐关系的途径

### 一、建立完善的交际人格

（一）什么是人格

人格是个内涵丰富的概念，包括人的性格、气质、修养、能力、知识等多方面的内容。是否具备健全的人格是个人能否得到社会群体和其他个体认可和接受的基础和前提。

（二）什么是交际人格

交际人格是个人在交际中表现出的个体人格特征，是交际活动中个人的人格魅力的全面展示。

完善的交际人格会使人们在交际活动中进入较高的境界，达到理想的程度。

（三）建立完善交际人格的素质要求

（1）良好的交际人格要求旅游社交人员具备丰富的知识，知识使人的交际去俗趋雅。

（2）旅游社交人员应拥有健全的个性特征。良好的个性会使交际充满风采，高雅宜人。

（3）旅游社交人员应具有高雅的谈吐，优雅的气质。

（四）建立完善的交际人格的途径

建立完善的交际人格是全方位提高自身综合素质的过程，而综合素质所涉及

的人的个性、气质、修养、谈吐等的提高,需要一个循序渐进的过程。交际人格的各个成分是一个整体,能够互动互促。知识素养的提高,能牵及气质、性格的变化,并使个性在与人的交往与学习中不断完善,不断提高。那么,建立完善的交际人格,应从哪些方面入手呢?

1. 追求交往方式的"恰到好处"

交往方式是交际的具体形式,它受到交际人格的制约,但又有其自身规律。把握这些规律的最佳境界是掌握分寸,做到恰到好处。

明人洪应明在《菜根谭》中写道:"文章做到极处,无有他奇,只是'恰好'。"其实交际也如同做文章,懂得千条交际之道,知道万条交际之法,关键还在于运用。运用之妙则在乎"恰好"。比如表示友好,热情过度可能会使人心出厌烦。表示对对方尊重之意,如果仰附于彼,自我贬低,会让人怀疑你的诚意。

交往方式的分寸把握需要用心体会,如微笑和打招呼这些看来很简单的礼仪,但运用起来却有许多奥妙,同一方式常会显示出雅俗的不同层次。

2. 酿造高雅的交际格调

交际作为一种生活方式,通常表现为一种关系的联络和互帮互助形式,具有一定的目的性。

但交际又不仅仅如此,它会超越物质性,追求一种精神上的欢愉情趣。此时交际便超越一般,变得分外迷人,显出卓然脱俗的格调来。

3. 营构交际美感氛围

从实用交际上升到交际的艺术化,最显著的特征是对交际美感的追求和营构。

美感本身是一种艺术的体现,是一种高妙的境界。当我们精心为交际营造浓浓的美感气氛时,此时的交际便摆脱了功利色彩,超越了实用性,达到了更高的层次。

美感是一个复杂的概念,它有着不同的内涵,往往因情境、对象等因素,表现出很大的差异,比如热烈、轻缓、淡雅、艳丽都会引起相应的审美感受。所以我们在营构交际的美感气氛时,要有针对性,关键在合适;如若不然,美感气氛无以形成,交际的完美境界也无从产生。

4. 挥洒交际风格的魅力

每一个交际者,其交际方式总带有个体色彩,而这种个体色彩一旦稳固成形,便成为特有的交际风格。富有魅力的交际风格是一个交际者成熟的体现。

交际风格虽然以鲜明的个性风采为特征,但却有相对一致的规律性,这就是任何交际风格的形成,都要处理好传统与现代的关系问题。也就是说富有魅力的交际风格,既应有浓浓的时代气息,具有某种先锋意识,同时又应是基于传统的,符合民族大众审美心理的。只有处理好这层关系,交际风格才是符合审美限度的,能被大众欣然接受的。

5."激活"和包装交际内容

交际内容是实现物质移换、信息输送、精神传感、力量互补的载体,它是交际中最稳定、最实在的部分。我们一方面要对它加以激活,即通过组接、置换、穿插等方式,使交际内容充满生机和浓浓的人情味。一方面要对它加以包装,即对交际内容进行着色、修整,使交际内容变得"色彩斑斓"。经过这番工作,交际内容会生动和雅致起来,会在实用的基础上,形成一种诗情画意的高雅格调。

## 二、人际关系网络中交往的策略

(一)把握人际关系的双向维系原则

人与人的关系是需要由双方共同维系的,如果一方为了密切关系而一味施惠于人,可能效果会适得其反;反之,如果只知索取不懂付出,这种关系也是不会长久的。

人际关系中如果不能相互满足某种需要,那么这种关系维持起来就比较困难。在卡耐基成功人际交往思想中,很重要的就是要遵循心理交往中的功利原则——这一原则是建立在人的各种需要(包括精神的、物质的内容)的基础上,即人际交往是满足人们需要的活动。

心理学家霍曼斯早在1974年就曾经提出人与人之间的交往本质上是一种社会交换,这种交换同市场上的商品交换所遵循的原则是一样的,即人们都希望在交往中得到的不少于所付出的。其实岂止是得到的不能少于付出的,如果得到的大于付出的,也会令人们心理失去平衡。

(二)人际交往要有所保留

初入社交圈中的人常犯的一个错误就是"好事一次做尽",以为自己全心全意为对方做事会使双方关系融洽密切,事实上并非如此。因为人不能一味接受别人的付出,否则心理会感到不平衡。"滴水之恩,涌泉相报",这也是为了使关系平衡的一种做法。

如果好事一次做尽,使人感到无法回报或没有机会回报的时候,愧疚感就会让受惠的一方选择疏远。留有余地,好事不应一次做尽,这也是平衡人际关系的重要准则。

如果你想帮助别人,而且想和别人维持长久的关系,那么不妨适当地给别人一个机会,让别人有所回报,不至于让对方因为内心的压力而疏远了双方的关系。而"过度投资",不给对方喘息的机会,就会让对方的心灵窒息。留有余地,彼此才能自由畅快地呼吸。

(三)避免第一印象带来的偏见

人际交往,首次见面都会彼此留下印象,这个心理过程叫知觉,由于它是针对人的,故称之为"人际知觉"。也叫第一印象。

第一印象因为带有先入为主的定位判断，所以容易导致偏见的发生。它微妙而深深地影响着人们互相间的关系。譬如交友时，第一印象很重要，第一印象不好，继续交往的愿望便会受到抑制，即使勉强交往，也会感到兴味索然。

然而，第一印象又往往不很准确，因为在很短的接触中所依据的材料十分有限，据此来评价一个人往往不可能完全正确。所以，在人际交往中我们要避免被第一印象所左右；又要在初次交往时，尽可能给对方留下一个良好的第一印象。

(四)避免刻板印象带来的偏见

“刻板印象”也是人际交往偏见之一。刻板印象一旦形成，对人的判断十有八九要出偏差。

所以，我们要善于用“眼见之实”去核对“偏听之辞”，尽量不使“偏见”产生。偏见产生还受环境的影响，诸如生活境遇、情绪状况。俗话说“人逢喜事精神爽”，当一个人处于这种情绪状态时，在他眼里一切事物都是美好的。由此，我们应该知道，一方面要避免自己因主观情绪对别人形成偏见，一方面学会察言观色，防止他人对自己产生偏见。

(五)客观待人，公正褒贬

人际交往中常常有这样的现象，因喜欢某人的优点就忽略了他的缺点，或某人在某方面存在缺陷，就以偏概全，以错误的逻辑推理对他的一切全盘否定。

一旦别人对自己存有偏见，就要想得开，做到豁达，这样有利于消除偏见；另一方面要加强思想修养，掌握辩证的思维方法看待别人，尽量做到客观待人，公正褒贬。

(六)杜绝网络组织里的派系

中国人最喜欢搞关系，但却最拙于关系管理。搞关系是指中国人喜欢搞短线的、工具性质的关系，但又希望这种临时有用才找来的关系变成有情感的“强连带”，形成小团体。而实质上这种工具性关系也许能建立关系、促成合作，但难以建立信任，无法维持长期而稳定的关系，留下关系网络随时崩解的隐患。

一个组织里关系管理如果做得不好，可能会出现“团体冲突”的问题，这是极其可怕的现象，因为此时所有的小团体都不再为整个大团体、大组织效力，所有的精力都放在争斗上面，最终的结果常常是公司的解体。要判断公司内是否存在团体冲突的可能性，首先看公司是不是分成几个小团体。人际关系网络中如果形成几个小团体，它们之间沟通很少甚至不沟通，就存在团体冲突的危险。

因此，在网络组织内部，一定要杜绝派系关系，因为它对人际关系网络的危害远远大于它可以提供的利益。

**思考与练习**

1. 如何处理人际关系网络中的不同的关系？
2. 在人际交往中可采用什么策略？

3. 什么是刻板印象,如何避免刻板印象?
4. 如何营造交际美感氛围?
5. 什么是交际人格,如何完善自己的交际人格?
6. 如何确立自己在人际关系网络中的角色定位?
7. 维护已建立的人际关系网络有哪些可行性措施?
8. 在人际关系网络中,为什么要强调保持忠诚?
9. 什么是人际魅力?如何提高自己的人际魅力?
10. 在未来的实际工作中,你计划如何打造自己的人际关系网络?

# 第四章

# 旅游社交中的仪容、仪表规范

## 第一节　仪容与仪表

### 一、仪容、仪表的概念

(一)仪容

仪容指一个人的容貌,包括五官的搭配和适当的发型衬托等方面。

在个人的整体形象中,仪容始终起着至关重要的作用,它直接反映了一个人的精神面貌、朝气和活力,是传达给社交客体的最直接、最生动的第一信息,良好的仪容可以使人看上去精神焕发,神采飞扬,相反,仪容不振会使人看上去委靡、颓废、无精打采。

所以,社交活动中,个人的整体形象包装,首先应当考虑的便是仪容。虽然相对定型的容貌无法作大的改变,但可以通过一定的途径来美化、装扮。旅游社交人员必须具备一定的审美修养,懂得基本的美容、护肤及服饰搭配常识,并知道如何发挥自己容貌的优势去弥补自身容貌的缺陷和不足。

(二)仪表

仪表通常是指一个人的外表。它是一个人总体形象的统称,除了容貌、发型之外,还包括了人的服饰、身材、姿态、风度等内容。

仪表美包含了人体构造的协调美、匀称与均衡美、服饰与色彩的搭配美、发型美以及由它们共同组成并融为一体的富有个性的气质美。要拥有良好的仪表美,除了需懂得一定的美学知识外,还需辅之以持之以恒的形体训练。

### 二、社交活动注重仪容仪表的意义

(一)注重仪容仪表是树立良好公众形象的基础和前提

从表象上看,仪容仪表均属于外在的东西,与实际的社交活动没有直接的关联,但是,由于旅游社交活动的特殊性使得旅游社交人员的言谈举止始终处于公众的关注之中,有时社交活动中的一句话、一个手势,或者一次不合时宜的着装,都将直接影响其本人或其所代表企业的整体形象。公众可以从仪容、仪表来评价一个人的道德修养、文化水平、审美情趣和文明程度，同时，一个员工的仪容仪表，也在一定程度上反映了其所在企业的管理水平和服务水平。

所以，旅游社交人员的仪容、仪表实际上是一种个人形象包装艺术，良好的仪容、仪表对个人和企业都能起到积极的宣传效果，给合作者留下良好的第一印象。

(二)注重仪容、仪表是社交主体尊重社交客体的需要

社交活动中，人际之间的交流与沟通，始终是建立在彼此之间相互尊重的基础上的，以良好的仪容仪表出现在各种社交场合，本身就是尊重社交客体或社交群体的一种礼节形式，它用一种无声的语言将对于对方的尊重和重视传达出去。

(三)良好的仪容仪表，是缩短社交活动中人际交往心理距离的润滑剂

俗话说得好，"爱美之心人皆有之"。美感享受属于人类高层次的心理需求，具有明显的情感导向性，在旅游社交活动中，社交主体良好的仪容仪表，本身就可成为吸引社交客体或社交群体的一个亮点，宣传企业形象和推销企业产品的一个卖点，它会令社交人员成为注目的中心、关注的焦点，并在客体心目中留下深刻的印象，从而无形中缩短了社交主客体之间相互交流与沟通的心理距离。

(四)良好的仪容仪表，是使社交人员充满自信的有效手段

社交人员的自信心，通常可以从社交群体或社交客体赞赏、羡慕的眼神、表情以及称赞的话语中获得，赞誉同时也会使社交人员更加精神焕发，神采飞扬，在心理上滋生出一种自豪感与满足感。

总之，良好的仪容仪表，会给旅游社交人员带来一份好心情，使他们在社交活动中能更加从容应对、游刃有余。

### 三、旅游社交活动中仪容仪表的基本要求

(一)男士社交仪容规范

男士出席社交活动，着装要求重在体现一种整体的美感，而不要求如何修饰与装扮。即显示出一种刚毅与果敢、机智与稳重的个性风采，充分展现出男性的"阳刚之美"。规范如下：

应注意面部的整洁，养成勤洗脸、勤剃须的习惯。出席社交场合，一般不宜留胡须和大鬓角，男性因毛孔较粗，油脂分泌多，应经常进行面部皮肤的护理，以保持面部的洁净和润泽。

男士出席正式社交活动，选择合适的发型非常重要，正式场合的接待与服务工作，通常鬓发不应盖过耳部，更不能将头发染成彩色，披肩长发出席社交活动显然也是不合时宜的。

从事旅游社交工作的男士，应自觉养成勤洗澡、勤换内衣的好习惯。社交场合(尤其有女士参与的社交活动)应尽量避免身上有过多的烟味、酒味、汗酸味；出席

社交活动前，应尽量避免食用容易引起口腔异味的辛香食物（如葱、蒜等）；夏季汗腺分泌较多，参与社交活动时宜使用一些男士香水。

不酗酒，不熬夜，养成早睡早起的好习惯，以使自己在社交人群中始终拥有一个精神振作、情绪高昂的良好形象。

指甲常剪常修；皮鞋锃光瓦亮。除领带和手表外，正式场合不戴多余饰物。

（二）女士社交仪容规范

女士出席社交活动，应首先注意自身作为社交主体还是社交客体的差别，在明确了自己的社交身份后，再进行仪容的装扮。

作为旅游社交人员，应尽量展示出稳重、贤淑，典雅、端庄而又不失敏捷的个性风采，并充分体现东方女性的温柔、含蓄之美。规范如下：

要注意面部皮肤的护理与保养。对女性而言，面部皮肤是衡量其青春生命、精神状态的重要标志。所以女性保持皮肤的洁净、润泽和弹性是至关重要的。也可以通过适当的面部化妆，来弥补五官搭配的缺陷和不足。

旅游行业的职业女性需掌握一定的美容化妆知识，并具备较高的审美修养，参与社交活动时应化淡妆，浓妆艳抹不适合旅游社交工作人员的职业需求。需要提醒的是，化妆并不是为了改变自身的容貌，而是为了弥补缺陷，增添色彩，使其在社交活动中具有良好的精神风貌。自然、协调、不露痕迹应当是最佳的化妆效果。

要注意头发的护理与保养并养成美发的习惯。东方女性肤色白里透红，黑发是最好的天然搭配。它可以极好地衬托白嫩的面容。时尚、张扬的彩色头发不适宜参与重要的礼仪社交活动。当然，休闲、娱乐活动另当别论。

职业女性的发型可根据脸型作出选择，较丰盈的宽脸型不宜选择齐耳的奔放型短发，这种搭配会造成视觉的夸张，使脸型变得更宽。而瘦削的长脸型也不宜选择东方女孩青睐的披肩长发，它会将脸型拉得更长。

发型的选择也应与服装的搭配协调一致，如穿中式民族服饰、旗袍则不应选择太过新潮的现代发型，温婉的发髻可作为这类服饰最好的搭配选择。而职业套装、西式礼服在发型的搭配选择上则可强调时代气息。

旅游行业的职业女性在任何社交场合都应以端庄示人，切不可太过新潮，更不能珠光宝气、奇装异服，佩戴张扬醒目的饰物招摇过市。保持青春的淡雅与恬静，将靓丽隐含在含蓄、高雅之中，是旅游社交人员绝佳的气质形象。

## 第二节　仪　态

### 一、仪态的含义

仪态是指个人行为举止中的姿态和风度。姿态是指个人身体呈现出的样子。

风度则是一个人内在气质的外在表现。人的内在气质包含了许多方面的内容，如道德品质、学识修养、社会阅历、专业素质与才干、个人情趣与爱好等。气质是通过人的言谈举止、动作表情，乃至站姿、坐姿、走姿及眼神、服饰、装扮等方面体现出来的。

仪态属于人的行为美学范畴，它既依赖于个人良好的内在气质的支撑，同时也取决于个人是否接受过规范、严格的仪容、仪表训练。在人际沟通与交往过程中，良好的仪态像一种无声的语言向人们展示着旅游社交人员的综合素质。

## 二、旅游社交活动仪态美的基本要求

### (一)站姿

#### 1. 站姿的规范要求

站姿所表现出的挺拔的美感是仪态美的基础和前提，站姿同时也是规范身体其他姿势的关键。俗话说“站如松”，是指规范的站姿应体现出站立时像松树一样挺拔的美感。良好的站姿要注意以下几个方面：

立正站直。头、颈、身躯及双腿应与地面垂直，身体的重心在两腿之间。

双肩水平，两臂自然下垂，握空心掌，或采用体前交叉或体后交叉的握腕式站立。

立腰。胸微挺，腹微收，提臀。站直后挺胸收腹才会有挺拔、硕健之美感。而立腰是支撑挺胸收腹的关键。

双腿并拢，呈丁字步站立。如需长时间站立，则可采用调节式站立。要领是两腿稍分开，将身体重心左右腿轮换，但幅度不宜过大，轮换次数不宜过频。

男士站立也可将两腿分开与肩同宽，双手垂于体侧，体现出男士的“阳刚之美”。

女士礼仪接待或迎宾时，应面带笑容，双手交叉置于肚脐位置上。

#### 2. 站姿忌讳

站立时，忌无精打采或东倒西歪；

忌双手叉在腰间或抱在胸前；

忌将身体倚靠在墙上或以其他物品作为支撑点；

忌弓腰驼背，两肩一高一低；

忌身体晃动，肩摆腿摇；

忌将双手斜插裤兜；

忌各种习惯性小动作。

### (二)坐姿

#### 1. 坐姿的规范要求

“坐”是旅游公关人员出席各种社交活动经常呈现出来的身体态势，坐姿的美是一种沉稳、庄重、大方的美。规范的坐姿应体现“坐如铜钟”的稳健。良好的坐姿应注意以下几个方面：

坐姿端正，上体自然挺直，两腿自然弯曲，双脚平落地上，双脚距离与肩宽大致相等。

入座时走到座位前再转身，转身后右脚略向后退，轻稳入座。

女士着裙装入座时，应先将裙子向前拢一下以防裙摆上翘；起立时右脚先向后收半步，用手压住裙摆然后起身。

女士落座后双腿必须并拢，双腿正放或左右两侧斜放均可，双手自然弯曲放在膝盖或大腿上。

落座沙发时，男士可将双手分别搭在扶手上，女士则最好只搭一边，以示高雅。

规范的坐姿，通常只坐满椅子的2/3，一般不宜坐满或靠背，休息时可轻轻靠背。

可选用上体和腿同时转向一侧以面向对方，形成优美的S形的坐姿。

2. 坐姿忌讳

忌落座后前俯后仰，东倒西歪；

忌摇腿跷脚，两膝分开；

忌跷二郎腿；

忌身体过于放松，瘫坐椅内。

（三）走姿

1. 走姿的规范要求

在各种礼仪及社交场合，仪态美最能从走姿中得到完美体现。“行如风”是人们对矫健走姿的赞美，指轻盈的步态如微风吹过一样。正确的走姿应当是轻松有力且富有弹性的，要求如下：

抬步时应保持身体的挺胸、收腹的状态，使身体略微上提。

双目平视前方，面带微笑。

双肩水平，两臂自然摆动，身体重心始终在脚掌前部。

女士行走时走直线交叉步，上肢不要晃动，尽量保持双肩水平。

要注意控制和掌握行走时的步频（快慢节奏）和步幅（步行间距）。

参与社交礼仪活动，行走线路尽量靠右，遇友人或宾客，应表情自然注视对方，主动点头致意或问好。

上下楼梯时肩要立，背要直，头要正，手不要扶楼梯栏杆。

低处取物时，不撅臀部，弯上身低垂头，应借助蹲和屈膝之势腰稍弯下以取拿物品。

2. 走姿忌讳

忌行进中摇头晃脑，左顾右盼。

忌重心前倾，步态不稳；或重心后“坐”，步态拖沓。

忌脚尖内外“八字”行走，身体晃动。

忌女士“交叉”步态行进，上身肢体摇摆。

忌手臂摆动僵硬，或双手紧贴裤缝。

## 三、肢体语言的内涵与运用

肢体语言，是旅游社交活动中辅助语言施行传情达意功能的重要方式之一，美国著名心理学家艾伯特·梅拉宾在经过多种实验后对人际沟通传达信息的效果得出了以下结论：

传递信息总效果 =7% 语言 +38% 声音 +55% 肢体语言（含表情）

虽然这个公式还缺乏足够的科学依据，但至少我们可以认为，肢体语言对人际交流与沟通影响是很大的。

（一）手势

1. 手势的沟通与交流功能

手势是人际沟通时不可缺少的肢体语言。在社交活动中，得体的手势有助于清楚地表达自己的意思，如，招手、挥手、摆手、摊手等都含有使用者不同的心理情感。手势在传递不同信息的同时还是个人心情的一种自然流露，如：人在紧张时会不由自主的双手颤动；兴奋时会振臂高呼，手舞足蹈；无奈时会握腕叹息，焦急时会搓手看表等。

社交活动中辅助手势的运用有时还能表达出发言者的高雅气质与风度，列宁在十月革命中的多次演讲将手势表达情感的功能发挥到了极致，美国前总统里根、英国前首相丘吉尔也都是手势运用的高手。可见，手势美是一种动态美，在旅游社交活动中适当地运用手势来辅助语言传情达意，有时会产生意想不到的效果，为人的交际形象增辉。

2. 手势的具体运用

（1）用手势介绍某人或指示方向时应当掌心向上，四指并拢，大拇指张开，以肘关节为轴，向前自然上抬伸直。指示方向时上体稍向前倾，面带微笑，视线始终随手的方向移动，并兼顾对方是否意会到所指目标。

（2）用手与人打招呼、致意、欢呼、告别时，要注意将手尽量伸开，要根据当时场景控制手势力度大小、速度的快慢及时间的长短。

3. 几种常见手势的基本含义

（1）竖大拇指

在我国竖大拇指含有夸奖、赞誉、钦佩等含义；而在西方国家，如英国、澳大利亚、美国等国则有搭便车、赞同、骂人等不同含义；在希腊这个手势意味着“够了、滚开”，是侮辱人的信号；日本人使用大拇指表示“老爷子、男人”的意思；韩国人用大拇指表示“父亲、首领”等意。有些国家，大拇指可用来表示数字，如意大利拇指表示“1”，英国人和美国人则用拇指表示“5”。

(2)OK手势

西方国家使用颇为广泛的一种手势，这种手势的运用起源于美国，后流行于欧洲国家，是用大拇指和食指构成一个圈，再伸出其他三指，往往表示同意和赞赏对方。但有些国家却运用这一手势表示其他含义，如在法国南部、希腊、撒丁岛等地，表示“劣质品”；在韩国、缅甸等国表示“金钱”；在印度尼西亚表示不成功；在地中海国家，常用它来影射“同性恋”。

(3)伸出食指和中指

我国这一手势表示数字“2”，若手臂放平，则表示剪刀；若微伸手臂，就成了“V”形手势(Victory，“胜利”的英文缩写)，表示胜利，是一种满怀自信的心理写照。在第二次世界大战中，英国首相丘吉尔曾在一次著名的演说中伸出右手的食指和中指，构成“V”字形来表示胜利，当时丘吉尔的激情配合这一充满自信的手势，造成了深远的影响，这一经典手势也就从此在欧洲广为流传。但使用这一手势要求手掌向外，如果手掌向内，就变成了侮辱人的信号，尤其是在希腊，无论是手掌向内或向外，这一手势都是不可使用的。

(4)右手握拳伸出食指

我国用来表示数字“1”，或是提醒对方注意，在日本、韩国、菲律宾、印度尼西亚、斯里兰卡、沙特阿拉伯、墨西哥等国家只表示“一次”或“一个”的意思；在美国表示请对方稍等；在法国，这是学生请求回答问题时的手势；在缅甸表示“拜托”；新加坡则表示“最重要”等。

(5)向上伸出中指

这是一个在社交场合绝对要谨慎使用的手势，我国有些地方用这一手势表示“胡扯”，含有极度蔑视的情感因素，四川等地用这一手势来表示对对方的侮辱；在菲律宾，表示愤怒、憎恨、轻蔑和咒骂；在美国、法国、新加坡等国则表示极度的愤怒和不快；在墨西哥表示不同意。

(6)向上伸出小指

在中国表示小、微不足道、最差、拙劣，带有强烈的蔑视情感因素；但在日本则表示女人、女孩，恋人；在韩国表示妻子、女朋友，或是打赌；在菲律宾则表示小个子、年轻或指对方是个小人物；在泰国或沙特阿拉伯表示朋友、交朋友；在缅甸和印度则表示想去洗手间；在美国，表示懦弱的男人或是打赌。

(7)大拇指向下

我国这一手势表示向下、下面；在英国、美国、菲律宾等地区表示不同意、不能结束，或是对方输了；在法国、墨西哥表示运气坏、死了、无用；在澳大利亚表示讥笑。

4. 手势忌讳

与人交流，手势不要太多，动作不宜太大。

不可用拇指指自己的鼻尖，或用手指指点他人，用手指指人含有教训别人的意思，是极不礼貌的行为。

借助手势谈自己时，应用手掌轻按自己的左胸，这样显得端庄、大方、可信。

运用手势时，一定要考虑地域差别，同一种手势在不同的国家、不同地区有不同含义，切忌乱用，以防造成不良后果。

在岗位工作或社交活动中，应尽量避免与手势有关的不雅行为习惯，如：掏鼻孔、剔牙、抓耳、摸头挠痒、摆弄小物件等。

(二)表情

表情是指一个人通过面部形态的变化所传达出的内心思想情感，表情与个人形象的美丑并无直接的关联，在人的肢体语言中，表情给交往者传达的信息可以说是除语言外最直接的，瞬间表情的变化便可使交往的客体读懂其中的“喜、怒、哀、乐”。

1. 旅游社交工作者的表情要求

(1)诚挚友好

人际交往及各种社交活动中，要想在较短时间内赢得对方的接受和认可，以诚信待人，给交往方一种谦和、友好的印象远比用讨好、献媚的语言去取悦对方要有效得多。所以，写在脸上的表情是不用述说就可以读懂的语言。

(2)从容镇定

在社交场合，无论是与人进行沟通、交往，还是参加各种社交活动，都应表现出一种从容冷静、镇定自若的精神面貌，这种精神面貌传达给交往方的是一种自信而不浮夸，稳重而不猥琐，诚恳而不谦卑的信息，它会令对方产生一种安全感，从而激起与你交往的欲望和要求。

(3)宽容随和

宽容是一种胸怀，而随和则是一种姿态，这是一种不用去申明全凭对方去感受的东西，往往良好的印象依附于良好的感觉，当别人认为你会用生气或愤怒去表达你的情感时你却用理解的眼神和宽容的微笑去诠释，往往会令对方对你的人品肃然起敬，这时写在脸上的表情是一种大气和大度。

随和是不固执己见，自身虽不喜好的东西因从众的需要也同样可以说服自己接纳，对个性不相吻合的人也没有较强烈的排斥心理，气氛轻松的时候能让大家开心幽默一把，别人开了一个让自己尴尬的玩笑也能自寻台阶巧妙地缓和尴尬的气氛，随和的人在做别人“开心果”的同时，自己也会因众人的喜好而常常开心，当然就不愁自己没有好“人缘”了。

随和的面部表情通常是开心的，面部肌肉完全放松。

2. 眼神

人们习惯将眼睛比喻为“心灵的窗户”，从一个人的目光中，可以透视到他的整个内心世界。眼睛可以反映出个人的生活经历、个性特点和心理状态，甚至思维的细节也可以从这里展现出来。所以，虽然用肢体语言传达信息的方式很多，但眼睛仍是最“传神”的一个。

旅游社交人员应懂得合理、适当地运用眼神来帮助自己表达情感，以更好地促进人际交流与沟通。

(1)眼神交流的传情达意功能

在与不同的对象的对视中，眼神能够传达不同的信息。人在焦急时，可用眼神示意；心怀感激时，可用眼神表达；提醒对方时，可用眼神暗示；表达不满时，可用眼神制止；发泄怨恨时，可用眼神示威。作为主人招待客人，眼神应充满热情和愉悦，以表示欢迎；在长辈和上级面前，目光应略微向下，以示对对方的尊敬和谦恭；关怀儿童的眼神，应体现出宽厚和慈爱；而朋友之间友好而善意的眼神，则应表现出诚恳、热情和坦荡。

一个人良好的交际形象，目光应始终保持坦然、友善、谦逊、自信，既不回避正常的目光交流，也不盯视对方，以免造成对方的不适和难堪。

(2)眼神交流禁忌

人际交流，忌用冷漠、傲慢、鄙夷轻视的眼神。

忌眼神游离、散漫，左顾右盼，挤眉弄眼。

忌目光上挑，白眼或斜眼看人；这种目光含有鄙视轻慢的意味。

忌长时间盯视对方，尤其对异性，会造成不必要的误会和麻烦。

忌上下打量，这种目光含有自以为是、唯我独尊的意味。

忌咄咄逼人，带有挑衅意味的目光。

忌暧昧、猥琐、闪烁不定的眼光，这种目光会给人造成轻浮的印象。

3. 微笑

微笑是社交场合最具魅力，最能赢得对方好感的面部表情，它将人与人之间亲切、友善、诚信、谦恭、和蔼、融洽等最为美好的情感因素表现得淋漓尽致，所以，它是一门超越国界全世界都能听懂的“语言”。

“你今天笑了没有?”美国著名的希尔顿饭店的董事长康纳·希尔顿经常这样问下属，“无论旅馆本身遭遇的困难如何，希尔顿饭店员工脸上的微笑，是永远属于旅客的阳光。”希尔顿也正是凭着这一招牌式的“肢体语言”，不仅拯救了经济大萧条时代的希尔顿饭店，而且造就了今天拥有遍及世界五大洲的数百家五星级饭店的希尔顿饭店集团。

泰国的东方大饭店曾多次在“世界十佳饭店”的评比中名列榜首，成为酒店服务行业的一面旗帜，靠的也是“用微笑去赢得客人”这一服务制胜的法宝。所以，旅游社交人员,只有理解并懂得如何运用"微笑"这一肢体语言,才能真正做到在社交活动中"游刃有余"。

(1)微笑的内涵

①微笑是一种内心愉悦的情感表达方式。

人的面部表情通常是其内心情感的"温度计"或"晴雨表",面带微笑的表情表示你对周围人与事的欢迎和接纳,这种表情也同样会感染与影响对方的心情和情绪,微笑的魅力也正在于你的交往对象因为你的这种愉悦心情的传达而心情愉快。

②微笑是自信的象征。

用微笑去面对人生中所遇到的各种困难和麻烦,在其他人面前表现得从容不迫,遇险不惊,处惊不乱,这会令你的交往对象对你肃然起敬,充满信心。

③微笑是一种公关策略。

人际关系网络的建立,需要公关人员获得较高的人际吸引率,而这种人际吸引率的获得除了具有一定的专业知识、较强的语言沟通协调能力及良好的自我形象包装以外,很重要的一点就是要充分利用微笑所具有的人际关系的黏合力,使自己尽快得到对方的认可和信任。

(2)微笑的一般要求

微笑应表现出诚恳,真实,发自内心;

微笑应自然、大方、得体,面部表情柔和、亲切;

应把握微笑的分寸,既不能太过牵强,也不能太过夸张;

微笑应与语言和"肢体语言"同步使用。

### 四、良好仪态的养成与训练

个人良好仪态的养成,需要一个不断强化、不断规范并辅之以严格训练的过程。不断强化,主要是指在日常生活中应经常、反复地加以强调,使其从思想上对个人仪态在工作中的重要性引起高度重视。而不断规范,则是指应严格按照社交礼仪的要求进行自律性训练,以克服因个人生活习惯而养成的不规范仪态。例如站姿、坐相、走姿,如没有接受规范而严格的专业性训练是不能满足旅游接待与服务岗位一线员工对客人服务要求的。

仪态训练要做到有计划、按步骤进行,如站姿的训练,刚开始可采用靠墙站立的方法:背部紧贴墙上,双脚距离与双肩距离宽度一致,吸气、收腹尽量使臀部与背部与墙紧贴,腰尽量挺起。这种训练如果持之以恒,可收到将背拉直,习惯挺胸收腹站立的良好效果。站姿的训练刚开始有一个适应期,训练时间间隔应稍短一些,如,可采用15 分钟为一个间隔时段,指导老师必须现场督导,发现松懈时及时纠偏。

站立训练看似简单,实则非常辛苦,每次至少保持一个小时以上的训练强度才能收到一定的效果。当学员有了一定的基础,间隔时间可逐渐延长。如 15 分钟——半小时——一小时，经过长期规范而系统的训练，学员会逐渐养成规范站立的良好习惯，而习惯一经形成，人的姿态美就展现出来了。

另外，坐姿、走姿、手势引领、蹲下拾物等仪态动作均应制订系统的训练计划。当然，既可利用课堂教学进行专项训练，同时也可将训练与娱乐活动、表演、竞赛、礼仪展示等形式结合起来，以提高学员参与的热情和兴趣，从而收到应有的效果。

旅游社交礼仪中的仪态训练，应作为职业素质养成教育的一部分，长期坚持。课堂的理论教育只是一个方面，应投入大量的时间进行针对性、系统性的场景教学训练，肢体语言教学与训练必须强调现场感，让学员“身临其境”去模仿和体会，才能收到事半功倍的效果。

## 第三节 社交服饰规范

### 一、正式社交活动服饰规范

服饰是一种文化，而穿着则是一门艺术，能穿一件漂亮得体的服装出现在社交场合，并不是一件容易的事。因为正式场合的着装，不仅要考虑到服装的面料、色彩、样式及饰物的点缀与佩戴，更要考虑到自己所面对的社交场合的实际状况，自己的角色身份及自身的年龄等因素。出席旅游社交礼仪活动，着装应尽量体现得端庄、稳重、得体，充分体现出服饰与环境、气氛的协调，服饰与职业、身份的协调；服饰与肤色、身材的协调；服饰与特定年龄阶段审美情趣的协调。通常说来，得体的服饰与装扮可以起到“画龙点睛，烘云托月”的作用，突出人体的曲线美、协调美、韵律美，将女性的天生丽质和男士的俊秀与潇洒展现得更加淋漓尽致。

（一）着装的 TPO 原则

“TPO”是英文“Time”（时间）“Place”（地点）“Occasion”（场合）三个单词的缩写，“TPO 原则”是指人们穿着打扮要兼顾时间、地点、场合三个因素，并使服装的选择、搭配与以上的要求相适应。

1. 与活动时间相适应

无论是参加社交活动还是参加其他较为正式的活动，服装的选择一定要考虑到参与的时间。

一年四季的变化是大自然的规律，人们在着装的时候也要遵循这一规律，作到冬暖夏凉，春秋适宜。

2. 与活动地点相适应

与活动地点的适应包括两个方面的内容：一方面是指参与者此刻所处的国家、地区的地理位置、自然条件乃至该国家着装民俗禁忌及开放程度；另一方面则是指活动参与者的着装风格应当与所处的地理环境相协调。

3. 与场合相适应

着装的场合,以活动内容的不同进行划分,可分为工作场合、社交场合、休闲场合三种,以活动的性质进行划分,则分为正式场合、非正式场合、一般场合三种。

着装的场合原则,既包含了人们约定俗成的习俗、惯例,同时也包含着其本身所代表的礼仪内涵,具有较为深厚的社会基础和人文意义。着装者选定的服饰所蕴涵的信息内容必须与特定场合的气氛相结合,否则会引起人们的疑惑、猜忌、厌恶和反感,导致交往的空间距离与心理距离的拉大和疏远。

下面一则不规范着装引起的负面效应很能说明这一问题:

美国前总统里根在一次出访欧洲国家时,由于他在庄重、严肃的场合没有穿深色礼服,而是穿一套花格西服,引起了西方舆论的一片哗然。有的新闻媒体批评里根生性极不严肃,缺乏责任感,与其演艺生涯有关;有的新闻媒体说里根自恃大国首脑,狂妄、傲慢,没有给欧洲应有的尊重。

(二)男士的着装

1. 男士着装的基本要求

无论在什么场合, 穿什么服装,男士一定要注意服装的干净、整洁,要熨烫平整、扣子齐全、拉链完好。不应有菜汁、油渍或其他污迹;不可有漏缝、破边。皱皱巴巴,歪歪扭扭只会给人留下邋遢和不严谨的第一印象。

男士应始终遵循整洁、雅致、和谐、恰如其分的原则,在服装式样和色彩搭配上忌杂乱;职业装忌过于鲜艳;服装质地忌粗糙。

2. 西服的要求

西服作为一种国际性服装,是男士于社交场合较为普遍选用的服饰。从服装式样上看,这种服装可以展示男士潇洒、稳健的翩翩风采。西装有不同的面料选择、色彩搭配及式样变化,既可在正规场合表现出凝重、深沉的职业特点,又可在休闲时表现出活泼、奔放的青春朝气。

(1)西服的种类

千变万化的西服款式可划分为四种不同的风格流派,即:英式、欧式、欧式变形式、美式。

①英式西服。英式西服是最早的西服之一,它以裁剪精良、线条流畅、穿着贴身而闻名。

英式西服的肩部有薄薄的衬垫,腰部略收,后部下摆各有一个衩口,这样臀部较大的人穿起来比较舒服。

②欧式西服。欧式西服曾在20世纪80年代非常流行,它与英式西服最大的差别在于衬里减少而肩部加宽,加长了衣襟,与之配套的裤装设计得非常宽松,穿起来更加方便、舒适。

欧式西服的最大特点是重视肩部,而忽略腰部,加上后摆没有开衩,所以体形胖的男士选择这款西服不够明智，但偏瘦身材或窄肩男士却可通过这款西服来弥补身材缺陷。

欧式西服会使着装者看上去硕健、稳重。

③欧式变形式西服。它流行于20世纪80年代中期，与欧式西服相比，克服了其不重视腰部曲线的缺陷，服装整体由直线型演变为流线型，穿起来既贴身也不乏宽松。可以说它综合了传统英式西服与欧式西服的优点，使着装者看上去显得俊朗而不失稳健，因这款西服较重视突出腰部曲线，着装者看上去身材略显修长，个子较矮的男士选这款西装较为合适。

④美式西服。与传统的西服款式相比，美式西服最大的特点是"肩部自然"，因为其肩部没有衬垫，所以这款西服看上去方方正正，衣长略短于欧式西服，而"V"领的宽度适中，领角一改棱角分明的套路而稍带弧形，后摆从中间开衩，整个款式线条柔和。

这种款式有轻松、不拘束的优点，且有各种不同色彩的搭配，在选择上有很大的空间。

(2)西服的购买要领

好西服的关键部位应当是手工裁剪的，手工裁剪的西服穿在身上"贴身又舒服"，这一点机器裁剪永远都无法替代。检查这一点，需翻开衣领看里面的针脚，如果针脚非常平整，则是机器缝的，如针眼有一些细微差别，那就是裁缝亲手做的。

检查西服的另一个重要细节是衣领，如果衣领是依着弧形表面缝上的，那就能更好地贴紧脖子。

好西服的第三个重要标志是胸部表里层面料的处理。这只要摸摸胸部的面料，如感觉柔软光滑则是人工缝制的，如又硬又粗，则说明是机器贴压的。胶贴机压衬里的西服，新穿时虽然效果与手工缝制差别不大，但穿得时间一长，衣襟会皱在一起，而且干洗后因衬里收缩后没办法还原，所以有的西服洗了以后皱巴巴的。

挑选西服除了考虑质量、品牌外，最重要的是要搭配得体。所以，购买西服时，必须穿上衬衣、打上领带并穿皮鞋去试穿，这样才能看出效果。

(3)西服的搭配与选择

穿何种颜色和款式的西服，往往是依照社交活动的性质决定的。另外西服与领带的搭配、衬衣的协调，都是决定一款西服能否穿出其内在品位的重要依据。

从西服色彩选择上看，正式场合宜选择深色(如黑色、深蓝色、深灰色等)，当然，有时出席晚宴，偶尔选择一套白色西服也不为过，但极度的暖色调(如红色、橙色、黄色等)只有在舞台上表演或主持时选择才较合适。

另一种适合正式场合穿着的西服颜色是灰色。灰色属于一种中性的过渡性色彩，它稳定但不厚重，保守中又略显亮色，并且灰色系列有同一色彩的深浅变化，有较宽的选择余地。

在西服款式的选择上,年轻男士身材矫健,富有青春活力,宜选择单排扣西服,使得身材更显修长,而中年以后身体略有发胖且没有腰部曲线的男士,宜选择双排扣深色西服。

(4)西服着装注意事项

①穿西服一定要合体。太大或太小不仅不能显示人体流畅的线条美,而且看上去极不协调。

②穿西服特别要注重衬衣的搭配,应选干净、熨烫平整、衣领硬而挺括的衬衣。衬衣的颜色,应与西服的颜色协调,同类色搭配稳定,而对比色搭配则使服装有层次感。衬衣的下摆应塞进裤腰里,衬衣的衣袖应略长于西服的衣袖。

③正式的社交场合,穿西服均应系领带或打领结。一般应选用衬衣和西服的过渡色彩,领带的长度以到皮带扣处为宜。领带夹应夹在第三、四颗纽扣中间。

④西服必须和皮鞋配套。除皮鞋外,任何其他鞋子(如布鞋、球鞋、旅游鞋等),都不适宜与西服配套。

⑤西服的扣子也有讲究。双排扣西装在一般正式场合要扣扣子,但不要全部扣上;单排两扣的西服应扣上面的一颗,下面的不扣;单排三扣的西服则只扣中间的一颗,上下两颗不扣。在一般场合,单排扣西服也可以敞开,不扣扣子,但若将扣子全部扣上则是不规范的。

⑥天气较热,温度较高时可以脱掉西服,单穿西裤与马夹衬衣。但需系好领带并扣上袖口和领口的扣子,绝不能卷起袖口,更不能卷起裤边。否则将被认为是极不文雅的行为。

⑦西服的衣袋和裤袋,最好不要放任何东西,更不能将手随意插在衣袋中,因为这样有失风度。

⑧由于男士的服装变化本来就不多,所以出席正规场合一定要选择质地较好、正规品牌的西装,而不能选择那些无名厂家生产的劣质品,否则会失去西服应有的品位。

### (三)女士的着装

#### 1. 女士着装的基本要求

女性的服装千变万化,不同年龄、不同职业、不同身材、不同审美情趣的女性,都可以在属于她们的服装王国里找到适合自己的服装式样。

但从事旅游社交工作,参加社交活动,最基本的着装要求是干净、整洁、熨烫平整。服装式样不能太怪异、太暴露,工作装不宜太鲜艳、醒目,更不能满身珠光宝气。用于点缀的饰物不宜过多,式样尽量考虑职业社交场合需要,而颜色选择则应充分考虑是否与肤色协调。

2. 西服套裙的着装要求

西服套裙以其独特的端庄、典雅、含蓄以及流畅的线条美而日益受到白领阶层职业女性的青睐。越来越多的女性都以这种服装作为自己的工作装或正式场合穿着的服装。与男士西服略有不同的是，西服套裙选择的范围较广，对面料的质地也没有太多的限制，这就使得其在色调、款式上做文章具有了无限的空间，从而呈现出五彩缤纷、色彩斑斓的服装系列。穿着西服套裙应注意以下问题：

一定要成套着装，并配上与之相协调的衬衣、有领毛衫或有领 T 恤衫。与衬衣搭配时，领口应系上领结、领花或丝巾、领带等。

与西服上装配套，多以一步裙为宜，这种搭配，使人显得精神焕发、俊秀端庄，而大摆裙与西服上装搭配则显得不太协调。

穿套裙一定要配连裤袜或长统丝袜，而不能在紧身裤外再穿套裙，这是不符合规范的。

套裙最好与皮鞋搭配，中根或高根均可。穿带根鞋可使人显得亭亭玉立，充满朝气。布鞋、旅游鞋、轻便鞋与西服套裙搭配不相适宜。

职业套装讲究的就是配套，因此，着套装时，对衬衣、袜子、鞋子甚至皮包的选择，都一定要注意搭配协调。

3. 晚礼服的着装要求

女士的晚礼服，一般用于较为正式的大型社交场合，因这类活动大都安排在晚上进行，故所选服装称为晚礼服。

在西方，晚礼服一般是袒胸露背式的连衣裙。裙长及地，式样高雅，面料讲究，质地华贵。在西方品位高雅的贵族沙龙，贵妇名流们的晚礼服争奇斗艳，为晚会增色不少。东方的晚礼服与西式晚礼服相比则较为含蓄，强调线条美，如中国的旗袍就较为典型，体现的是一种典雅美。

晚礼服着装要注意的问题：

①穿晚礼服一般应配上相应的手套（细薄网眼），越是正式的场合，手套越长。

②穿晚礼服一般要穿高跟鞋，平跟鞋与晚礼服搭配不协调。

③晚装一般与连裤长统丝袜相配，袜子的质地不宜太厚。

④着晚礼服应选择搭配适当的饰物，如耳环、项链、精致的手提包、帽子等物。

## 二、服装搭配的技巧

着装是一门艺术，俗话说“三分长相，七分扮相”，其本身就说明了服装美在仪表美中的重要地位。就服装本身而言，没有不美的服装，只有不美的搭配。会穿衣的人，几块简洁的布料，配以朴素的式样和造型，就能穿出自己的风格和品位；而不懂服装搭配的人，哪怕披金戴银，满身珠光宝气，也只会令人感到俗不可耐。

现代的时装潮流，主要讲究美观、实用、舒适、突出个性特点。服装的选择与搭配的原则应重点考虑以下几种因素：

(一)身材因素

不同的身材,其选择服装的侧重点大不一样。身材的高矮、胖瘦决定了人们对服装颜色、式样、面料、质地等方面选择的不同,但有一个原则可以把握,即扬长避短。选择服装,应充分运用人眼的视觉差,突出和张扬身材的优点,掩饰和弥补身材的缺陷和不足。

1. 身材肥胖者着装选择注意事项

(1)不宜选择面料质地太厚的服装,以免造成视觉上的笨重感。

(2)不选太薄面料的服装,以免使形体的缺陷暴露无遗。

(3)不选大花纹、横条纹、大方格等图案的服装,以尽量避免形体横宽的视觉差。

(4)上衣不选短装式样。因上装稍长的服装对体形胖的人有一定的掩饰作用。

(5)色彩上,应尽量回避暖色,颜色较深的冷色系列在视觉上有收缩性,较为合适身材肥胖者。

2. 身材高瘦的人着装选择注意事项

(1)不选竖条纹图案的面料,横条纹、斜条纹的图案可增加视觉上的宽度,较适宜瘦高的人穿着。

(2)薄面料会使瘦身材的人看上去更加瘦弱,稍挺刮一些的面料制作的服装,会使瘦弱者显得丰满、健壮一些。

(3)瘦削的身材在颜色的选择上宜选用具有扩张性的暖色,如红色、橙色、黄色或较浅的冷色如浅灰色、蛋青色等。暖色的视觉冲击力会给人一种扩张的印象。

(二)脸型因素

脸型在服装的选择与搭配中,也是至关重要的因素之一。不同的脸型决定着人们在选择服装的领型上也应有所区别。衣领好比衣服的眼睛,因为人们打量对方时,总是习惯于自上而下地观看,而衣领处于衣服的上端,是人们视线较为集中的部位,因而对服装的审美影响很大。

按照形体美学的观点和人们对服装较为普遍的审美情调,衣领除应与整体协调之外还必须与着装者的脸型相配。因为衣领处于脸部下端,二者具有直接的相互衬托及对比的作用。领型适当,可以衬托脸型的匀称,使面部轮廓清晰;如果领型与脸型失调,会影响面部的协调与美感。

圆脸型的人,不宜选小圆领的衣服,否则会使脸部显得更圆。

长脸型的人,如果配上长高领,则会夸张脖颈的长度,将脸型拉得更长。

方脸型配小圆脚领或双翻领较为合适,这样可以淡化脸型的棱角感,使面部轮廓的线条变得柔和。

瓜子脸、鹅蛋脸等尖脸型的人选配衣服的范围较广，配以大翻领，会使面部显得生动，而通过小圆领、加宽领带等形式，则可弥补脸部的窄削和不足。

总之，服装的选择与搭配，按脸型选择领型是十分重要的。

(三)年龄因素

人们对于服装的样式、质地、颜色等方面的好恶，会随着年龄的增长在不知不觉中发生变化。这里既包含了人们随着阅历的不断丰富而形成的审美情趣的改变，同时也是人们审美心理需求趋于不断成熟的一个标志。

年轻人永远都在追赶时尚，所以年轻人的时装变化速度也是最快的。年轻人的服饰搭配特点是崇尚个性化，无论是面料的选择、颜色的搭配，还是式样的变化，都有无限延伸的空间。但无论怎么变化，服装选择与搭配的原则都应始终遵循最大限度地表现女孩的清纯与男孩的朝气。

中老年服饰，尤其是中老年女性的服饰，要能体现出雍容、高雅、华丽、冷峻的气度。在色彩选择上，可以选择亮度稍低一些的色彩，如暖色系列中的土红、砖红、驼色、红棕色；冷色系列中的湖蓝、海蓝、墨绿等；其他一些亮度高的色彩，如蛋青、银灰、米色、乳白色等，也能表现中老年的特殊气质。

在款式的选择上，应体现简洁、明快、合体、大方、雅致的风格特点，不宜有太多点缀，线条也不宜太过复杂。由于中老年已到了发福的年龄，所以不宜选择紧身式样的服装，服装宜宽松，但也不要过于肥大。

(四)环境因素

按照西方着装的“TPO”原则，人们对于服装的选择与搭配，一定要考虑到着装的环境，即时间(Time)、地点(Place)、场合(Occasion)。如，不同的时间，人们对于服装的需求不一，冬季服装侧重于保暖，夏季服装则偏重凉爽，只有在春秋季才着重考虑服装的美观。又如，不同的地点、不同的场合有不同的着装要求，旅游、休闲应选择宽松、随意的着装风格；而参加正式的庆典活动、仪式、宴请、接见重要人物等则力求服装的庄重，选择正规的礼服是比较符合环境的要求的。喜庆场合为烘托气氛，应尽量选择色彩鲜艳的服装；而肃穆场合则应一律素色着装，以白色或黑色为主。

以上四个方面是服装选择与搭配重点需要考虑的因素。旅游社交人员只要不断学习与实践，巧妙运用人体构造学、色彩学等应用美学的基本原理，就一定能使服装选择与搭配上穿出个性，穿出品位，穿出美感来。

## 第四节 化妆与美容

### 一、社交场合化妆的基本要求

美容与化妆知识，是社会交际活动频繁的职业女性必修的一门专业课。美容化妆是完善个人形象的一个十分重要的环节,它同时也是改善女性心理健康状况与调节情绪的一个十分重要的途径,适当地进行带有职业个性特征的化妆,可以极大地改善旅游职业女性的精神面貌,使她们在工作岗位上始终保持神采奕奕的精神状态,从而激发其做好本职工作的热情和自信心。

(一)社交职业女性化妆的规范要求

贴近生活,力求淡雅。职业妆应以自然、雅致、不露痕迹为基本原则,过于浓艳的妆显然不适合社交礼仪工作的职业规范。文眉、文眼线、贴假睫毛,使用色彩过于艳丽、张扬的唇膏都是不合规范的装扮。

可适当使用香水,以除去身上的异味,但绝不可选择香味太浓的香水,更不能选择那些含有多种化学成分的劣质香水,以免对社交客体的嗅觉产生刺激。

化妆要注意时间、地点、场合的选择,不可随意拿出化妆品来涂抹。在公共场合,当众梳头、描眉、化妆均属失礼的行为。

化妆应到专门的化妆室或盥洗室进行。

化妆应突出面部轮廓的优点,以掩饰缺陷和弥补不足为原则,而不需要改变和重塑形象。

化妆品的选择和色彩浓淡的不同搭配,可以展示出不同的风格特点,化妆者应根据自己的年龄及职业特点、皮肤特征(如油性、中性、干性皮肤以及肤色深浅的不同)来选择适合自己的化妆品。

(二)化妆的风格特点

1. 现代型

现代型化妆风格一般使用粉红色系列的化妆品或色彩略鲜艳的化妆品,以突出灵活、爽快、矫捷、轻盈的视觉美感,有一种挡不住的朝气与活力,另外,这种妆型可使皮肤显得细腻光洁。只有面部皮肤水分充足、面部肌肉富有弹性的青春女性才适合选择这种风格的化妆。

2. 聪慧型

这是一种较为适合“白领丽人”的化妆风格,以其典雅、贤淑而又不失青春朝气的雅致来突出职业女性的性格魅力,给人一种温柔、恬静、素洁而有充满智慧的感觉印象。

这种妆以色彩柔和见长,化妆时一般选用较为稳定的中性的过渡性色彩作底色,用浅蓝色缀眼角,用轻柔、光润的粉红色唇膏衬托嘴唇,追求一种气质高雅的感觉。

3. 稳健型

这种化妆风格崇尚自然,给人一种沉着稳健的感觉印象,整体效果是表现出一种成熟的美感,所以较为适合接近中年或中年以上的职业女性。化妆时,一般选用与肤色较为接近的色彩,腮红与唇膏颜色接近,在红色系列中属中性偏冷的色彩,而且都很淡雅，讲究涂抹适度。稳健型化妆所追求的是一种不露痕迹的化妆效果。

## 二、不同脸型、不同风格的妆型及化妆技巧

由于每个人的脸型不同，五官的比例不同、搭配不同，而且五官本身某一部位可能会有缺陷，所以我们除了应了解不同风格妆型的基本特点外，还应懂得不同脸型在化妆时的变化。化妆最基本的目的在于掩饰不足、弥补缺陷并最大限度地表现出容貌、肤色的优点和长处。所以，化妆前首先应对个人的脸型和肤色类型有一个基本的把握，然后根据年龄、职业特点选定适合自己的妆型按一定的美学原理有针对性地进行化妆。这样才能收到应有的效果。

### (一)脸面上半部分不足的化妆掩饰法

有的女性脸部下半部分端正好看，但眼睛等上半部分却不太理想，如：小眼睛，单眼皮，或眉型差，额头窄，颧骨突出等，要弥补上述不足，必须“对症下药”。如眼睛小的女性，欲使眼睛看起来大一些，最好的方法是通过化妆使脸型显得瘦一些，可通过“掩影法”将面部轮廓化小一点，然后再把眼睛“画大”。但千万不可在眼睛周围涂满眼影，或者将眼线画得过粗，因为这样会破坏面部轮廓的比例，使面部看上去不协调。眉型不好比较容易矫正，而额头太窄则应通过腮红内缩的方法，从视觉差上加以调整。

### (二)脸部下半部分不足的化妆掩饰法

掩饰法的特点，就是通过强化脸部某部位的优点，从而弱化所需掩饰部位的缺点，或用视觉差的方式，从视觉感上转移别人的注意力使本来明显的缺点变得不太醒目。所以，下半脸的不足就宜采取在脸的下半部施以深暗的颜色，使脸部在视觉上变窄，变小；口红宜选用接近肤色的颜色，以突出脸部上半部的长处，使观察者的视线转移。这种化妆法又叫“障眼法”，即采取扬与抑相结合的方法来削弱视线对脸的下半部分的注意。

### (三)大脸庞的化妆掩饰法

大脸庞的面部化妆方法，侧重点是采用内缩法，借助化妆品明暗度的对比与反差，从视觉上将脸型变窄。

化妆的方法是：首先可在脸庞外围使用较深颜色的粉膏而面孔中心则使用浅色粉膏，使中心部位看起来明亮一些，产生亮点突出的效果。只要脖子不是太长或是太短，选择披肩长发可以起到将脸型拉长的视觉效果。

### (四)方脸型的化妆技巧

方脸型女性要想在化妆上达到理想的效果，最重要的是在视觉上消除面部的棱角感，使之显得相对柔和、协调。

化妆的方法是，将面部阴影设在脸颊的两侧后方偏下的部位，然后稍稍向两腮扩展，成朦胧状态。这样处理可以使下颌骨的棱角显得柔和一些。

涂腮红应由颧骨向耳朵方向延伸,唇线线条宜柔顺,避免勾出棱角;描眉时向下划线,眼角可稍往上挑。

（五）长脸型的化妆技巧

长脸型化妆重点是将视线向面部中心靠拢以达到缩短脸型的视觉效果,所以化妆时应以横向延伸作为突破口。较为有效的方法是,通过腮红的变化,以达到视觉效果的变化,具体做法是:涂腮红时以颧骨为中心,横向一直涂到发根;描唇线时可将实际嘴唇描得稍宽一点;

下颌要加阴影,以使面孔看起来短一些;而眼睛部位则要在中央部位加阴影,或搽染睫毛油。

（六）三角脸型的化妆技巧

三角形脸庞,由于脸型上宽下窄或下宽上窄,是化妆师较难把握的一种脸型,这种脸型的化妆最重要的是尽量通过适当的方式以求得面部的上下平衡。其中,上宽下窄者应尽量在视觉上缩小过宽的额头和颧骨,两腮稍稍加宽,为了不使下巴较突出的部位显得过于明显,可将阴影加宽并横向两侧延伸。上窄下宽者反之。涂口红则力求曲线自然尤其是下唇要有分量感。眉线要尽量画直并接近眼尾,末端稍微向上。

（七）圆脸型的化妆技巧

圆脸型由于脸颊和下巴比较饱满,化妆时为了使面孔看上去显得狭长一些,画阴影需从脸颊后方往前,渐渐变得淡一些,然后由腮的中央往下,也要涂得淡一些,直到下巴处逐渐消失。值得指出的是,脸颊上的腮红不能使人看起来有突出的感觉,而应在视觉上造成一种逐渐减缓的效果。涂唇膏时,上唇的中央可多涂一些,两旁逐渐减少,下唇应从嘴角处向中央涂去。总之,涂完唇膏后不能给人造成一种嘴唇是圆的感觉。

## 三、不同场合的化妆要求

（一）工作妆

总体风格要求清纯、雅致,整体形象给人感觉应当是精神焕发,富有青春的朝气与活力,体现出一种积极向上的精神风貌。

工作妆宜淡不宜浓,关键是通过化妆使面部肤色健康、白皙,眼睛看上去有神采,嘴唇自然红润,线条柔和分明。

（二）社交妆

社交妆应与工作妆略有区别,整体上应有立体感,层次分明,从眼线、腮红、唇线可感觉到三个明显的层次,以使人感到格调高雅、气质不俗、清纯靓丽为最佳的化妆效果。

(三)晚妆

较高层次的社交活动(如晚宴、大型招待会等)大都选择在晚上进行,社交人员一般选择高档晚礼服或档次较高的服装出席。为与服装搭配协调可选择稍浓艳一点的晚妆,因为夜晚进行的这类活动,其环境往往灯光柔和,朦胧,所以不易看出化妆痕迹。此时修饰面部可以作适当的夸张,腮红、唇膏、眼影等可选择色彩度稍高的化妆品以显得靓丽、醒目,甚至可用一些珠光色眼影、有光泽的唇膏以加强晚妆效果,给人以清新明艳之感。

## 四、旅游社交人员参与社会活动的发型、发式的选择及搭配

一个人的整体形象如何,发型式样起着至关重要的作用,不同发型的变化不仅能改变人的形象,还可以通过丰富的想象力为人们创造一种全新的形象。

(一)发型要求

整齐、清洁,没有头垢、头屑;

头发光润,丝丝可见光泽,具有较好的弹性;

不粗不硬不分岔,不打结,有柔软感;

疏密适中,不留怪异发型;

色泽统一,保持自然。

(二)脸型、发式搭配的原则和技巧

1. 长脸型的发型搭配

长脸型一般两颧骨相距较窄,前额的发际线生长较高,下颌骨窄长,脸型呈长方形,瓜子形,鹅蛋形,人显得清瘦。这种脸型选择的发型轮廓应柔和些,尤其是前额的刘海、头发应留得长或多一些。如果下颌骨窄长,耳区的头发应尽量厚而松,以分散脸型的窄长感。披肩长发和前额梳光的长发不适合这种脸型。

2. 方脸型的发型搭配

方脸型一般下颌骨和颧骨宽大,前额发际线较低,使脸型显得方正。这种脸型选择的发型轮廓应略蓬松,鬓角的头发要留得厚一些,但不宜太长,发应稍向两颊前倾,掩盖下颌骨,前额的刘海应留短发,且不宜过厚,以求视觉上将脸型拉长。

3. 圆脸型的发型搭配

圆脸型一般面部肌肉较为丰满,面部线条较为平滑、流畅,使脸型呈圆形。这种脸型一般脸盘较大,应尽量将两侧鬓角向下拉长,鬓角头发宜留得厚一点使发梢向两颊前倾,前额应适当留短些,但也不能太短。

## 五、美容的基本常识

旅游社交人员,应始终保持容貌的素雅和旺盛的青春活力,适当的面部皮肤护理与保养,以及基本的美容知识应当掌握。

（一）面部皮肤保养

应当经常做一些能使面部肌肉有节奏运动的活动，如“干洗脸”等，来进行面部肌肉的按摩；唱歌也是很好的面部肌肉活动方式；有意识的咀嚼，同样对皮肤具有保健作用。面部肌肉的运动，可以促进面部血液的循环和营养物质的吸收，从而增强面部肌肉的活力和皮肤细胞的代谢功能，延缓面部皮肤皱纹的形成和衰老的进程。

应注意保持工作和休息环境中空气的相对湿度，保持皮肤的湿润，以防面部皮肤干燥起皮。

用中性或偏酸性洁面乳清洁面部，绝不可用碱性较强的香皂洗脸。

临睡前用植物油敷涂眼皮及眼睛的周围部位，敷涂后不要加以清洗，让油脂留在该部位入睡。

每晚临睡前做 10 ～ 15 分钟面部皮肤保健按摩并持之以恒。方法是由面庞中央部位向两边轻轻的按压揉动。

注意皮肤卫生，保持皮肤清洁，尽量避免使皮肤暴晒和受到刺激。洗脸尽量用温水，因水温过冷会使皮肤干燥、脱屑；而过热则会使皮肤变得松弛，产生皱纹。

慎用化妆品，尤其不能使用没有正规品牌的劣质化妆品。选择化妆品的品牌应根据自己皮肤特性选择，参考如下：

（1）干性皮肤油脂分泌较少，皮肤干燥，容易起皱纹并产生脱皮现象，所以需要特别护理，应经常使用保湿润肤霜，忌用热水和碱性化妆品；

（2）油性皮肤毛孔粗大，油脂分泌旺盛，易脱妆，缺乏护理则易长青春痘和粉刺，更有甚者会长暗疮和脓包。这类皮肤可选用弱碱性化妆品进行面部清理，少用或不用含油脂性化妆品，并应经常清洗面部皮肤，避免化妆品堵塞毛孔。

不吸烟、不饮酒或尽量少吸、少饮；不吃刺激性食物，辛辣食物是皮肤的大敌，经常食用辛辣食物会导致皮肤细胞代谢的紊乱，应尽量克制少食。

（二）注意身体保健

对于保持形体美，许多人都走过同样的弯路，即在拥有健美体形时，对导致身体变形的因素（如缺乏锻炼、暴食暴饮，偏食等）缺乏控制，而一旦体形发福，才采取各种方式来进行“减肥”。这是极不科学的。正确的方法是尽量通过一些科学措施来控制体重，预防身体发胖。日常生活中应注意以下几个问题：

（1）加强锻炼，通过适量的运动保持体形健美。

（2）控制饮食，养成良好的饮食习惯；饮食注意品种和营养的合理搭配，建议如下：

①蔬菜、水果等植物性食品应经常食用。

②蛋白质的摄入应多选择水溶性蛋白质食品，如鱼类、海产品等。

③尽量少食碳水化合物食品，如米饭、面粉及淀粉含量高的食品。

④尽量不食油炸食品。

⑤控制每天的进食量，保持饮食起居的规律性。

(3)保持积极健康的心态，多参加户外有氧活动，多进行人际沟通。

(4)保持正常稳定的生活规律，不贪睡，不恋床，每天保持约8小时的睡眠就足够了。

(5)不熬夜，经常熬夜的人会破坏机体的生物钟，导致内分泌调节功能紊乱，从而引起发胖。

(6)控制脂肪高的食品的摄入量，如油腻食品、高乳制品等，甜食也是容易导致发胖的食品。

(7)尽量推迟年龄性自然发胖的时间，要做到这一点，最有效的方法是积极锻炼，积极进行心理因素的调节，加强自控能力。

**思考与练习**

1. 什么是仪容、仪表、仪态？
2. 旅游社交人员为什么要注重个人的仪容、仪表、仪态？
3. 什么是社交场合着装的TPO原则？
4. 谈谈通过学习本章你对服饰美有何理解。
5. 试述不同身材的人在选择服装时，如何做到“扬长避短”。
6. 如何根据不同的脸型来选择合适的发型搭配？
7. 简述几种不同风格的化妆要求。
8. 男士在进行形象包装时应注意哪些问题？

**案例分析**

一、小张新入职一家国内著名的五星级酒店，经过岗前严格的培训，准备开始工作，没想到，上岗第一天，主管在检查仪容、仪表时，勒令他当天不能上岗工作，回宿舍反省。原因很简单，小张皮鞋鞋带上的金属帽掉了。小张很委屈，觉得主管小题大做，故意为难他。

你认为主管的做法正确吗？小张应如何反省自己？

二、小王是一家房地产公司的销售代表，一天，她的师姐因为业务较多，特委托她去见一位已有购房意向的客户。因该客户所购楼盘属价格昂贵的“豪宅”，师姐特嘱咐她要注意自身形象和沟通技巧。王小姐为了做好这单生意，会见客户时特精心打扮了一番，她选了一件非常时尚的吊带裙，配上色彩艳丽的高跟凉鞋，并特意染了头发，这身打扮使小王看上去新潮、性感。当她兴冲冲去见客户时，客户反映却非常冷淡，并借口工作忙暗示她打道回府，好好的一单生意就这样不明不白地给“搅黄”了。

你认为小王的形象包装有什么问题？以小王的身份应如何正确包装自己？

# 第五章

# 旅游社交活动中的礼仪行为规范

## 第一节 称呼与介绍礼仪

### 一、称呼礼仪

(一)称呼的一般规则

合适的称呼不仅要符合对方的身份,而且还要能准确地体现双方之间关系的亲疏程度。称呼的一般规则是:让关系亲近的人感到亲切,而让关系疏远的人感到受尊重。

对于关系较为密切的人,往往可以直呼名字,或是只称呼名字中的一个字,以示亲切。南方人习惯取对方名字中的一个字,再在前面加上"阿"字来称呼;而北方人则喜欢取名字中的一个字,然后加上"子"字来称呼。关系非常密切的人之间还常用爱称绰号来称呼。中国人的爱称通常用名字中的一个字或叠字,如佳佳、芳芳等。对于那些关系较为疏远的人,通常以对方的姓再加上体现对方身份地位的称谓来称呼,如张先生、王女士、陈教授等。

随着交往的深入和关系的逐渐密切,称呼也往往需要作适当调整。刚开始交往时,通常以对方的姓再加上体现对方身份地位的称谓来称呼。慢慢地在双方熟悉以后就可以用姓名或是姓来称呼对方,最后甚至可以直呼名字(不过,中国有尊长的习俗,年轻者对年长者通常不能用姓名或名字来称呼)。这种称呼的变化往往是自然发生的,有时如果双方想通过改变称呼来进一步密切双方之间的关系,就有必要征得对方的同意,如"我可以叫你××吗"。

以上这一原则在西方文化圈内也同样适用。西方在家人、朋友或熟人之间通常以名字相称,而在初次认识的人或是不太熟悉的人之间,通常用对方姓以及符合他身份的称谓来称呼(最常用的是"先生"、"女士"、"夫人"、"太太"、"小姐"这些称谓)。只是西方人与我们有一点不同,他们在直呼对方名字时没有长幼之别,儿子也可以直呼父亲的名字,而这在中国是绝对不行的。

(二)谦称和尊称

中国传统以谦恭为美德,所以在日常交往中,为了表示对对方的尊重,我们在传统上习惯对自己用谦称，对别人用尊称。

1. 谦称

（1）用“小”、“敝”、“家”、“舍”、“愚”等字称呼自己、自己的家人及友人，如“小弟”、“小儿”、“小女”，“敝同学”、“敝友人”、“家父”、“家母”、“舍弟”、“舍妹”、“愚兄”、“愚伯”等。

（2）用低辈分、低地位自谦，如“在下”、“学生”、“晚辈”等。

（3）用不带姓的名字自谦。

2. 尊称

（1）用“尊”、“贵”、“高”、“令”、“贤”等字称呼对方或对方的家人及友人，如“尊夫人”、“令尊”、“尊师”、“贵友人”、“贵同学”、“高足”、“令堂”、“令郎”、“令爱”、“贤侄”、“贤婿”等。

（2）对德高望重者以“先生”、“前辈”称呼之。

（3）直接用与他人身份相称的称谓称呼对方（特别是对那些身份显赫、非常受人敬重之人），如“陛下”、“殿下”、“阁下”、“先生”等。

传统的尊称和谦称在现代交往中只局限用于书信交往，在日常的口头称呼中已很少用。

（三）国内通用称呼

国内通用称呼是指目前国内较为常用的一些称呼。任何一个国家或地区都会有两类称呼：一类是与个人的特定身份、职业或关系相适应的专用称呼；另一类是普遍适用于各种不同身份人士的一般称呼。前者我们称之为特殊称呼，后者则称之为一般称呼。

1. 一般称呼（或泛称）

我国目前通用的一般称呼主要有以下一些：“同志”、“师傅”、“先生”、“女士”、“老师”、“老板”。

（1）同志。“同志”，是我国在新中国成立以来普遍使用的称呼。它既可以单独使用，也可以在同志前冠以姓或名，如张同志、李同志。它原先的适用对象非常广泛，不同年龄、性别、职业及职务的人均可称之为“同志”，既严肃又有礼貌。但在20世纪80年代以后，随着政治经济体制的改革，原先较为单一的社会关系开始出现分化，并呈现了多样化的特征，同志关系成为多种社会关系中的一种关系。这样，在任何场合对任何人都称呼“同志”就显得有点不合适了。就目前的情况而言，同志的称呼主要适合于以下场合和对象：在非常正式、严肃的场合；政府部门的工作人员；公共场所不知身份的陌生人。

（2）师傅。“师傅”这一称呼原先主要适用于工人出身的从事技术性工作的人。但随着“同志”这一称呼适用范围的缩小，“师傅”这一称呼的适用范围相应扩大，在许多场合它已取代了“同志”这一称呼。特别是在公共场所与不知身份的陌生人交往时,称呼"同志"似乎太正式了,称呼"师傅"显得随和而容易与人接近。但"师傅"这一称呼一般不适用于文职人员。它的主要适用范围是市井街道和工矿企业工作人员,另外,还可用来称呼那些传授技艺和经验的人。

(3)先生、女士(小姐)。"先生"、"女士(小姐)"是西式称呼,主要适用于与外宾接触比较频繁、西化程度比较高的大饭店、宾馆、合资企业、商业系统以及比较现代的年轻人。根据西方的习惯,对所有的男士都可以称先生;对所有初次见面且不了解对方婚姻状况的女士都可以称小姐。但由于在我国的有些地方"小姐"被用于称呼特定的人群,对于一般的女性用"女士"称呼更为妥当。另外,"先生""小姐"单独称呼时,可以用来称呼服务行业的工作人员。

(4)老师。"老师"本来是一个职业称呼,主要适用于那些传授知识的人。但随着文化传播方式的多元化,"老师"这一称呼也变成了泛称。它适用于所有文化事业单位的工作人员,以及那些具有专业知识的人。

(5)老板。"老板"这一称呼的广泛使用是人们经济意识提高的体现,通常用于称呼那些具有经济权力的人,包括上司、雇主、业主等。在服务性行业,还经常被用来称呼顾客。

2. 特殊称呼

特殊称呼是对那些具有特定职业、职称、职务和身份的人,或者与称呼者有特定关系的人的称呼。

(1)对从事某种特定职业的人,可用职业称谓来称呼他们,如老师、大夫、护士、律师、会计、导演、秘书等。通常的做法是对方的姓加上职业称谓,如"张大夫"、"王律师"。

(2)对有较高职称的人可用职称来称呼,如教授、工程师、总工程师。具体的做法同上例。只是对"副教授"的称呼往往省去"副"字,直接用"教授"称呼;对"工程师"、"总工程师"的称呼往往用第一个字简称,如"张工"、"李总"。

(3)对某些担任较高职务的人,可用他们的职务来称呼,如部长、厅长、局长、处长、总经理、经理、校长、书记、主任等。

(4)对于德高望重的人,可以用其姓加"老"字称呼,如"徐老"。

(5)对于有较高学术地位的男性和女性,均可称之为"先生"。

(6)对于拥有一定经济权力的人,可用"老板"称呼。

(7)同事之间通常以姓前加"老"或"小"字来称呼,如"老张"、"老王"、"小李"等。

(8)同学朋友之间,由于比较熟悉,可以直呼名字,显得亲切随和。

(9)在生活环境中,对邻居、父母的朋友、同学或朋友的父母亲戚等可用一些显示亲密关系的称谓来称呼,如"大爷"、"大娘"、"大伯"、"大妈"、"叔叔"、"阿姨"、"大哥"、"大姐"等。

在一般称呼与特殊称呼之间，如果有合适的特殊称呼，就不应用一般称呼，否则会让对方觉得有意疏远对方。譬如，对你的同学、家人就不能用“先生”或“同志”这些一般称呼来称呼，除非特殊情况。

（四）国际通用称呼

国际通用称呼主要是指在西方文化圈内普遍通行的称呼，也有一般称呼和特殊称呼之分。

1. 一般称呼

在国际交往中，最常用的称呼是：“先生”、“女士”、“小姐”、“夫人”、“太太”。

(1)先生、阁下。对于男子，不论其结婚与否，均可称“Mister（先生）”。通常的做法是在Mr.（先生）后面加姓或姓名，如Mr. Zhang，Mr. Li，Mr. John Smith。除了介绍以外，口头称呼时通常只在先生后加姓。Sir（阁下）是Mister的尊称，一般也可译成“先生”，但为了与Mister相区别，这里译成“阁下”。Sir（阁下）可以用来称呼所有的陌生男子，以示尊重对方，但一般不能用来称呼男服务员或侍者。

(2)太太、夫人、小姐、女士。对于女子的称呼稍微复杂一些。已婚的女子通常称“Mrs.（太太）”或“Madam（夫人）”。两者的区别在于，Mrs.可以用来称呼所有的已婚女子，而Madam是Mrs.的尊称，一般只能用来称呼那些有较高社会地位并有一定支配能力的女子（只有单独使用时，即在Madam后面不加姓名或职位时可以用来称呼普通的上了年纪的妇女，以示尊重）。具体的做法是在Mrs.或Madam后面加对方的姓或姓名，如Mrs. Smith，Madam Sun。很多国家女子在婚后通常随丈夫的姓，因此，在Mrs.或Madam后面加的往往是丈夫的姓。如果后面跟姓名，则可以是丈夫的姓自己的名，也可以是丈夫的姓和名。对于离婚的女子，也可以用Mrs.（太太）或Madam（夫人）来称呼，后面可以跟前夫的姓或是父亲的姓。如果是全称的话，可以是前夫的姓加自己的名，也可以是父亲的姓加自己的名，但不能用前夫的姓和名。

但所有丈夫对他人称呼自己太太时都用“my wife”，而不管自己妻子地位的高低。

对于未婚女子，一般称“Miss（小姐）”，具体做法如同对男子的称呼。

对于很多职业女性，人们并不了解或是并不在乎她的婚姻状况，因此，经常用不体现婚姻状况的称呼“Ms.（女士）”。“Ms.（女士）”现已成为工作场合对女性最常用的称呼。

在使用以上称呼时，还应注意以下两点：

首先，“先生（Mister）”、“小姐（Miss）”、“女士（Ms.）”、“夫人（Madam）”这些称谓除了可以与姓名连用外，还可以与对方的职务、职称、职业名称连用，如市长先生（Mr. Mayor）、总统先生（Mr. President）、总理先生（Mr. Prime Minister）、大使夫人（Madam Ambassador）、法官夫人（Madam Justice）、教授先生（Mr. professor）、律师女

士(Ms. Lawyer)、秘书小姐(Miss Secretary)、护士小姐(Miss Nurse)。

其次,"先生(Mister)"、"小姐(Miss)"、"阁下(Sir)"、"夫人(Madam)"还可以单独使用,即在 Mister、Miss、Sir、Madam 这些称谓后面不加对方的姓名或职衔。"先生(Mister)"通常用来称呼男服务员;"小姐(Miss)"可以用来称呼年轻的陌生女子,也可以称呼女服务员;"阁下(Sir)"是对陌生男子以及长者和有身份的人的尊称;"夫人(Madam)"可以用来称呼较为年长的陌生妇女以及有较高身份地位的女性(如女总统、女法官、女大使等)。

2. 特殊称呼

在国际上,对于那些有特殊身份的人也有一些特定的称呼。对那些有特殊身份的人士,如果仍简单地用"先生、女士"这样的一般称呼,会被认为是对他们的不尊重,对他们的特殊地位的忽视。

(1)对于职位在部长以上的官方人士,通常用"阁下(Excellency)"来称呼,如部长阁下、总统阁下、总理阁下、大使阁下等。但在美国、墨西哥、德国等国没有称呼"阁下"的习惯。在这些国家,部长以上的高级官员如男性以"先生"相称,即 Mr. 加职位或单独使用 Sir 称呼;如女性则用"夫人"称呼,即 Madam 加职位称呼或单独用 Madam 称呼。

(2)在一些实行君主制的国家里,对于王室成员有特定的称呼。一般对国王和皇后称"陛下(Highness)",对王子、公主和亲王称"殿下(Majesty)"。另外,对于有爵位的人士,既可以称爵位,也可以称"阁下(Excellency)"。

(3)对医生(Doctor)、法官(Judge 或 Justice)、律师(Lawyer)、教授(Professor)和有博士学位的人士(Doctor),应用他们的职业和衔称来称呼他们。因为,在西方大多数国家从事医生、法官、律师职业的人以及具有"教授、博士"职称的人,是非常受人敬重的,他们自己也往往对自己的职业和头衔称谓感到自豪。具体做法是既可以在"医生、法官、律师、教授、博士"这些称谓后面加上他们的姓氏来称呼,也可以单独用这些称呼。

(4)对军人一般应用他们的军衔来称呼他们。具体的做法有三种:"先生 + 军衔;军衔 + 姓氏;先生 + 军衔 + 姓氏"。如用汉语称呼应把顺序倒过来,即"军衔 + 先生;姓氏 + 军衔;姓氏 + 军衔 + 先生"。有的国家对将军、元帅等高级军官用"阁下"称呼。

(5)对教会中的神职人员应用他们在教会中的职位来称呼他们,这是对他们宗教信仰的尊重。具体的做法是:在他们的神职称谓后面加他们的姓氏。不过,教皇一般用"陛下"或"教皇陛下"称呼。

总之,一个合适的称呼必须既符合双方之间的关系,又符合对方的身份。而要做到这一点,遵循以下两条称呼原则很重要:一是让熟人朋友感到亲切,让陌生人感到受尊重;二是如有相应的特殊称呼就不用一般的称呼。

## 二、介绍礼仪

介绍是社交礼节中的重要环节,是社交场合人们相互了解的基本方式,通过介绍可以结识新的朋友,因此,介绍也是彼此不相熟悉的人们开始交往的起点。

(一)介绍的通则

在社交场合中,往往会遇到陌生人,而其中各自的身份、地位、年龄、性别、婚姻、状况等也都不同,在介绍认识的过程中,先提到名字者,是对其的一种尊敬。介绍的先后顺序是个礼节性很强的问题,一般应按照如下规则进行。

1. 把男士介绍给女士

在社交场合,当介绍陌生男女相识时,介绍人通常是把男士领到女士面前,把男士介绍给女士。在介绍过程中,女士的名字应先被提到,然后再提男士的名字。如“王小姐,我来给你介绍一下,这位是张先生。”而绝不能这样介绍:“张先生,我来给你介绍一下,这位是王小姐。”当然也有例外,如果男士的年纪比女士大得多时,则应把女士介绍给男士,以示对长者的尊重。

2. 把年轻的介绍给年长者

在同性或异性的两人中,介绍人应把年轻者介绍给年长者,以示对长者、前辈的敬重。如“李伯伯,让我来介绍一下,这位是我的同事张晓阳。”或“王阿姨,这位是我的表妹赵茜。”

3. 把职位低者介绍给职位高者

在社交场合,不分男女老少,一般是以社会地位和职位高低作为社交礼仪的衡量标准。在被介绍相识的两人或几人中,如有一位地位或职位比别人高的,应将别人先介绍给他。

4. 把未婚者介绍给已婚者

在介绍双方的性别相同,年龄、身份相等的情况下,一般应将未婚者介绍给已婚者。但是,如果未婚者的年龄比已婚者大许多时,则应将已婚者介绍给未婚者,以示对长者的尊重。

5. 把主人介绍给先到者

在主客双方身份相当的情况下,应先介绍主人,再介绍客人,以示对客人的尊敬。

6. 把晚到者介绍给先到者

在被介绍的两人中,有先到后到之分时,应遵循“先者为大”的原则,即应把晚到者介绍给先到者。

7. 同性别,年龄、地位相等的平等介绍

在介绍的双方同性别,年龄、身份相等,又同为未婚或已婚时,其介绍的先后顺序没有任何意义。

上述介绍的先后顺序，只是一个通常情况下的规则，在实际操作中，还应注意其适用场合。在一般的社交场合，通常应遵循两个优先，即“长者优先，女士优先”。

“女士优先”是西方礼仪的要求，中国人则传统地强调“长者优先”，因此，在我国的介绍礼仪中，应先考虑“长者优先”，然后才是“女士优先”。在工作场合，则是以职务高者为先，长者和女士一般不具有优先权；只有在两人职位相当时，才可遵从“长者优先”或“女士优先”的原则。“优先者为尊，尊者居后”是介绍先后顺序的礼仪通用规则。

（二）介绍的种类及方法

介绍按其场合可以分为正式介绍和非正式介绍两种，按其介绍的对象和方式可以分为自我介绍、他人介绍、介绍他人三种。由于场合、对象和需要不同，各种方式介绍的内容和形式也不相同。

1. 正式介绍

正式介绍，即指在比较正规、郑重的场合进行的介绍，此种介绍应按标准的规则进行介绍，将年轻者介绍给年长者或把男士介绍给女士是这类介绍必须遵循的原则。在正式介绍中应注意：一是介绍时对介绍者一般使用“请允许我向你介绍某某”的说法；二是当把男士介绍给女士时应事先征得女士的同意；三是向众人介绍一人时，应有一个类似征求大家意见的表示，如“请允许我把李先生介绍给诸位”；四是当给双方介绍后，介绍人不能马上离开，特别在介绍异性时尤其要注意，以避免双方因初次相识而感到尴尬。

2. 非正式介绍

非正式介绍，即指在一般的、非正规场合中进行的介绍，在这种场合中，完全可以依据介绍人与被介绍双方的关系的密切程度和当时的情形，作较为随便的介绍，不必拘于礼节。作此类介绍时不必讲究介绍的先后顺序，为求自然、轻松；介绍时的语言应简单、灵活，介绍人可以在称呼对方后，直接指向并报出被介绍人的名字，如“王强—李刚”；还可以使用“这就是”这类话，直接将被介绍的人引荐给对方，如“王强，你不是想认识李刚吗？这位就是”；当向众人介绍一位熟人或朋友时，可以向众人说句“诸位，这位就是我的朋友李强”，语言不必过多，只这一句就可以了。

3. 自我介绍

自我介绍，即指在社交场合，出于人际沟通和业务需要，在无人介绍的情况下，自己为自己进行介绍，以使他人认识自己的方法。这是人际交往中常用的一种介绍方式，也是在必要情况下十分有效的沟通途径，在某种意义上讲，它是打开人际交往大门的一把钥匙。

(1)自我介绍的适用情形

①本人希望结识他人。因为某事需要，或在多人聚会的情况下，希望与一位原不相识的人认识，但又无人引荐，只有自己充当介绍人作自我介绍，直截了当地将

自己介绍给对方。此种情况下的自我介绍的方法有两种,一种是采取主动的自我介绍方式,一种也是一般做法是采取被动的自我介绍方式,可先婉转地询问对方:"先生,您好!请问我该怎样称呼您?"待对方作完自我介绍后再顺势介绍自己。

②本人希望他人了解自己。在到外单位联系工作或求职时,为了让别人了解自己,认识自己,往往也需作自我介绍,这时的自我介绍既是一种礼貌,也是下一步交流及达到自己目标的前提和基础。

③他人希望结识自己。在社交场合,在别人对你感兴趣,向你点头致意,并向你作自我介绍时,出于礼貌你应向对方作自我介绍,以示对对方的尊重。

④为了表示对主人的礼貌。在社交场合有条不成文的规定:"如果你是主人的朋友,那你就负有与主人的其他朋友交谈的义务。"在朋友家与多位客人相遇,且你与其他客人又不相识,如果主人无法抽身或忘记了介绍,你作为主人的朋友就应首先作一下自我介绍,表明自己的身份,对方势必也会作一番自我介绍,这样既可打破沉默,又便于彼此交谈。

(2)自我介绍的基本程序及原则

自我介绍的基本程序是:先向对方问好或点头致意,然后再向对方介绍自己的姓名、身份和单位(即自我介绍三要素),同时可以递上事先准备好的名片;如对方表现出有认识自己的愿望,则可在此基础上,再简略地介绍自己的籍贯、学历、志趣、专长及与某人的关系。但若是应酬性自我介绍,只需介绍自己的姓名即可。自我介绍的原则是简明扼要,所用时间越短越好,一般以半分钟为宜,若情况特殊也不宜超过3分钟。

(3)自我介绍应注意的问题

①自我介绍应及时准确。当你叩开别人的家门或办公室门,见到陌生的主人时,应首先向主人问好,及时、简明、明确地作自我介绍,说明来意,并向对方致歉:"很抱歉,来得太仓促,事前没同您联系。"千万不可沉默或语无伦次、前言不搭后语,使主人心里不愉快或对你产生怀疑。

②自我介绍应将自己的姓名、身份说清楚,以便别人称呼你,并要等对方也作过自我介绍后才可与之交谈。交谈开始时,应多谈别人,少谈自己,等彼此有了一定的感情沟通后,再详细地作自我介绍。

③自我介绍应把握好态度,要实事求是,既不要过分谦虚,也不要自吹自擂。介绍用语要留有余地,不宜用"最"、"极"、"特别"、"第一"等表示极端的词语。

④作自我介绍时要面带微笑,充满自信和热情,要善于用眼神表达自己的友善与关切,做到胸有成竹,落落大方;介绍时还要注意自己的语音、语速和语调,做到语气自然,语速正常,语音清晰,从容不迫,让对方产生好感。

4. 他人介绍

他人介绍,又称第三者介绍,是指由第三者为彼此不相识的双方相互介绍、引荐的方法。在他人介绍中,为他人介绍的第三者为介绍者,被介绍的双方均为被介绍者。

(1)介绍者的确定

在他人介绍中作为介绍者的,就一般而言,应是本次社交活动的东道主、领导或长者、正式活动的负责人,或是家庭性聚会的女主人,或是熟悉双方的第三者以及公务活动中的公职人员。

(2)介绍者应注意的问题

作为介绍者处于当事人之外时,应审时度势,善解人意,在双方有意并期望有人作介绍时,为双方做好介绍工作。因此,介绍者不仅有责任,而且有许多礼貌讲究。必须注意:

①先与双方打招呼。介绍者在为被介绍者双方介绍前,最好先与被介绍者双方打招呼,征求其意见,使双方都有思想准备,不致感到唐突,也以免为双方本已相识或双方没有相识的愿望者作介绍,使双方陷于不情愿之中。介绍前可先说"请允许我介绍你们认识一下",然后再介绍双方的名字。

②注意介绍的先后顺序。介绍者在介绍前必须了解被介绍双方各自的身份、地位,介绍时应坚持"尊者居后"的原则,即受到特别尊重的一方有了解对方的优先权的原则,按介绍顺序的通则进行介绍。在口头表达时,先称呼长者、职位高者、女士、已婚者、主人、先到场者,再介绍被介绍者,最后再介绍先称呼的一方。介绍时顺序错误是一种失礼。

③介绍时不能含糊其辞。介绍时说话要清楚,尤其应对被介绍者的音同字不同的姓氏或名字中生僻的字要注意介绍清楚,必要时可以跟着补上一句,以作解释,如"胡,古月胡"、"于,干钩于"、"余,人禾余"。介绍某人的单位使用简称时应注意对方的理解程度,适时作出详细介绍,以免误解;当被介绍人具有一定身份时,最好连同单位和身份一起介绍,并可进一步对其单位作较详细的说明,以使对方加深印象;如被介绍人不喜欢别人知道他的工作单位,已与介绍者有过关照,就不必详细说明。

④避免过分颂扬某一方。一般来说,谦虚的人不喜欢别人为他吹嘘,若不合时宜地吹捧,则会使被介绍者感到尴尬,介绍者容易给人留下"吹牛拍马"的不良印象,也极易使被介绍的双方产生反感,造成难堪的局面。因此,在介绍两位职务不等的人时,不可只介绍高职位者的职务并强调其个人的重要性,却不提另一方的职务,造成职务低一方心理上的伤害。

⑤介绍后应适当停留。在一般情况下,介绍者介绍双方相识后,不能抽身就走,特别是介绍异性间相识更应注意。介绍完毕应稍停片刻,以引导双方交谈,待他们能够交谈后,再借故离开。当然也要注意,在某些场合该离开时迟迟不走也是不合适的。

⑥注意不同场合的介绍分寸。为他人介绍应注意不同场合的分寸。在非常正式的场合,应用非常礼貌、完整的语言;普通的社交场合的语言应比较随便、直接;在随便的场合,对辈份、年龄、性别相同且职务差不多的年轻人,介绍时只需报出姓名即可。

⑦注意神态与手势。作为介绍者在为他人作介绍时,态度应热情友好,动作文雅大方。在介绍一方时,应以微笑的目光把另一方的注意力吸引过来。手的正确姿势应掌心向上,四指并拢,胳膊略向外伸,指向被介绍者。不可用手拍打被介绍者的肩、头、背等部位,也不要以拇指或食指指画被介绍的任何一方。

## 第二节 见面与告别礼仪

### 一、握手的礼节

握手是世界上最通行的、使用范围最广泛的礼节。人们在日常交往中,见面时习惯以握手表示欢迎和相互致意;分别时以握手送别,表达惜别之情;当自己受到别人帮助,也往往以握手表示谢意;当别人取得成就,向其祝贺时,也往往伴随着握手……可以说握手贯穿于人们交往、应酬的各个环节。握手虽然简单,但握手动作的主动与被动、力量大小、时间的长短、面部的表情、视线的方向等,往往表现了握手人对对方的不同礼貌和态度,因此,握手大有讲究,握手礼运用得当,将会使人显得彬彬有礼,风度翩翩。

#### (一)握手的含义

1. 握手在古代视为友善的表示

握手起源于古代,可以追溯到人类"刀耕火种"的原始社会,传说当时人们在路上相遇,如双方均无恶意就放下手中的东西并伸开双手让对方抚摸手心以示没有武器,这种表示友好的习惯沿袭下来,就逐渐演化成为了今天的握手礼。

2. 握手在中世纪为和平的象征

另据传说,握手起源于中世纪的欧洲。当时如果两位骑士相遇,欲表示友好,在相互接近时就先脱去右手的甲胄,伸出右手表示没有武器,作为和平的表示。

3. 握手在现代有多重含义

现代人握手,除了传统的表示友好、亲近外,还可表示欢迎、祝贺、感谢、敬重、致歉、理解、慰问、支持、惜别等各种感情。

#### (二)握手礼的适用场合

握手是人们日常交际的基本礼节,握手可以体现一个人的情感和意向,在应该握手的场合若拒绝或忽视了别人伸过来的手,就意味着自己失礼。应该握手的场合大体上有如下几种:

(1)当你被介绍与第三者相识时。

(2)与自己久别重逢的老朋友或同事相见时。

(3)在社交场合突然遇到自己的熟人时。

(4)迎接客人到来时。

(5)在拜访友人、同事或上级后告辞时。

(6)送别客人时。

(7)在与有喜事的熟人见面时。

(8)别人向自己祝贺、赠礼时。

(9)别人为自己提供帮助时。

(10)向别人表示歉意时。

(11)参加追悼会告别时。

(三)握手的方法

1. 握手姿势

握手时,双方相距约1米远,双腿呈立正姿势,上身微向前倾,右臂自然向前伸出,与身体约略呈五六十度角度,手掌向左微向上,拇指与掌分开,其余四指并拢并微向内屈,与对方右手相握。与男士握手可握全掌,与女士握手可握手指,上下稍许晃动三四次。

握手时的动作应稳重大方,态度要亲切自然。右手相握时,左手应自然下垂,眼睛要注视对方,以示专一。握手时,除老、弱、病、残外,一般都应站着握手。

2. 握手时间

握手的时间长短可因人、因地、因情况而异,不可久握,与初识者见面握手一般以2～3秒钟为宜;与异性握手,应一握即可,不可握住久久不放,即便是同性间握手,时间也不宜过长;老朋友或关系密切者之间可以边握手边问候,时间也应控制在20秒内。尤其在多人相聚的场合,不宜与某一人长时间握手,以免他人误会。

3. 握手力度

握手时的力度要适当,不可用力过大而使对方有疼痛感,"虎钳式"的握手方法不可取,应避免;过轻或抓指尖的握手又显得妄自尊大或敷衍了事,也不可取。但在男士和女士握手时,男士只需轻握一下女士的四指即可,不可握得太紧。

握手应脱去手套,否则就是失礼,如有特殊情况可以不用脱下,应向对方说明并道歉。但在我国,以双手握手为常见的礼节,即双方右手相握后,左手再放在对方伸过来的右手上,以示更加亲切,更加尊重对方。

(四)握手语

握手时,经常伴有一定的应酬性语言,以示对对方的亲近和关心,常见的握手语有如下几种:

1. 问候型

这是招呼式的寒暄性语言,也是最常用的握手语,如"您好!""最近怎么样?""工作忙吗?"等。

2. 祝贺型

当别人获得了成就或遇到喜事去祝贺时握手,可说:"恭喜您!""祝贺您!"等。

3. 关心型

适用于长辈对晚辈、上级对下级或主人对客人,如"辛苦了!""一路很累吧?"等。

4. 欢迎型

此种为握手时使用的欢迎语,如"欢迎光临!""欢迎您!"适用于公务接待和迎接第一次到来的客人。

5. 致歉型

此为向他人道歉或表示客气时所用的握手语,如"照顾不周,请多包涵"、"未能远迎,请原谅"等。

6. 祝福型

多为送客所用,如"祝您一路平安!""祝您旅途愉快!"等。

(五)握手时的伸手礼规

在握手时的伸手礼规就是指握手时的伸手先后顺序问题,若不适当,极易失礼。握手时伸手的先后顺序是由握手双方所处的社会地位、年龄、性别等各种条件来决定的。应遵守"尊者为先"的原则,即位尊者先伸手,位卑者予以响应,贸然抢先伸手是失礼的表现。握手双方伸手的先后顺序为:

1. 女士先伸手

在男士与女士需要握手的场合,男士要等女士先伸出手来,方可握之。如女士不伸手,毫无握手之意,男士点头鞠躬致意即可,在此情况下男士不可主动先伸手去握住女士的手。

2. 长辈先伸手

年长者与年轻者相互握手,年长者应先伸手,年轻者方可伸手握之。

3. 主人先伸手

主人有向客人先伸手的义务,无论客人是男还是女,作为主人都应先向客人伸手,以示欢迎。

在此应提醒的是,当客人告辞时,则应由客人先伸手与主人握手表示"再见"。

4. 上级或身份高者先伸手

下级要等上级先伸出手后再趋前相握。但如果双方是宾主关系,主人即便是下级也应先伸手表示欢迎。

(六)握手的忌讳

在人际关系交往中,握手是司空见惯的礼节形式,看似简单,但有许多规矩和讲究,还有一些忌讳,必须引起注意。其主要忌讳是:

1. 贸然伸手

遇到上级、长者、贵宾、女士时,自己不能抢先伸手,否则属失礼。

2. 目光游移

握手时精神不集中,四处顾盼,心不在焉,面上毫无表情。

3. 久握不放

在人多的情况下,只顾与一人握手,忽视冷淡别人或影响对方与他人握手。

4. 交叉握手

握手时争先恐后地与正在握手的人交叉握手。

5. 敷衍了事

握手时漫不经心地应付。

6. 该先伸手时不伸手

在需握手的场合,本应先伸手而不主动伸手。

7. 出手时慢慢吞吞

在对方伸手后,自己犹豫不决,出手慢慢吞吞。

8. 握手后用手帕揩手

与他人握手后,当众或当着对方以手帕揩手。

除上述握手的主要忌讳外,还应注意:握手应用右手,不用左手(右手残疾者除外);不要戴着墨镜和手套与人握手;握手时,左手不能插在衣袋里;手不洁或有疾病,不要与他人握手,可向对方示意致礼;不可隔着门槛握手;握手时要注意动作、表情、语言的一致性。

## 二、交换名片的礼节

名片不但能推销自己,也能很快地帮助你与对方熟悉,它就像持有者的颜面,不但要很好地珍惜,而且要懂得怎样去使用它效果最好而且又不失礼仪。

(一)交换名片的顺序

交换名片的顺序一般是"先客后主,先低后高"。当与多人交换名片时,应依照职位高低的顺序,或是由近及远,依次进行,切勿跳跃式地进行,使对方有厚此薄彼之感。

(二)接受及递交名片

与国人打交道递接名片通常是在自我介绍或经人介绍后进行的。美国人此时一般不送名片给对方,只是在双方想保持联系时才送。接受他人名片后,要仔细地看一遍,千万不能看都不看就把名片收起来。看名片时,主要是看对方的姓名及姓名后体现身份的头衔,以便看完后能用合适的头衔称呼对方。有看不清楚的地方或是不会念的字,可以当场请教对方。看了名片后,如果能用对方名片上的身份合适地称呼一下对方来表示对对方的敬重和深刻印象是最好的(在较为正式的交往中,这通常是必要的)。

看完名片后,通常应把名片及时收藏起来,而不能一直拿在手上。名片是个人的象征,因此,收藏名片的地方也应是能体现对对方尊重的地方。一般的做法是,先把名片放进名片夹,然后,男士把名片夹放入上衣袋里(最好是上衣左上角口袋),女士把名片夹放进随身的手提包里。不能把名片随意往裤兜里一塞,或是拿在手上不停地玩耍。如果是在办公室里,也可以暂时把它放在桌子上,但不能往名片上压任何东西,否则是对对方的不尊重。

接受别人名片之后,理应随即将自己的名片递过去,如果这时到处寻找或错把别人的名片送给对方则是严重失礼的。

在递送自己的名片时,用双手捏住名片的两个角递上,名片上的字面朝对方,目的是让对方能够直接读出来。这时应和对方说:"请多关照"、"请多多指教",或"希望今后能够保持联系"等,以示客气。

与国人打交道,递接名片应用双手。与外国人打交道,只用右手就可以。因为在印度和中东的一些国家,左手被认为是不洁的,只能用以洗澡或上洗手间。与这些国家的朋友交往,切记不要用左手接触对方,也不要用左手为之传递物品。

倘若自己暂时没有名片进行交换时,不宜说:"我们单位小,都没印名片"或"我没有职务"或"印不起名片"等,这样说有损自己公司的形象,同时也贬低了自己,所以不可取。合乎商务活动惯例的说法是:"很抱歉,我的名片刚刚用完了"或"对不起,我没带名片",不愿与之交换名片时也可用上述说法,这实际上是维护自己形象和自我保护的必要做法。

(三)使用名片时应注意的三个问题

1. 忌乱散发

要有目的地发递和使用名片,切忌乱散发,即传单式地发放。喜欢散发自己的名片的人,给人一种极不爱惜自己名片的感觉。

2. 忌逢人便要

不能像在收集名片一样,逢人便要,其实过分热衷于名片的交换,反而有失礼仪,给人留下不好的印象。其实,欲索取他人名片的正确做法是欲取之必先予之,即把自己的名片先递给对方,以此来求得对方的呼应。或暗示自己的意愿,若对长辈、地位高的人可以说"今后怎样请教";对平辈、晚辈、与自己地位相仿的人可以说"如何与您保持联系",等等。

3. 名片的收藏

名片最好放在专门收藏名片的皮夹、名片盒或名片夹里。把名片放在钱包里面的做法应当避免。因为自己在递名片时还要把钱包拿出来亮相一番，是很不雅观而且失礼的。把别人的名片乱塞乱掖同样失礼。

(四)三点忌讳

(1)名片和收放名片的夹子应避免放在臀部后面的口袋内。名片是个人身份的代表,应对它像对待主人一样尊重和爱惜。

(2)在交谈时不要拿着对方的名片玩耍,亦不要当着对方的面作谈话记录。

(3)男士不宜主动给自己朋友的夫人或女朋友留下名片,以免发生不必要的误会。

## 三、亲吻的礼节

亲吻礼是西方某些民族常见的古老礼节之一,它是用唇或面颊接触他人,是人们日常见面和分别时表示亲密友好的礼节,在向亲吻的对象表示敬意、欢迎、送行、见面、祝贺等时,往往都少不了这类身体接触性礼节。

(一)亲吻礼的施礼方法

亲吻礼在现代西方社会只局限于至亲好友之间使用,而且依照双方关系的亲疏程度,亲吻的部位和方法也不尽相同。一般来说长辈吻晚辈,只吻额头;晚辈吻长辈,吻其下颌;同辈如朋友、同事、兄弟姐妹之间,只是面颊相贴;只有情侣或夫妻之间才亲吻对方的嘴唇。除了情侣之间的亲吻,所有异性之间的亲吻都没有任何性的暗示。

(二)施亲吻礼应注意的问题

(1)亲吻礼在外事场合和私生活中最为常见,但男士与恋人或妻子在施亲吻礼的时候,一定要注意施用场合。

(2)亲吻礼必须稳重、自然。在涉外交往中,年轻女性一般不宜与男外宾行亲吻礼,应主动行握手礼;但当外国年长者出于尊重行亲吻礼时,也应大大方方地以礼相待。

## 四、拥抱的礼节

在西方社会拥抱礼如同握手礼一样,是一种重要的见面礼节。不论是私人生活中的交际,还是政府的正式外交场合,这种拥抱礼节人们都会常常使用。

拥抱作为礼节形式,有非正式和正式两种。在去机场、车站迎接到久别的亲人或亲密的朋友时,往往互相拥抱。熟人之间、陌生人之间、同性之间、异性之间为了表示友好,也常常会抱一抱或轻轻地礼节性地搂一下。在私生活中,情人或夫妻之间也常常会热情拥抱,但这种拥抱没有严格的规定,属非正式的拥抱礼节。但在正式的社交场合,行拥抱礼就十分讲究了。

(一)拥抱礼的施礼方法

施拥抱礼,一般是两人相对而立,右臂偏上,左臂偏下,右手环抚于对方的左后肩,左手环抚于对方的右后腰;按各自的方位,两人头部及上身都向左相互拥抱;然后头部及上身向右拥抱;再次向左拥抱,礼毕。

(二)行拥抱礼应注意的问题

(1)礼节性的拥抱,双方身体不可贴得太紧,拥抱的时间也很短,不能用嘴去亲吻对方的面颊。

(2)在正式外事接待场合,行拥抱礼都为男士,对女宾不宜用此礼,而应改行握手礼。

(3)在正式场合,使用拥抱礼应事先了解对方是否习惯或喜欢此种礼节,不可贸然使用。对不喜欢拥抱礼的外国客人,如印度、日本、美国及东南亚人应慎用。

### 五、脱帽与鞠躬的礼节

(一)脱帽的礼节

帽子与手套曾经是西方社会的一种时髦装饰,同时还是个人身份和地位的象征。如今,西方社会已不像过去那样看重帽子和手套了,它们在整个服饰中已成了可有可无的配件。尽管如此,有关帽子与手套的礼仪仍然是服饰礼仪不可缺少的部分。在我国社会,随着人们生活水平的提高以及对个性化服饰的追求,帽子与手套已成为很多人必不可少的服饰配件。因此,了解帽子与手套的礼仪就变得非常必要。

男士的帽子在以下一些场合是需要脱下来的,以示尊重和礼貌:别人为你介绍与一位陌生人认识时;与长者、女士以及其他任何应表示尊重的客人交谈时;在国旗前面走过,或是听到奏国歌时;在葬礼以及其他任何庄严的场合;在室内,除了百货公司、车站、邮局、过道、大厅以外。

西方的男士还习惯用脱帽礼来跟熟人打招呼,向人表示歉意、致谢等。具体的做法是:把帽子稍稍往上提一提,并点一下头。

(二)鞠躬的礼节

鞠躬礼又称打躬,即弯身行礼,源于中国商代,是一种古老而文明的表示对他人尊敬的郑重礼节。在现代作为日常的见面礼节已不多见,但我国及日本、朝鲜及东南亚诸国,至今仍沿用这种传统礼节。

1. 鞠躬礼的种类

鞠躬礼分两种:一种是三鞠躬,也称敬礼,鞠躬前应脱帽,摘下围巾,身体直立,目光平视,身体上部向前下弯行鞠躬礼,鞠躬后恢复原状,如此连续三次。

另一种是一鞠躬,即身体上部向前下弯行礼一次,几乎适用于一切社交场合。

2. 施鞠躬礼的方法

施鞠躬礼时，应立正站好，保持身体端正，面对受礼者距离约 2 ～3 步，以腰为轴上体前倾 15 ～90 度（其具体前倾角度视行礼者对受礼者的尊敬程度而定），目光向下，双手自然下垂放于膝前或体侧，礼毕，身体恢复立正姿势，并用眼睛注视受礼者。

施鞠躬礼前应先脱帽，施礼时目光不得斜视或环视，不得嘻嘻哈哈、嘴中叼烟或吃东西，动作不宜过快，要稳重端庄；如在接待时行鞠躬礼，口中可以说一些招呼性的问候语："您好！""早上好！""欢迎光临！"等。

在施鞠躬礼时，受礼者一般应以施礼者的上体前倾幅度大体相同的鞠躬礼还礼，但上级或长者还礼时，可以不行鞠躬礼，而以欠身点头或握手答礼。

3. 鞠躬礼的适用场合

鞠躬礼中的一鞠躬几乎适用于一切交际场合。晚辈对长辈、学生对教师、下级对上级、同事之间、演讲者对听众、演员对观众等都可以行一鞠躬。鞠躬时弯腰的幅度（角度）越大，所表示的尊敬程度就越大。一般标准为：路遇客人打招呼 15 度；迎送客人弯 30 度；表示感谢弯 60 度；90 度的大鞠躬常用于悔过、谢罪等特殊情况。

在我国，鞠躬礼主要适用于以下几种场合：

（1）演员谢幕

演员表演一个节目或演出结束，对观众的掌声常以鞠躬致谢。

（2）上台领奖

获奖者在领奖时，要向颁奖者及与会者鞠躬行礼，以示敬意。

（3）演讲前后

演讲者在演讲前和演讲结束后，一般都要对听众鞠躬致意。

（4）结婚典礼

在我国凡举行婚礼，一般都实行"新郎新娘三鞠躬"的传统礼仪，届时新郎新娘都要向尊长、亲友和来宾施鞠躬礼，新人相互亦鞠躬。

（5）悼念活动

灵堂吊丧、参加追悼会、向遗体告别、赠送花圈、祭奠死者，都要向遗像、遗体或骨灰盒行鞠躬礼。

## 第三节　沟通与交流礼仪

沟通（Communication），就是人们通常所说的信息交流。它可以是通讯工具之间的信息交流，也可以是人与机器之间的信息交流。沟通还可以表现为组织之间的信息交流、人与人之间的信息交流。本节主要介绍后者——人与人之间的信息交流。这在社交工作的各个方面都已得到广泛的应用。

## 一、谈话的礼节

交谈是人们建立良好人际关系的重要途径。那么如何交谈呢？总的来说，谈话的表情要自然，语言要和气亲切，表达得体；善于运用礼貌语言并注意表情、目光、手势等体态语言的适当配合。常与客人交往的旅游接待人员，更应该懂得社交聚谈时的礼节礼貌。

### (一)谈话的表情

旅游接待人员在与人接触，同客人一起交谈时，表情要大方、自然，面带微笑，不要忸忸怩怩。如与领导人物谈话，不要惊慌失措；接待层次不高的客人，也不要心不在焉；不要因为快要下班，而时时看表；午间和晚间谈话时，要避免打哈欠、伸懒腰及其他如挖鼻孔、掏耳朵等不雅观的小动作。

### (二)谈话的语言

在与客人谈话时，语言要柔和甜美，说话的声音不宜太大，特别是在大庭广众之中，只要对方能够听得清楚就可以了。切不可大声叫喊，旁若无人。谈话的声调高低以不影响周围的人为宜。

要学会使用柔性语言。柔性语言表现为语气亲切，语调柔和，措辞委婉，说理自然，常用商讨的口吻与人说话。这样的语言使人感觉愉悦亲切，有较强的说服力，往往能达到以柔克刚的交际效果。

例如，1999 年世博会期间，到昆明去的游客特别多，最多的一天达到 8 万人。有一昆明导游这样对客人说："到我们昆明来游世博园的人特别多，可以说人满为患……"当时车上的游客全部是县长级的人物，他们对"人满为患"这一词耿耿于怀。结果在以后几天的游程中导游与客人产生了不愉快的冲突。如果他将"人满为患"改为"门庭若市"，效果便会好得多，既形象又生动。

谈话中要使用礼貌语言，如，您好、请、谢谢、对不起、打搅了、再见，等等。

在我国，人们相见时，不管在哪儿，甚至在洗手间，常习惯说："你吃饭了吗?"这样说很不雅观，而且一些西方国家把这样的问话看做是你有意要请他吃饭。在西方，一般见面时常说："早安""晚安""您好""身体好吗?""最近如何?""一切都顺利吗?""好久不见了，你好吗?""夫人(丈夫)好吗?""孩子们都好吗?""最近休假了吗?"等。旅游接待人员在同客人交谈时要注意这些差别。

### (三)谈话的内容

谈话的内容可以海阔天空，天南地北，从天气、新闻、工作、业务直到一些政治、经济、社会等问题，均可成为交谈的话题，但应当避免谈论关于疾病、死亡等问题，这会引起不愉快的事情。一个比较好的办法就是向对方询问有关他本人的事情，例如他成功的经验、业余爱好、家庭成员等。因为有些人喜欢谈自己的事情，特别是令他感到满意的事情。

凡是对方不愿回答的问题,不要追问。如果谈到对方产生反感的话题,应当表示歉意,或立即转换话题。如果是客人向你提出你不愿谈论的问题,可以巧妙地回避或搪塞。例如,客人问你这条珍珠项链的价钱,你可以回答说:"对不起,我记不起来是多少钱了。"或者说:"对不起,这条项链是别人送给我的。"等等。

在谈话中要避免卖弄机智和学识,不要说些庸俗的俏皮话或语带讥讽、出言不逊、恶语伤人,不要与客人争吵;但适度的幽默和风趣是必要的,它可以活跃谈话的气氛,化干戈为玉帛。如在某酒店,顾客和服务员有这样一段对话:

顾客:"我点的菜还没有做好吗?"

服务员:"请问,您点了什么菜?"

顾客:"炸蜗牛。"

服务员:"噢,我去给您看一下,请您稍等片刻。"

顾客(生气):"我已经等了半个多小时了!"

服务员:"这是因为蜗牛是行动迟缓的动物。"

听了服务员幽默机智的回答,客人也不由笑了起来。

(四)谈话的体态

在与客人交谈时,要注意体态的适当配合,但不要手舞足蹈动作过大,注意要温文尔雅。不要用手指着人,双手不能交叉胸前或背后,也不要手插裤袋,更不要攥紧拳头。

与客人交谈,最主要的一条,是让人家觉得你是有诚意同他沟通思想、交流意见的。

谈话时,两人是靠得近些还是离开一些,不同的国家有不同的习惯。在美国,惯于两人的身体保持一定的距离;而阿拉伯国家则要求两人靠得很近,认为两人谈话时不宜相距太远,靠近一点显得亲切一些。另外在有些国家,反对谈话时两只眼睛老看着对方;而在另外一些国家,则认为眼睛不望着对方是对人不尊敬。不管怎样,在与客人谈话时,尤其是男性接待人员与女士谈话时,不宜总是目不转睛地盯着对方,但是也不能总是左顾右盼。

总之,与客人谈话时,不宜与对方离得太远,但是也不要离得太近,不要拉拉扯扯、拍拍打打。说话时不要唾沫星四溅。

(五)谈话的禁忌

在与人交往中有许多谈话禁忌应加以注意:

(1)脏话、粗话、骂人的话、野蛮的话、伤人感情的话、无理取闹的话等,都是语言垃圾,都在禁忌之列。

(2)不谈那些荒诞离奇、耸人听闻和低级下流的事情。因为这将有失自己的身份。

(3)男性一般不要问女性的年龄、婚姻,也不要议论女士长得胖瘦、高矮之类。

(4)不熟悉的人,不要鲁莽地提出有关人家不愿告人的隐私,如工资收入、银行存款,以及衣服、首饰的价格,等等。

(5)一般不要当场批评长辈和身份高的人。

(6)男性一般不要参加女士圈的谈话,也不要与女性长时间攀谈或耳语,以免引起别人的侧目。

## 二、接打电话的礼节

今天在世界各地,电话已成为人们彼此联系和互通信息的重要工具。电话既然是社交的重要渠道,人们就不能不注意接打电话的礼节。

### (一)打电话的礼节

打电话时原则上以不影响对方休息和工作为前提,只有这样才合乎礼节。

1. 打电话的四要素

(1)时间

打电话首先应该选择合适的时间。白天应在上午8点以后,节假日最好在9点以后,晚间应在10点以前,另外,下午的13～15点之间也不要给人打电话。非特殊需要不要在半夜、拂晓或别人吃饭、休息的时候打电话,以免引起对方的反感。

如打国际电话还要考虑到不同国家间的时差。比如北京时间中午12点,柏林时间为早上5点,莫斯科时间为早上7点,巴西时间为凌晨1点,如忽视时差把对方从睡梦中惊醒,是很不礼貌的。因此,打电话时要兼顾对方的时间,不能觉得自己方便就可以了,而对对方的时间全然不顾。

(2)对象

给上级领导打电话请示或汇报工作时,不要显得过于拘谨,谈吐应自然得体,讲话时要开门见山,条理清晰;给下级打电话时,态度要谦和、亲切、自然,注意不摆架子,不打官腔。

(3)地点

在家里打电话应注意不要影响家里人的休息;在单位应放低自己的音量,尽量不要影响同事办公;使用公共设施,应具有公共意识,若使用公用电话时,更应该长话短说。

(4)内容

打电话前,应理清思路,拟好谈话要点和顺序,切忌表达含混不清,语无伦次,耽误时间,影响工作。

2. 打电话应注意的事项

(1)形象应得体。身体不倚靠桌子、墙壁,更不能坐在桌子或椅背上,注意保持温文尔雅的风度。

(2)语言简洁明了。打电话时要注意语言简洁,不要喋喋不休。切勿把办公室当成自家居室一样地随便,使用公共设施缺乏公共观念。因为打长电话会造成电话长时间占线,影响业务讯息的传达,耽误工作。

(3)嘴里万万不可嚼东西,以免给周围的人留下懒散和心不在焉的印象。

(4)电话接通后,要主动报单位的名称和自己的姓名,不要让对方猜测自己是谁。

(5)打错电话时,要向对方道歉:“对不起,打错了”、“打扰您了”,等等。切勿直接挂断电话,不做任何解释。

(6)通电话中途万一断线,要主动打过去。并且说:“刚才电话断了,请原谅。”

(7)事情谈完了,要说些客套的结束语,如“拜托了”、“麻烦您了”、“打扰您了”、“请您多多提教”、“谢谢”、“再见”等礼貌用语,待对方挂上电话之后再放下话筒。

(8)在单位打私人电话,也是最容易遭到上司责难的事,因为电话是联系业务、处理讯息的主要渠道之一,若因私事而影响到它的畅通,使工作或经营受到损失,必承担相应的责任。

(二)接电话的礼节

1. 接电话的程序及应注意的问题

(1)电话铃响时,应尽量快接,最好在三声之内接听而不要故意延误。

(2)拿起电话听筒应说:“您好!”然后再报单位的全称或规范简称,让对方明白是否打对了电话。要注意声音柔和,语调亲切。

(3)在接听电话时,如遇重要内容,应做好详尽笔录,然后及时转给有关部门负责人,不得延误,以免给工作造成损失。

(4)若对所询问内容不甚了解或不应由自己答复时,应请相应的部门主管答复,注意自己不可越权。

(5)若电话是找其他人,要用手轻捂送话筒,然后再呼喊远距离的受话人。

(6)若受话人不在或不便接听电话时,可代其询问对方的工作单位、姓名、电话号码等,或告知对方何时再打来。

(7)如遇对方打错电话号码时,请对方再重拨一次号码,不要责怪对方。

(8)接听私人电话时,在高兴之余切勿忘记自己的身份,也不必把声音压得很低,否则会使人误解你在泄漏单位或工作机密,自己也很尴尬。此时自己所能做到的是尽量缩短通话时间。接听公务电话时,应声音清晰,也应避免给人一种窃窃私语的印象。

2. 接电话时的语言技巧

(1)应付马拉松电话

有的人打电话,一接通便啰里啰嗦地说个没完,旅游接待人员为了不影响两个单位之间的关系,拟缩短通话时间可以采取以下两种方法婉拒:

一是金蝉脱壳法。比如,你可以这样对对方说:“对不起,上司正在叫我,等会儿我再给您挂电话好吗?”或者:“另一部电话在响铃,我们能否以后再谈?”

二是幽默法。比如,你可以这样说:“好了老朋友,你的3分钟已经过了,挂断电话吧!否则你就会多付电话费了。”

(2)婉拒对方的邀请

一个你不怎么喜欢的人打电话请你吃饭时,直截了当地拒绝会让对方下不了台,也伤害了对方的自尊心,是极不礼貌的。妥当的做法是不妨找出一两个理由,让对方了解你真的是无法赴约。这比没有理由的拒绝更容易被接受。

(三)移动电话的使用

使用移动电话,除了要注意上面所讲的有关接打电话的礼仪要求外,还应注意以下问题:

无论是接听还是拨打电话,声音都要适度,不可大声嚷嚷。特别是在一些社交或公共场合,在接打电话时都应注意尽量不引起周围人的侧目,否则将显得自己缺乏修养。如果你正在与人交谈,电话铃响了,应向对方说声“对不起”,然后再接听电话。在参加会议或一些不适合接听电话的场合,一般应将移动电话关闭或设置在无声上,否则电话铃一响,不仅影响他人,也令你很尴尬。

## 三、待客访客礼节

旅游接待人员在日常必要的访客接待工作中,应注意一些礼节礼貌。

(一)访客的礼节

访客是人们社会交往中经常进行的交际方式,通过拜访老朋友、结交新朋友,可以调节紧张的学习和工作压力,更重要的是可以开阔视野,互通信息,扩大沟通渠道。要做一个受欢迎的客人,应注意以下访客礼节:

1. 事先应有约定

要到别人的办公室或住所拜访,都必须事先约好,不能突然袭击,做不速之客,否则会打乱别人正常的工作和生活秩序。一旦约定,就要按时前往,不要迟到,也不要早到。一般说来,对突然到来的不速之客,除非是主人盼望已久的客人,否则,总是不会使主人从心底里高兴的。如果确有急事非突然造访不可,见面时应当首先向主人表示歉意,并说明之所以这样做的理由。在这种情况下,谈话的时间也不宜过长。

2. 选择恰当的时间

访客的时间最好安排在节日、假日的下午或晚饭以后,尽量避开对方可能正在吃饭的时间。否则,碰上主人吃饭或休息的时间,双方都会感到尴尬不便。晚上访客不宜太晚,以免影响主人家的休息。

3. 注意仪表仪容

在拜访他人之前,要整理好自己的服饰,注意服装整洁,仪表仪容端庄,这是对主人的尊重。男士应着西装,打领带,理发,剃须,皮鞋上不要沾有很多污垢;女士应略化淡妆,衣冠整齐,修饰边幅。即使是关系再融洽,也不可穿着背心、短裤或拖鞋登门,那样是对主人的最大不敬。冬天进屋后要脱去大衣、帽子及围巾;夏天做客时,天再热也不能脱去衬衣或长裤。

初次拜访,给主人家的老小带一点小礼品也是一种礼貌的表现。

4. 进门要按铃

拜访他人时,进门之前应先敲门或按门铃,敲门的声音不要太大,按门铃的时间不要太长,只要能让主人听到就可以了。坐车拜访时,应在他人门前或附近静静下车。在车上按喇叭叫人或暗示他人是很不礼貌的行为。未经主人许可,不要推门而入,即使门原来就敞开着,也要以其他方式告知主人有客来访,待听到主人的招呼声后再进门。随身的外衣、雨具以及携带的礼品或物品,不要乱扔,应放在主人指定的地方。主人开门之后,如未邀请入室,不要擅自闯入;如果入室之后,主人没请你脱下外衣或就座,则表示主人不打算留客,应简短说明来意后立即离去。

5. 进入室内后的礼貌礼节

进门后,首先向拜见的人打招呼。客厅里若有其他家人或先到的客人,要微微点头致意,向大家问好;和主人寒暄后,应问候主人的父母;对于其他客人经主人介绍后,可以说"很高兴认识你"或"初次见面,请多关照",等等;如主人没有向你介绍其他客人,不可随便打听其他客人与主人是什么关系,也不要主动与其他客人亲昵地攀谈或乱插话,不要喧宾夺主。

拜访谈话时应注意态度要诚恳、自然,言语上要有逻辑性,切忌乱谈乱讲、颠三倒四。在举止上要落落大方,主人倒茶时,应从座位上欠身,双手接过,并说声谢谢;主人端上小吃、水果,应等其他客人或年长者动手之后再取之;吸烟者应尽量克制,想吸烟时应先征得主人和在场女士的同意,并注意不可随地弹烟灰;坐姿要端正、文雅,不要晃脚、跷腿,也不要双手抱膝,更不能躺坐沙发、头枕沙发背,或在沙发上东倒西歪。不应该随便进入主人卧室,乱坐乱躺。即使是比较熟悉的朋友,也不要去触动主人的物品和室内陈设、书籍。表现太随便,随手乱翻,到处乱闯是失礼和对主人不尊重的表现,万一碰到主人的隐私还会造成彼此的难堪。对主人家的花卉可以闻一闻,以示仰慕;对主人家的个人生活和家庭情况的关心要适可而止,不要反复盘问,也许想以此作为亲热的表示,实际上却造成鲁莽和无礼。

6. 适时的告辞与致谢

在与主人交谈的过程中,应注意对方情绪和周围环境的变化。如果发现主人心不在焉,或时有长嘘短叹、偷看表的动作,说明他心有不满情绪或有急事想办,又不好意思下逐客令。这时,来访者应及时寻找收尾的话题并迅速告辞。

告辞时应对主人的款待表示谢意。若主人的长辈在家,应先向长辈告辞,出门后应主动请主人“留步”,礼谢远送。

(二)待客的礼节

接待客人是一门艺术,要求讲究礼节,考虑周到。对宾客态度冷淡,会使他们感到耻辱;对宾客过分客套,又会使他们局促不安。中国素以好客为名,礼貌待客是中华民族的传统美德,无论是熟人还是初交,上级还是下级都要热情接待。这是交往中最基本的礼节。

1. 待客前的准备

得悉客人即将来访,主人应事先有所准备,搞好室内卫生,物品放置妥当;备好待客的必备物品,如茶水、果品和点心等;教导年幼的孩子不要“人来疯”,不要当着客人的面吵闹,对客人要有礼貌。如果是在办公室或接待室接待客人,也要稍作准备,以便尽可能地创造一种良好的气氛,使客人有“宾至如归”的亲切感。在仪表上,注意衣着要整洁、大方。

2. 迎接

(1)迎接客人必须体现出主人应有的主动和热情。

若客人来自外地,应按事先约定的时间专程到车站、码头、机场迎接;对近道初次登门的客人,应按约定的时间提前到住所的大院门口或楼下迎接,不宜在室内静等,最好是夫妇同往;对突然临门的客人,也应热情相迎。如室内来不及清理的,应向客人致歉,但不宜急于打扫,免得给客人留下逐客之嫌。在迎接客人的过程中,如遇客人手提重物,作为主人应主动上前或关照家人帮助提拿,对长者或身体欠佳的客人宜上前搀扶,以示关心。

(2)问候寒暄应热情。

见到客人应热情打招呼,女主人应先伸出手与客人握手,以示欢迎,并应说一些欢迎语或问候语。此类的语言有很多,如“路上辛苦了!”“您好!”“欢迎光临!”等。

(3)引领客人就座应及时、恰当。

接客人进屋,应主人在前,客人在后;进入客厅后,应让客人坐在上座位,并将客人的衣物放好。所谓上座,指的是室内最佳的座位或上首座位。最佳座位一般指比较舒服的座位,较高一些的座位,面对正门的座位;上首座位指的是靠右首座位。客人一旦入座,就不宜再劝其换位。

3. 接待

待客之礼,应是主动、热情、周到、善解人意。与客人交谈要精神集中,不要来回走动、看书报或做其他事情,更不要频频看表或打哈欠,以免对方误解你在逐客。当客人已经把话题讲完,主人就应减少讲话,不再主动挑起话题,不再向客人杯中添加饮料,以给客人告辞的机会。如果留客人用餐,菜肴可视情况而定,但应比平时丰盛些;主人也应有分工,不可因忙于做菜而使客人无人作陪。用餐时对客人的礼让要适度,不让易有不周之嫌,但过于殷勤则常会强人所难。

如果客人带小孩同来,还要提供玩具、儿童读物等,以供小孩玩乐。如果客人赠送了礼品,主人要表示谢意,并请客人今后不要再破费,同时应回赠些合适的礼品,对客人的礼品无动于衷是失礼的。

4. 送客

当客人告辞时,主人应婉言相留,表示希望客人再坐一会;如客人执意要走,要尊重客人的意见,不能强行挽留,以免客人为难。在客人未起身前,主人不能先起身相送,也不要主动先伸手与客人握手道别,这意味着有厌客之意。主人应将客人送至门外,并道:"欢迎再来。"

如果是远方来的客人,要送到车站、机场或码头,并为客人准备一些旅行中吃的食品。车站、机场、码头送客,要等火车启动、飞机起飞、轮船起航之后再离开,如有事不能等候,应向客人解释原因,表示歉意。

(三)接待之忌

当接待客人时,夫妇两人切忌谁的客人谁接待。如有客来访,切忌主人蓬头垢面,穿着睡衣、短裤或者室内不整,使客人简直难以入座。客人进门,切忌主人"我行我素"。接待中切忌一边干活一边与客人谈话,谈话时切忌心不在焉、东张西望,切忌不一视同仁及把客人携带的礼物当场打开,乱翻乱弄。当你正聚精会神地收看电视或写作时,突然有人来访,切忌讨厌客人;下级拜见上级时,切忌在客人面前摆架子;切忌冲泡有异味或夹有杂物的劣质茶叶,忌用沾满茶垢的茶杯敬茶,或用隔夜开水泡茶;切忌一只手送茶或用手握住杯口端茶。在客人未走时,切忌下逐客令;送客时,切忌刚送出门,就使劲把门关上。

## 四、各种聚会礼节

很多人都怯于举办聚会。诚然,在许多方面,举办聚会就如操办一台文娱节目一样,担子实在不轻。因此,旅游接待人员要掌握各种聚会的礼仪要求。

(一)茶话会礼节

以茶待客是我国的传统习惯和礼节。由于茶话会简便易行,又便于交谈,所以在社交活动中被广泛采用。要组织好茶话会,一般应注意以下礼节:

1. 茶话会的准备

茶话会一般由主人或主办单位准备。布置一张或若干张桌子,备好茶具、茶叶,再准备一些瓜子、糖果、糕点等,以使茶话会更加丰富多彩。请柬要事先发出,并考虑周全,不要遗漏。

2. 入场

客人来到,主人或单位主持人出迎并领客人入座,向在场客人作介绍。客人之间应相互致意、问候。在人数不多的情况下应一一握手相见；如果人数众多，可用点头示意或按中国的传统拱手致礼即可。

3. 致辞

茶话会开始，先由主办人介绍主要应邀单位和重要来宾，为互相交际和谈话创造适宜的气氛和条件。介绍完毕，由主办人致辞，但致辞不要空洞冗长，应开宗明义说明主题，并有较浓厚的感情色彩，以期引起客人之间的相互交谈。

4. 发言

主人致辞完毕，到会的客人可自由发言。发言时，应注意礼节礼貌，神态自然大方，语气、态度要谦虚，但不要滥用谦词。否则，众人就会怀疑你的诚意。发言中不要冷淡和蔑视任何与会者，更不要发泄个人恩怨，这是有失礼貌和缺乏道德修养的表现。

5. 辞行

茶话会中尽量不要中途退场，更不要不辞而别。茶话会结束，要向主人道谢辞行，也要同老朋友、新相识握手告别。

(二)舞会的礼节

舞会是一种大众化的、颇受人们欢迎的社交活动，舞会成功的因素很多，但首要的是礼仪礼节。

1. 仪表仪容

参加大型或级别较高的舞会，国际上的惯例是：在请柬上注明服饰的要求，以穿长礼服或西服为多，有时要求女士穿大礼服，男士穿燕尾服。

在我国，参加舞会时男女的服饰要尽可能同环境融为一体。但无论什么场合都不允许穿短裤、背心和拖鞋进入舞厅。男士应以庄重的色调为主，服饰要端庄、得体、落落大方，若穿西装，可不必像参加正式会议或正式宴会一样严肃，一般注意一下西装、衬衫、领带的颜色搭配就可以了。

女士参加舞会应该打扮得雍容华贵一些，一般着装以裙装为宜。根据服装、发式佩戴相适应的首饰，可参考下列提示：

(1)白天不要戴钻石首饰；

(2)颈短的人不宜戴大颗珍珠项链；

(3)女士参加正式舞会不宜戴手表；

(4)一只手上不宜戴一枚以上的戒指；

(5)穿考究的衣服时，不能戴劣质、粗糙的首饰，如果没有与之相配的首饰，可以不戴，也可以佩戴一朵鲜花。

2. 邀舞礼仪

正式的舞会，第一曲舞是主人夫妇、主宾夫妇共舞；第二曲舞是男主人与主宾夫人、女主人与男主宾共舞。

舞曲开始，男士应主动邀请女士共舞，邀请时，男士向女士致半鞠躬礼，伸出右手请舞，鞠躬的幅度在15度左右，同时轻轻地说："想请您跳个舞，可以吗?"女士应起身回答，但一般女士在受到邀请后应马上起身，随着乐曲同邀请她的人一起跳舞，切不可傲慢无礼。如果女士已有舞伴，应客气地说明："谢谢，我已邀好别人了。"这时，男士则应有礼貌地告退。当然，一曲结束后，若这位女士单独坐下，男士可再次邀请。女士如果远离舞池独坐休息，别人不宜去打扰。

男士如邀请一位素不相识的女性跳舞，首先要观察一下她是否有舞伴或家长。如有，一般不宜前去邀请。如前去邀请，应首先向她的舞伴或家长点头致意，再对女士发出邀请。

舞场上不可以独占某一舞伴，即使自己专门请来的舞伴，这样做也是失礼的。也不要几个男士同时邀请同一个女士，以免使她难堪和不知所措。一曲未终，一般不要中途停下来换舞伴。舞场上一般允许女性之间共舞而不宜男性之间共舞，前者意味着她们没有舞伴，而后者则意味着他们不愿意向在场的女士邀舞，这是对女士的不尊重。

舞曲结束后，男士应将女士送回原位，并说声"谢谢，我很高兴与您共舞!"

初次参加舞会的人往往怯场，担心舞步不熟练或没有舞伴，这些都是不必要的。宾客不会因为舞伴跳的不熟练而放弃对你的邀请，倒是过分忸怩不仅影响舞场情绪气氛，影响交际，也是不符合礼仪的。参加舞会的每一个人都有主动邀请他人跳舞的权利和义务，不应该坐等他人邀请。

3. 辞谢邀舞的礼仪

舞场上一般女士不应谢绝男士的邀请，无故谢绝男士的邀请是失礼的。如果女士不愿意接受对方的邀请，也可以拒绝，但应采取礼貌的谢绝方式："对不起；我很累了，我想休息一会。"一般女士刚谢绝了一位男士的邀请后，就不宜马上接受另一位男士的邀请，因为这对前者是不礼貌的。如果女士事先已同意别人，则可以婉言解释："对不起，已经有人邀请我了，等下一曲吧!"

4. 良好的舞姿

舞者肌肉应松弛，姿势要自然，动作要协调，脸部朝向正前方，用眼睛的余光留心周围，避免碰撞，不要转头四方观看，也不要低头看脚的动作，要凭身体的感觉来转换方向。随着步伐的演变，身体会产生高低起伏，应按音乐节奏，保持一种均匀协调的优美动态。跳舞时，双方距离两拳为宜，不要过近或过远，男士右手应放在女方腰部正中。男士不可把女士的手握得太紧，也不要和女方的身体贴得太近，也不能目不转睛地凝视女士的脸，以免引起女方的反感或造成误会。女士跳舞时舞姿应轻盈自如，给人以欢乐感，但不能乱送秋波，否则将有失稳重。

5. 良好的环境

参加舞会要维护环境卫生和良好的秩序。不应乱扔果皮、纸屑，吸烟应到室外,以免污染室内空气,不允许在舞场内高声喧哗和口出污言秽语;在舞池内不能任意穿行,确需找人时,应缓步轻声从场边用目光寻找,或待一曲完结后再找。在舞会上看到相识的朋友,可以打招呼问候或点头示意,不宜在舞池内攀谈、叙旧。

6. 舞会结束的礼仪

舞会结束,应向主人告辞道谢。

男士可送女士回家,但绝不可相强。如果女士无意让对方送行,应礼貌地说:"谢谢,已经有人送我了。"或说:"谢谢,我已有人结伴回家。"说话要婉转得体,使对方既不难堪,也不致苦缠下去。

(三)生日聚会的礼仪

生日对每个人来讲都是最有意义的日子。在我国一般60岁以前都叫"过生日",60岁以后称"做寿"。

给少儿祝贺生日,为了表示自己的爱心,一般送生日蛋糕、玩具、学习用具,或带他到公园、动物园等地方游玩,以表纪念。

给成年人祝贺生日,为了表达彼此之间的友情,一般可赠送生日蛋糕、生日贺卡、鲜花、生日小礼物、衣物等。

给老人祝贺生日,为了表达自己的孝心和爱心,除了赠送生日蛋糕和鲜花外,还要根据老人的喜好,精心购买老人家喜欢的物品,如衣物、用品等,让老人高兴,给生日带来欢快的气氛。

无论参加哪种形式的生日仪式,都要以饱满的精神状态出现,而且要充满喜庆和热情。如留下来用餐,不可大吃大喝、猜拳行令,更不要中途退场,或自行其是。这样不但不礼貌,而且会给主人留下不良的印象。

## 五、公共场所礼节

在社会公共场所,人们之间的团体意义淡薄,结构比较松散,人的行为较随便,而且人们之间的交往随机性强,因此,在心理上所受到的约束力较弱。这样,在公共场所也就最容易显示出一个人的文明礼貌程度。

(一)影剧院礼仪

影剧院在每个国家都是社会文化交流的重要场所。在国外,到剧院或音乐厅观剧或听音乐时,男士穿着讲究高雅,女士要穿晚礼服;如果到电影院去衣着可普通些。在我国,参加正式大型的晚会必须穿着讲究,一般情况下着装以入时适宜为好。男士夏天不应衣着太少,不可穿拖鞋、短裤或背心;女士不宜浓妆艳抹,服装过于招摇等。

应准时入场,不要等到开演后再来回走动找座位,以免干扰他人。找座时,从两排之间穿行走向自己的座位时,应面向已经就座的观众,不要背对观众。女士应走在前面,男士随后。如果是几个男士和几个女士一起进场,首先穿过就座观众的应是男士,接着是女士,最后是男士。如果是折叠椅,男士应先替女士放下来,让女士坐下。坐下后不要将双手占住两边的扶手,因为邻座的人也有权利使用。

开演后,应全神贯注于舞台或银幕。自己虽然了解剧情,但也不可喋喋不休地向别人宣讲,道出结局。除了因剧情有趣引起的笑声外,剧场里需要绝对的安静,不需要"评论家"。

有些人喜欢边看边吃零食,如瓜子、糖果之类的食物,或尽管有"禁止吸烟"的提示,仍大口大口地吐着烟雾。这些行为不仅是不文明的举止,而且污染环境,同样有损自身形象。

观众要尊重演员的劳动,一幕结束或一个节目终了,应报以掌声。如果在演出中遇到故障或特殊情况应予以谅解。作为观众不要喝倒彩、吹口哨、鼓倒掌,这样不仅失礼,也是缺乏教养的表现。

电影或演出结束时,应稍坐片刻,免得出口处拥挤。退场时,男士要为女士开道或让路。如果男士和女士是一起来的,男士应陪女士回家。如果男士碰上一个相识的独身女士,可以提出送她回去。

(二)卡拉 OK 演唱礼仪

卡拉 OK 是一种新兴的娱乐方式,近年来已发展成为一种重要的社交方式。把握正确的演唱方式和有关演唱时的礼仪,是帮你社交成功的重要因素。

演唱前,首先要做好充分的准备,特别是初次演唱者,最好把自己最拿手的歌曲奉献给大家,选择的歌曲一定要适合自己的风格和嗓音,尽量给他人留下美好的印象。千万不要毫无准备,上去就唱,这样容易失败,有损自己的形象。

良好的心理素质,对演唱的成功也起着重要作用。在众人面前演唱,要全身心地放松,同时要充满自信,表情自然、热情、大方。同时还要注意自己的形体感觉,把最佳的体态展示给大家。但千万不要造作、扭捏,给人虚假的感觉。

(三)参加婚礼的礼仪

婚礼是一种最隆重的庆祝活动,到处都充溢着喜庆的气息。因此,参加婚礼时男士的着装多以西装为主,容貌要整洁;女士以鲜艳、亮丽的衣裙或套装为主,不宜浓妆艳抹,但化妆可偏暖色调,以不超过新娘、新郎的装束为宜,否则有一种喧宾夺主的感觉,会给新人带来不快。

送礼物为新人祝福是人之常情,也是一种表达友谊的方式。送什么礼物,最好是事先了解一下新人最需要什么,不要无目的地送礼物,这样不但新人用不上,或已经有此类东西,而且也体现不出你的精心。如果确实不太了解新人需要什么东西,也可以根据一般的送礼原则,送如床上用品、茶具、餐具或厨具等,也可送些美化房间的装饰品。送钱比送任何礼物都实用,钱数的多少要根据自己的经济情况和与对方的友情深浅来决定。按中国的传统,送钱要用红纸包好,并写上祝福之类的字样,并在下款署上自己的名字。

在婚礼上,要注意自己说话的分寸,不要讲些不吉利的话语,以免让别人感到你没教养。如新人前来敬酒,要说些祝福之类的话,如“恭喜,祝你们幸福”或“祝你们白头偕老”等,以表祝愿。

(四)丧葬礼仪

丧葬是件大事,人们把它看做与婚事同等重大,习称为“婚丧大事”或“红白喜事”。因此,人们历来有参加丧礼的礼仪习俗。

1. 注意着装

参加葬礼或追悼会,是为寄托对死者的怀念和哀思,所以,要特别注意自己的着装。一般宜穿深色的衣服,也可穿比较素雅的服装。衣服上可佩戴白花或黑纱,但千万不能穿红着绿,或穿色彩鲜艳的大花礼服,女性不宜化妆,因为这是一种严重失礼的行为。另外女性不宜佩戴金银珠宝首饰参加葬礼。

2. 注意礼貌

为了表示对死者的怀念,吊唁时可送一个花圈或一幅挽联。在葬礼或追悼会上,态度要沉痛,走路要轻手轻脚,说话要低声,奏哀乐时不要东张西望,默哀时要低头静默。切不可见了熟人就三五成群谈笑风生,更不能中途退场,这既是对死者的不敬,也是对吊唁者不礼貌的表现。

3. 慰问死者家属

人生中最痛苦的事情莫过于生离死别。生离虽难,但总还有重聚之日,而 且死别则成永诀。因此慰问死者家属并了解其有无困难,是十分必要的。

(五)开业、开幕、剪彩礼仪

商店、酒店、公司开业和大型会议开幕、大型工程的剪彩及祝贺,是一种常见的礼仪活动。表示祝贺的形式一般有:

贺信,以书信的形式祝贺,文笔要得当,内容要诚恳、热情。

贺礼,一般有大型壁画、字画或花篮,并加以题词,以表示祝贺,也可根据双方关系的密切程度,送些实用的物品。

作为友好人士前去祝贺,一定要注意自己所代表的企业或自我形象。举止、言行得当,不卑不亢,自然大方。参加庆典或开幕仪式,男士一般着西装为宜;女士着裙装或套装,并化淡妆。

参加此类仪式,一般要听从主办方的安排。如需要你发言时,可作简单的祝贺性致词,尽量做到简短紧凑,不可拖泥带水,喋喋不休。

如果是请你剪彩,你应穿着整齐、干净、利落,并保持一种稳重的姿态;走向绸带时,应步履稳健,全神贯注,不可和别人打招呼。剪彩时,应向拿绸带的工作人员微笑点头致意,然后神态庄严地一刀剪断彩带。剪彩完毕时,应转身向四周观礼者鼓掌致意,并与主人进行简短的交谈。

## 六、馈赠礼节

在人际交往中，人们通常相互馈赠一些物品，并以此来表达和传递情意。恰当的馈赠，对促进人际交往、加深友谊有着重要的影响。馈赠礼仪的原则、馈赠技巧和时机的把握，以及中外赠礼习俗知识的学习，将对我们有许多帮助。

（一）赠物礼仪

赠物礼仪是指在人际交往或公务交往中，为了对方表示恭贺、感谢或慰问而赠送礼物的行为方式的规范。赠送礼品，是交际中表达情意的重要形式。现代生活中，随着交际活动的日益频繁，赠送礼品愈来愈受到人们的重视，因为它能起到联络感情、加深印象、沟通信息等作用。因此，掌握赠送礼品的礼仪非常重要。

（二）赠物的原则

赠送礼品尽管方式多种多样，目的也不尽相同，但要遵循以下原则：

1. 注重情意

注重情意，是赠送礼品应遵循的首要原则。赠送的礼品是情意的载体而不是商品，商品的价值可以反映在价格上，而情意是无价的。馈赠礼品的时候，有些人认为礼品的价值越高越有意义，越能表达馈赠者的深情厚谊。其实，这样做是把馈赠的礼品金钱化、商品化了，与馈赠的本意相悖，往往弄巧成拙，让人怀疑馈赠者的动机。价值昂贵的礼品，不见得表示真情实意，微薄的礼品不一定不成敬意。“千里送鹅毛，礼轻情意重”正是强调了礼品的情意性，淡化了礼品的功利性。总之，馈赠礼品的时候，首先要考虑礼品能否表达馈赠者的深情厚谊、真情实感，绝不能把礼品庸俗化，当做交易的筹码。

2. 随俗避忌

馈赠礼品一定要因时、因地、因人、因事而异，尽可能了解受礼者的风俗习惯，否则很容易犯忌，事与愿违。不同民族、不同地区、不同性别、不同年龄的人在风俗习惯上有许多不同的禁忌，馈赠礼品时一定要有所考虑。《礼记》上说：“礼从宜，使从俗。”意思是礼尚往来，贵在适宜。比如给健康的人送药品、给老年人送钟、给结婚夫妇送伞、给异性朋友送贴身内衣、给法国人送核桃、给日本人送荷花等，肯定会引起受礼者的反感和误会，甚至让对方产生被污辱的感觉。因此，馈赠前必须考虑受礼者的风俗习惯和禁忌，做到随俗避忌。

3. 恰如其分

在社会交往中，馈赠礼品要恰如其分，注意选择与馈赠者身份相宜的礼品。太贵重的礼品会使受礼人不敢接受，或者忐忑不安，甚至会引起“重礼之下，必有所求”之感。当然，如果礼品太过低廉，又会使受礼人觉得受到了轻视。“君子之交淡如水”，馈赠礼品关键在于得体，恰如其分的馈赠可以产生有利于社会文明的良好效果，也有助于加深双方的友谊和感情，而不得体的馈赠却适得其反。

(三)赠送礼物

赠送礼品要根据不同习俗、不同时节、不同情况、不同身份，选择相应的礼品。

1. 节日赠送礼物

我国有许多传统的节日，春节、元宵节、端午节等，在这些节日串亲戚看朋友都要带上礼品，一般送食品比较普遍，如糕点、糖果、酒类等。

除传统节日外，还有“五一节”、“国庆节”、“教师节”，这时探亲访友可以带些水果、酒类等作为礼品。受礼者家里有小孩的，还可以带些文具、玩具等。受礼者在异地，可寄去一张贺卡，发一封贺信、贺电也很受欢迎。

2. 祝贺赠送礼物

亲友同事过生日、办婚事、搬新居或其他喜庆纪念的事情，客人一般也要带些礼品。生日礼品以生日蛋糕最为适宜，给老人做寿，蛋糕上要突出“寿”字，给小孩过生日，可以送玩具等。祝贺新婚一般送日常生活用品、工艺品、茶具等。祝贺企业开张、乔迁等，可以赠送牌匾、锦旗、花篮等。

3. 探病赠送礼物

亲友、同事等患病，去医院或家中探视时，可以送适合病者食用的食品，如水果、滋补品等。

在西方国家，鲜花是普遍选用的赠送礼品，我国近年也逐渐时兴起来。

(四)赠物的技巧

馈赠礼物不是一个简单草率的过程，要讲究一定的技巧。得体的赠礼，即使礼品微薄，也会皆大欢喜。不得体的赠礼，不论如何贵重，也会使受礼者不快，甚至直接拒绝或事后退回，影响交往的结果。

1. 投其所好

每个人都有自己的兴趣、爱好，每个民族、每个国家都有各自的风俗习惯，选择礼品时一定要有所考虑，有的放矢，投其所好，不可盲目。如果受礼者滴酒不沾，一瓶酒显然不是一件受欢迎的礼品。如果受礼者爱好民间艺术，一件带有鲜明地方特色的工艺品会使他爱不释手。如果受礼者喜欢集邮，一套紧俏的邮票会使他欣喜万分。当然，馈赠礼物之前，馈赠者不能直接问受礼者需要什么。但是，馈赠者可以旁敲侧击，或者仔细观察，或者通过向受礼者的朋友打听，了解其兴趣爱好，然后有针对性地精心选择合适的礼品，尽量让受礼者感觉到馈赠者在礼品上认真思考过，不是随便的。

2. 抓住时机

选择恰当的时机馈赠礼物是非常重要的，否则，即使馈赠者选择合适的礼物，也不一定能得到受礼者的喜爱。节假日、庆典、嫁娶等喜庆日子是馈赠礼物的好时机，犹如锦上添花，可以表示馈赠者的美好心意，从而加深双方的感情。在受礼者陷入困境或遭遇不幸时，馈赠者的礼品犹如雪中送炭，会让受礼者难以忘怀，因为困难之中最易见到真情。总之,要在最佳时机送出最合适的礼品,如果时机不佳,不如不送。

3. 正视拒收

受礼人拒受礼品是常见的现象,这时,馈赠者不要太勉强,更不要动怒,也不要随口说一些不恰当的话,恶化双方的关系。正确的做法是,稍作解释或表示歉意后,把礼品带走。然后,分析一下受礼人拒收的原因,是礼品太贵重他们不敢收吗?是礼品不合他的心意吗?还是担心你对他所有求?等等。这样分析之后再采取相应的行动,不失为一种良策。正视拒收,处理得当,照样可以建立起良好的人际关系。

4. 切勿庸俗

庸俗化的馈赠,其目的是拉关系,为个人或小集团牟私利,使礼品沾染着铜臭成为等价交换的筹码,以此换取或抵消受礼者给予的某种利益,它没有一点真情只是种交易。这种庸俗化的馈赠会腐蚀和毒化人们的心灵,使人见利忘义,不利于沟通和建立健康的人际关系,不利于促进社会主义精神文明建设,败坏道德风尚,助长不正之风。所以,馈赠礼品时应端正动机,切勿庸俗。

(五)收礼与回赠

收礼与回赠是受礼人对馈赠者深情厚意的肯定,易于增加彼此友谊。

1. 收礼

在一般情况下,对于一件得体的礼品,受礼人应当郑重其事地收下,并说些"您客气了"之类的话,以示感谢。有些人收到礼品时,什么也不说,随手放在不起眼的地方,这样会让对方认为他不重视,不感兴趣。这是一种失礼的行为,是不尊重他人的表现。

收礼后是一般不当着客人的面打开礼品并作评价的。不过,欧美国家在接受朋友的礼品时,喜欢当场打开,并赞美和表示自己如何高兴,而结婚礼品是不可当场打开的。

2. 回赠

俗话说:"来而不往非礼也。"收到馈赠的礼品后,受礼人一般要回赠,从而加强联系,增进友谊。在节日庆典时期,可以在客人走时立即回赠。在生辰婚庆、晋级升迁等时候接受的礼品,应在对方有类似的情形或适当时候再回赠。

回赠的礼品切忌重复,一般是价值相当,也可以根据自己的情况而定,但也不必每礼必回。

(六)中外赠礼习俗

由于各国的文化背景和历史等状况不同,在赠送礼物的方面形成了各种不同的习俗,作为人际交往的一种重要方式的赠礼,必须要了解赠礼习俗,否则会事与愿违。

1. 中国赠礼习俗

我国是一个历史悠久的多民族国家。各民族和地区在漫长的历史中,逐渐形成了赠礼的习俗。

(1)汉族

汉族人善于交际,常于逢年过节、婚丧嫁娶之时送礼致意。赠送的物品轻重不限,但送礼的形式很有讲究,如小孩过满月,朋友之间一般送小孩衣服、鸡蛋、蛋糕外加红糖;娘家(即女方的家长)除了送些礼品外还要送几斤白面。办喜事,朋友、同志之间一般要"凑份子"。春节期间走亲访友,除了带些水果烟酒外,如家中有小孩,还要送给孩子"压岁钱"。

(2)蒙古族

蒙古族人赠送礼品,每类都要成双成对。送接礼品茶酒都要用双手接,不应用单手,更不能用左手接。

(3)藏族

献"哈达"是藏族最常见的一种礼节。藏族人民在迎送宾客或与亲戚朋友交往中,将"哈达"赠送给对方,来表示他们的见面礼。敬献时仪式隆重,讲究赠送方式,敬献者双手托起"哈达"高举过头。

(4)港台地区

要我国的香港、台湾地区的风俗中,丧事后以手巾送吊丧者,非丧事一律不能送手巾;剪刀是利器,含有"一刀两断"之意,以剪刀相送会使对方有威胁之感;甜果是祭祖拜神专用之物,送人会有不祥之感 ;港台话中"雨伞"音同"给散",若送雨伞会引起对方误解;扇子是夏季用品,送扇子有"秋风团扇"中途抛弃之意,所以台湾有"送扇无相见"之说;台湾的居丧之家习惯不蒸甜食、不裹粽子,如果以粽子送人,会被对方误解,十分忌讳。

2. 外国赠礼习俗

世界各国赠送礼品的一般意义和原则,大体上都是相似的,但由于民族、传统和文化等多种因素的影响,在国际交往场合下的赠礼行为和方式又有所不同。因此,我们必须了解不同国家的不同赠礼习俗。

(1)日本人赠礼习俗

日本人送礼极为普遍,甚至在意想不到的场合送礼。因此可以说,送礼是日本人的"癖好",事无巨细,动辄送礼。由于日本人在相互送礼大多很随便,有些礼物没有什么用处,受礼人往往又转手送给别人,而那人还可以继续转送下去。为此,送给日本人的礼物上一般不宜刻字留名。

"四"在日语中的发音与"死"字同音,为了避开同音带来意义上的混淆和晦气,日本人在诸多场合都不用"四",所以日本人送礼时不送双数,而喜欢送单数礼物。

日本人较重牌号,所以礼品应尽量选"名牌"商品赠之。礼品的包装必须漂亮、精致,里面的礼品可以不考究。

礼品若确需题字,正确的做法是用毛笔题写。

给日本人送礼时,不要送价值过低的礼物,如一盒火柴、T 恤衫和便宜的圆珠笔等东西;也不要把属于自己公司的东西相赠。对日本人来说,送礼往往只是一种礼仪。

日本人一般不当着客人的面打开礼品包装,如果日本人当着送礼人的面打开礼物,他也不会过多地夸奖,所说的恭维话也比较注意分寸。

日本孩子特别喜欢新的电子玩具,如果送给孩子一个电子玩具,他的父母会特别高兴。

(2)韩国人赠礼习俗

韩国人喜欢"本地出产"的东西,故应尽量送本国、本民族、本地区的特产为好,而不是到超市去购"洋货"。

送礼时,韩国人也喜欢送他们当地的手工艺品给客人。如果能让韩国人先拿出他们的礼品,他们会高兴些。

韩国人同样对"四"字非常反感,送礼不要送和"四"的倍数有关的数量。

(3)阿拉伯人赠礼习俗

阿拉伯人把初次见面就赠送礼物视为行贿,因而非常忌讳。阿拉伯人信仰伊斯兰教,所以不能送酒、女人照片和雕塑,这是被伊斯兰教禁止的。绝对不能给阿拉伯人的妻子送礼;不要送带有动物形象的东西,在阿拉伯人看来,动物形象会带来厄运;也不要送带有星状图案的东西,因为星是以色列国徽的标记,会引起他们的反感。

阿拉伯人喜欢"名牌"货,喜欢丰富多彩的礼物,而不喜欢不起眼的古董;喜欢知识性和艺术性的礼品,不喜欢纯实用性的礼品。如果替公司送礼,礼物要适合收礼人的品味或有什么特别的意义,比如送本国产的大理石镇纸,或带有本国民族特色的花纹杯碗之类的礼品。

阿拉伯人比较富有,阿拉伯商人喜欢赠送贵重的礼物,当然也希望收到同等的回报,但他们更注重公开场合中的自身形象。他们认为礼尚往来是有关尊严的,不让他们表示自己的慷慨大方是不恭的,彼此关系可能会因此而受到伤害。

(4)英国人赠礼习俗

英国人感情不轻易外露,给他们送轻的礼品不会产生误解。送礼的时机应掌握在晚上请人在上等的饭店用餐后或在剧院看完演出后。英国人喜欢高级巧克力、名酒和鲜花,但他们不喜欢礼品上饰有送礼人所属公司的标志。

英国人常请客人吃饭、喝酒或晚上看演出。作为送礼的形式,他们所赠送的礼物一般并不名贵。

每年圣诞节,英国小报总要报道王室互赠礼物的消息,被称全球最富有女人的女王,出手的礼物也总是些廉价的小玩意儿。即使女王赠来访国宾的礼物,也总是不出镀银餐盘等物品的范围。

(5)法国人赠礼习俗

法国人讨厌初次见面就送礼。因此,送礼应安排在第二次见面时,这样对方将很高兴,认为礼品是对他智慧的赞美。

法国人喜欢有美感和能体现文化修养的礼品,如唱片、艺术画册等。最受欢迎的是书,特别是最新出版的传记、历史、评论政府首脑和政治家的回忆录等。

在讲法语的国家和地区,菊花是在葬礼上使用的,因此不宜随便赠送。

(6)拉美人赠礼习俗

拉美人送礼,首先要考虑的是所送礼品的颜色;不要送刀剑,它暗示友谊的完结;手绢也不能用做礼品,因为它和眼泪联系在一起,容易使人有悲伤感。

到拉美人家做客必须带礼品,但公事交往中,在彼此关系没有发展到熟悉程度前不要送礼。业务送礼要在谈判结束后,气氛恰当时再送为佳。

## 第四节　社交接待活动礼仪

### 一、社交接待活动的组织与安排

在接待工作中,来访客人档次高低不同,但其接待程序大体相同。

(一)了解来访人情况,索取必要的资料

要安排好接待工作,首先需了解来访人对这次访问的具体要求,包括对政治会谈,以至参观访问的愿望;前来路线与交通工具;抵离的具体时间,以及来访人的生活习惯、饮食爱好和禁忌等。对 VIP 客人,还要索取来访人的血型资料。

来访人员名单,是安排接待工作的一项重要依据,各项礼仪活动以至住房、乘车安排等都需要有准确的名单。因此需请对方尽早提供按礼宾顺序排列,并注明职务、性别的全体人员名单。

(二)拟订接待方案

接待方案包括接待规格及各项主要活动的安排,通常为迎送、宴请、会见、会谈、晚会、仪式、参观游览、外地访问、交通工具、下榻宾馆等项目,以及日程草案。日程的安排,尤其是参观游览和外地访问,应考虑对方的愿望,还要考虑对方的风俗习惯和宗教信仰。日程确定后,应译成客方使用的文字,并打印好,届时放在客人住房桌上。

接待规格反映对客人的重视程度。接待规格高低,表现为安排礼仪活动的多少、规模大小、隆重程度,以及由哪些领导人出迎等。

(三)安排住房、乘车及赴外地的交通工具

住房一般根据来访人员的身份和条件安排相应档次的房间。住房分配,有时由东道主将房图交对方,请其自行安排;也有的由东道主根据来访人员情况作出安排,然后征询对方意见。

乘车,对国家元首、政府首脑的座车通常都安排开道车和摩托车护行。许多国家接待大型代表团安排乘坐大轿车,这样全团行动比乘小轿车更为方便。

赴首都以外城市访问,其交通工具通常由东道主负责,根据情况乘坐航班飞机或火车、汽车。

(四)组成接待班子

为了能更好地接待来访人员,一般都组成一个接待班子。如接待外国客人,接待班子由翻译和医务人员组成。

(五)费用支付

应邀来访的人员,一般在抵达目的地前及结束访问后的费用自理,在邀请国国内的各项费用由邀请国负担(但往往规定承担费用的人数,超过者自理)。专业代表团和考察团等费用一般都是全部自理。

## 二、不同规格的迎送礼仪

(一)对民间团体的迎送

迎送民间团体时,不举行大型、隆重的仪式,但需根据来宾的身份,安排对口部门、对等身份的人员前往接待。对身份高的来宾,事先在机场(车站、码头)安排贵宾休息室,准备饮料,并在来宾到达之前,尽可能地将住房和乘车号码通知来宾。

(二)对一般来宾的迎送

迎接一般来宾,主要是做好各项安排。如果来宾是熟人,则可不必介绍,只需上前握手,互致问候;如果来宾是首次到来,又不认识,接待人员应该主动打听,主动上前自我介绍;如果是大批来宾,也可以事先准备特定的标志,如小旗或牌子等,以便来宾看到后前来接洽。

(三)对旅游团的迎送

对旅游团的迎送需注意以下事项:

1. 迎接准备工作

熟悉了解接待计划及有关电话记录活动日程,确定工作要点,熟悉参观单位的情况,了解人数、职业及其特点,按照人数领取导游图等宣传品。

落实住房,检查房间,熟悉房间方位、大小、设备等情况。

出发前向车站、机场值班室问清火车、飞机确切抵达时刻,以免漏接。

抵达车站、机场后,要问清列车停靠站台或机场出口,并了解车辆停靠地点和行李车是否到达等情况,以免临场慌乱。

接到游客后,导游人员应及时索取行李卡和有关证件,并交给行李组和有关单位。

游客上车后,导游人员应先致简单的欢迎词,然后发放导游图等宣传品。在行车过程中,导游人员应向游客介绍本市及沿途主要建筑物等情况。

2. 送行工作

根据车次、航班的确切时刻,事先与行李组约好提取行李的时间,然后告知客人交接行李时间。提取行李时要分别与游客、行李员就行李件数交接清楚,如发现有出入应及时查清。

到达车站、机场后,应首先安排好客人休息。办好手续后,将机票或车票、登机牌、行李卡和有关凭证一并交给全陪导游或领队。

告别时,致简单欢送词。

### 三、社交十忌

旅游社交人员想获得社交活动的成功,还必须注意以下社交十忌:

#### (一)忌以自我为中心

即在社交活动中要忘掉自我,在社交活动中每个人都有义务和他人一起共同创造符合礼貌礼仪的良好社交条件。交往中的人们,个体之间存在着明显的差异性,每个人都有他自己特定的、习惯了的思维、言语、行为方式。因此在与人交往时不能一味按自己的习惯随心所欲。一旦出现自己的习惯与他人不一致时,就应克制自己,对他人多一些理解和宽容。

例如在讨论某一问题并需要阐明自己的观点、见解时,一般应避免强调"我"字,不要用强调的语气宣称"我以为"、"我认为"一类的话,应以较为婉转的方式措辞,实在难以避免时,可以用"我们","我们公司"等说法,尽量做到客观、谦虚,以形成融洽的气氛。

#### (二)忌自夸和吹嘘

社交的目的是为了交流,绝不是为了吹嘘自己。急于表露自己、炫耀自己,往往会与预期的效果相反。而质朴、与人平等交往,反而能获得他人的信任和敬重。与人交往时,矫揉造作、装腔作势、故弄玄虚,或卖弄自己,只会让人讨厌。因此,虚心、恭敬是社交成功的一个重要条件。

#### (三)忌议论别人

在社交活动中,要尽量避免议论别人,不管议论对象在不在场,因为,议论在场的人会给其带来不便甚至难堪;议论不在场的人更是失礼。另外,言多必有失,容易产生意想不到的麻烦,如果伤害了对方的感情,往往会使社交失败。因此,交往的重要手段是谦和的态度,交往的重要目标是使彼此之间感情融洽。

(四)忌冷落他人

在交际场合,要照顾大家,忌讳与一两人窃窃私语;不要冷落任何人,尤其是女主人;不要让任何宾客产生被遗忘的感觉。导游人员也应该注意不冷落任何游客。

(五)忌直接性语言

交往中说话要充分考虑各方面的态度和其他相关因素,善于折中表达自己的意见,避免直接性的语言。

例如,有一次,日本人去西安旅游,本来对主人未安排看仿唐乐舞很不满意,但当他们找到有关人员反映意见时却说:“听说仿唐乐舞很精彩,艺术水平很高,是吗?”而没有直接地指责说:“为什么不安排我们去看仿唐乐舞?我们一定要去。”绝对的要求、直接性的语气往往会使对方为难,甚至有时会把事情弄僵,进而使对方本来可以尽量为你想办法解决的事,却由于你语言中指责的口气而封口。

(六)忌攻击他人

在社交场合,切忌恶语伤人、当众指责和攻击他人;忌讳蔑视语、烦躁语、斗气语;讲话时不要显得尖酸刻薄。尖刻机敏者易树敌,纵然能让人叹赏,但也令人敬而远之,使自己失去更多的朋友。

(七)避免道破他人隐私

人们在工作、生活和交往中都有自己的秘密,如果本人不愿意公诸于众,即使你非常清楚地了解这一秘密,也不宜泄露、宣传。有礼貌、合礼节的做法是装作一无所知。当众点破别人的秘密,对人有损,于己也无益。如果这种秘密事关重大,很可能因你的不谨慎态度而带来严重的后果。即使是些无关紧要的事,只要是对方的隐私,就绝不该为显示自己而道破它。

(八)忌显露自己曾施惠于他人

在交往中,不要显示炫耀自己曾经施惠于他人。否则,不管对方在不在场,都会造成对方的难堪,非但达不到显示自己的目的,反而会得罪他人。

假如你赠送朋友一件衣服,对方穿上后受到别人的称赞,你却在众人面前夸耀:“这是我送给他的。”这样,那位朋友必定不会再穿这件衣服,以至今后再也不接受你的任何馈赠。人们在社会交往中,难免受到别人帮助或帮助别人,给别人以帮助却整天挂在嘴上,自我标榜,到处宣传,这样做既不合人情,也不符合礼仪。

(九)忌忘记自己曾接受他人的恩惠

在社会交往中,人们相互尊重,友好帮助,是文明礼仪的具体体现,受到别人的帮助,不仅要深领他人之情,而且要铭记在心,懂得回报,这是旅游社交中应该懂得的基本礼仪礼貌。

(十)忌轻诺

在交往中,切不可说大话、狂话,夸夸其谈,信口开河。如果海口轻诺,事后又不履行,必然会造成不良的后果。无论你是为了表现自己还是另有他图,轻易对人许诺自己根本办不到的事情，既失策，又失礼。因此，交往中忌大话，忌轻诺，无把握的话宁肯不说；一旦许诺，即使有困难，也要千方百计地努力做到，不失信于人。否则，对方就再不与你交往了。

**思考与练习**

1. 在社交场合，对年长的未婚妇女应如何称呼？

2. 馈赠礼物应讲究哪些技巧？

3. “女士优先”，因此先把女士介绍给男士，对吗？为什么？

4. 在社交场合，由于我是左撇子，于是我用左手与人握手，对吗？

5. 在酒店里，服务员替客人把行李搬进房间，客人付给小费并且说“谢谢”，那么服务员应该如何回答？

**案例分析**

某经理有事外出，不在办公室，由秘书张小姐代接电话。恰好有人打电话来找经理，张小姐拿起听筒先问道：“请问您是哪一位？”待对方回答后，便说了一句：“我们经理不在。”然后挂断了电话。

张小姐作为秘书是否尽到了职责？张小姐应如何做才符合礼仪的规范要求？

# 第六章

# 旅游社交语言交流与沟通规范

## 第一节　社交语言沟通要求

语言是交际的工具，是沟通人与人之间思想和情感的桥梁。俗话说“良言一句三春暖，恶语伤人六月寒”，可见，在人际交往活动中，良好的语言表达能力是何等重要。

旅游社交工作或参与旅游社交活动，每天必须和形形色色的人打交道，每一件工作的完成，每一件事情的处理，都必须以语言作为沟通的媒介，故语言修养是检验旅游社交人员专业素质高低的一个十分重要的标准。

### 一、目标明确的语言表达

春秋战国时期，有一则“晏子谏杀烛邹”的故事，很能反映目标明确的语言表达所产生的积极效果。

故事说：齐景公喜欢射鸟，派烛邹为他管鸟，结果鸟飞跑了。景公大怒，传旨开斩。晏子奏说：“烛邹有三条大罪，让我数完了再杀。”景公应允。于是，晏子召来烛邹，在景公面前数他的罪行：“你替君王管鸟而让鸟飞了，这是第一条大罪；使君王因鸟的原因而杀人，这是第二条大罪；使诸侯得悉此事，以为君主重鸟轻人，这是第三条大罪。”晏子数毕烛邹的罪状后，请景公传旨开斩。景公说：“不要杀了，我明白你的意思了。”

晏子仅用了三句话，不仅救了烛邹一命，而且还有效地阻止了景公为“皮毛小事”而乱开杀戒的昏庸恶习，使其在情理的感召下翻然悔悟。

然而，在现实生活中，很多人由于缺乏扎实的语言基本功训练，语言表达没有明确的目标意识，要么啰啰唆唆、废话连篇；要么无的放矢，用无关痛痒的话掩盖或冲淡了主题，达不到语言交际的效果。

培养具有明确目标意识的语言表达能力，应从以下几个方面着手：

(1)用征询语，采用商量的方式，先接近对方以唤起对方的倾听意愿。

(2)注意观察听话者的表情，寻找切入正式话题的时机。

(3)一旦切入正式话题，注意归纳谈话要点，做到主题明确，言简意赅。

(4)话题结束,用征询语征求对方的意见,以判断对方的态度及谈话是否达到了目的。

(5)重点、细节如果对方理解不够应重新提示并作出易于理解的解释。

## 二、渗透情感的沟通方式

倾听的意愿是人际交往得以进行的初始阶段;如果连对方倾听谈话的意愿都无法唤起,人际沟通将无法进行。

能否让自己的演讲有掌声,让自己的谈话有听众,同样是检验旅游社交人员语言修养高低的一个十分重要的标准。那么,怎样驾驭自己的语言,使自己在侃侃而谈之际成为引人注目的焦点呢?

### (一)换位思考

在交流过程中应尽可能在情感上肯定对方的"是",又尽可能不否定对方的"非"。而要做到以上两点,谈话者在说出任何话之前都必须考虑听话者的内心感受。

要学会"换位思考",与其直截了当地对对方说:"你的意见是错误的,你不应该这样"等,不如说"从某种角度上看,你说的有一定道理,但是,由于……原因,所以……",或者说"这件事如果这样处理,效果可能更好一些"。

### (二)语气婉转

任何情况下,当用否定词与对方交流时,都应注意语气的婉转,即我们通常所说的"晓之以理、动之以情",让对方在自尊心得到充分满足的前提下接受你的观点。

### (三)尽量取得听者的好感

语言交流在传达信息的过程中,由于表达方式、措辞、语音、语感、语调,甚至由于面部表情等方面的细微差异,都会给听话者造成不同的心理感受。善于说话的人,总会让听者凝神静气,认真倾听;而不善于辞令的人,则总是让听者兴味索然,从内心滋生出抵触、反感的情绪。因此,如果想让对方倾听你的话,必须将赢得对方好感放在首位,把对方了解你说话的内容放在次位。要赢得对方对你的好感,说话者应注意以下问题:

尽量陈述事实,不对事实妄加评论,更不要滥下结论。

和颜悦色,入情入理,以情感人,以理服人,尽量唤起听者的共鸣。

切忌"睁眼说瞎话",更不可以势压人。

诚恳、坦率,敢于承认说错的话,并坦诚向听者致歉。

语言交流应尽量做到内容丰富,这样既能更多切入听众兴趣的不同层面,同时,还能使讲话者始终掌握交流的主动权。

谈话者要有幽默感,尤其是在较为轻松的社交场合,严肃的话题辅之以适当的健康的幽默,往往会收到意想不到的谈话效果。

### 三、真挚诚恳的耐心倾听

(一)耐心倾听的意义

能耐心倾听别人讲话,并善于分析概括别人谈话的要点,洞察说话人的真实意图及话中的"弦外之音",同样也是旅游社交人员语言修养的一个十分重要的方面。

曾有人做过关于说话"语速"的研究,发现一般人说话的速度是每分钟 120 ~ 180 字,相当于人的思维速度的四至五倍。所以,交流中听话者的注意力稍有分散,对别人说的话就可能只听进一半。

另外,语速、语感、语调是表达思想内容的辅助方式,既可鲜明地反映说话者的性格特征、表述风格,又能充分表现或隐藏其未用语言表述的强烈的情感倾向。所以,如果不认真倾听就可能出现说话者的本意和听者的理解存在一定差异的情况。

同一个人说话,不同的听者会产生不同的反应。倾听他人说话的耐心和分析概括能力是语言基本功的一个十分重要的方面,要想在人际沟通中掌握主动权,必须先从耐心倾听别人说话入手。

(二)耐心倾听应注意的问题

1. 与人交流沟通时,思想要集中

要努力在内心培养对另一方讲话内容的兴趣,这是使自已能集中注意力的关键因素。倾听对方讲话应尽量排除个人的主观情绪,克服先入为主的偏见。

2. 要善于概括对方说话的要点

因为要记住别人所说的每一个字、每一句话,既不可能,也没必要,所以所谓倾听的能力,实质是指能够将说者所讲的内容加以概括、理顺,并抓住要点和中心的能力。

概括对方谈话的要点,应掌握好适当的时间。不要在对方谈兴正浓时打断对方,而应把握在对方待转换话题之时介入,以核定自己理解的正误。如果理解有误,应及时与对方沟通,避免事后引起不必要的争执。

倾听别人说话,应注意观察别人的表情及语调。每一个人语言表达的方式都不一样,有的直率,有的含蓄,有的委婉,甚至有的语无伦次,但我们如果仔细观察就会发现,即使是善于掩饰的人,或不善言辞的人都会从不同的角度将他们的内心情感辅之以体态语言表达出来。

3. 协助对方将话说下去

听别人讲话时,能协助对方将话讲下去,既是对说话者起码的尊重,也是交际文明的起码要求。作为一个听者,应当有一定的角色意识,可掌握适当的机会介入对方的话题,及时用适当的评语或诱导性的"搭茬儿"引导对方将话讲完。

4. 要善于理解对方谈话中的“弦外之音”

人际交往过程中有时会因为各种原因导致谈话者并不直截了当地表达自己的观点、想法，而是用暗示、比喻等方式，有时甚至正话反说。如果听者不善于分析对方的说话意图，而仅从言辞的表面去理解对方的含义，往往会发生理解的偏差。

5. 从容不迫，游刃有余于谈笑之间

体现旅游社交人员语言修养的最重要的方面，是在人际交往中无论处于什么环境，都能做到从容不迫，游刃有余。要做到这一点，除了平时要持之以恒地进行扎实的语言基本功训练以外，更重要的是适当培养自己在公众面前表现自我的能力。有些人，看到别人交谈时滔滔不绝，旁征博引，条理分明，优美流畅，内心羡慕之余常常会滋生出一种自惭形秽的情绪，这种情绪会妨碍自我表达能力的发展。

## 四、收放自如的谈笑秘诀

（一）尝试将听众当做自己要好的朋友

语言交流中，常常会心理上出现障碍而导致“怯场”现象的发生，其原因主要是对说话场面不适应。由于初次踏入社交圈，个人在公众面前说话的锻炼又较少，所以突然间要面对不熟悉的听众（如领导、社会要人、名流、异性等），而且听者往往不止一个，于是，话未出口，自己首先紧张起来，说起话来也就结结巴巴，显得笨嘴拙舌。如果在脑海中换一个场面，如在家里与家人说话，听者是自己最要好的朋友、同事或同学；自己在讲述一件亲身经历的轻松愉快的事情等，压抑的心态就能得到较好的调整，自卑感自然也就烟消云散。

（二）始终保持一种成功者的心态

说话怯场往往是因曾有失败的教训而引起，一想过去失败的情景，就背上了包袱，身体能源和精神能源便告冻结，当然就会表现出“脸红，心跳，腿发抖”这种由心理弱势而带来的紧张情绪。

要避免与摆脱这种心理的失衡，就必须时时处处表现出一种强者的风范，敢于面对困难和挫折，并怀着一种必胜的信念去克服和战胜一切困难，坚定不移地向着成功的目标迈进。

要培养自己的强者意识，应当有意识地造成“自我成就感”，从而在心理上产生一种能抑制自卑情绪产生的良性循环机制。如果你做了一件自己十分满意的事；如果你的一次发言得到了老师和同学的认可和赞扬，你不妨告诉自己：“我真的不错。如果这次再充分一点，兴许演讲比赛的冠军就是我了。”经常性地自我肯定，会让自己拥有一份充实与满足感，从而更加坚定自己的自信心。

世界上著名的心理学博士贝尔曾经说过这样一段话：“想着成功，看着成功，心中便有一股力量催促你迈向期望的目标，当水到渠成的时候，你就可以支配环境了。”的确，假设自己已经成功，又能反复思考这个问题，内心深处便会产生促使自己积极进取,不断努力向上的原动力,直到迈向成功的目标。

(三)培养自己的良好个性

个性指一个人独自具备,区别与其他人的性格特点。

由于成长的环境和接受教育的程度不同,每个人都表现出较为明显的个性特点,有的热情开朗、活泼奔放;有的羞涩寡言、抑郁内向。从个性上讲,大凡活泼开朗、外向型性格的人,都有较强的语言驾驭能力和表现力,在公众场合不易怯场;而抑郁、内向型性格的人,则常常在公众面前表现得木讷、呆板,说起话来结结巴巴的。所以,要从根本上克服内怯症,还必须从完善个性入手,广交朋友,积极参加社交活动,多方面培养个人的兴趣和爱好,以使自己的个性适合职业素质的要求。

(四)多方面、多途径、有意识地进行训练

1. 反条件训练

即有意识地创造各种条件,多次进行登场前的预演,以使语言流畅,临场时情绪稳定。

2. 自律性训练

有时没有条件事先准备,临场感到紧张,应控制情绪外露,使神态自然稳定,身体保持舒适的姿势,做一两次深呼吸,便可以很好地起到稳定情绪的作用。

3. 记忆力训练

应有意识地记一些有用的信息资料,如好的诗歌、散文、名人佳作、名人演讲等。良好的语言驾驭能力,有赖于个人大量语言信息的储存。有语言资料储存的基础,辅之以反复的语言实践,到真正需要时,便可信手拈来,引经据典,旁征博引。

4. 模仿训练

仿效一些泰然自若、善于交际、活跃开朗的人的言谈举止、风度,然后根据自己的气质进行调整和补充,逐渐养成自己说话的风格,并在平时利用各种机会经常性、有目的性地进行训练。

## 第二节 旅游行业职业用语的表达特点

旅游社交工作人员,在与客人进行交流与沟通时,其语言表达方式与其他行业人员相比具有较为明显的职业特点。

### 一、体态语言和表情的运用

(一)态度应诚恳亲切

与客户交流时,要能够通过耐心的倾听、细致而全面的解答、和颜悦色的面部表情、清晰悦耳的声音，将尊重、热情、关怀等信息传达给宾客，让客户感受到"回家"的温暖并从中获得美的享受。

（二）面部表情自然大方

与客户交谈时，要注意与客户眼神上的交流，日光的高度要恰到好处，与客户保持1米左右的距离，目光始终正视客户但不要盯视。正视客人时，目光应停留在客户的鼻眼三角区，这样可以使客户感受到交流者的诚意和专注，而没有被人盯视的尴尬。

与客户交流，不要畏畏缩缩，躲躲闪闪，更不能表情冷漠，面带倦容，像打哈欠、搔头、掏耳、抠指甲、卷衣角、玩弄小物件等小动作，均属不礼貌的行为。

（三）姿势规范得体

无论出席社交场合还是在工作岗位上接待客户，都应注意与人沟通最基本的礼仪规范，站立时，不要东倒西歪，或将身体倚靠在墙边或柜台上，或将手抱在胸前、放在裤袋里。

为更清楚地解释问题，阐明个人观点，或增强谈话的生动性，可适当做些手势，但动作不宜过大，次数不宜太频繁，更不允许用手指指点点，在社交场合用手指点是不尊重对方的行为。

## 二、礼貌用语的广泛运用

旅游社交工作职业语言上的另一个特点，是礼貌用语的广泛应用。

礼貌用语主要包括以下几个方面：

（一）敬语

1. 什么是敬语

敬语，亦称"敬辞"，它与"谦语"相对，是表示尊敬礼貌的词语。除了礼貌上的必须之外，能多使用敬语，还可体现一个人的文化修养。

敬语在表达方式上的最大特点是恭谦待人，礼让敬客。具体使用上通常表现为在与客户交流时"请"字开头，"谢谢"收尾，"对不起"常挂嘴边。称呼对方需用尊称，如"阁下"、"贵方"、"尊夫人"等。

2. 敬语的运用场合

（1）比较正规的社交场合。

（2）与师长或身份、地位较高的人的交谈。

（3）与人初次打交道或会见不太熟悉的人。

（4）会议、谈判等公务场合等。

3. 敬语的运用规范

（1）"请"字开头。

"请"字在旅游行业的服务术语中使用频率最高，如："请进"、"请稍候"、

“请跟我来”、“请问你们几位”、“请问你们有什么需要我帮忙的”、“请问我能为您做点什么吗”、“请问您有什么意见和要求”、“请喝茶”、“请慢用”、“请走好”等。

“请”字包含了旅游社交人员对社交对象的尊敬和敬重,以及在接待和服务工作中希望通过优质服务让客户满意的诚意。

(2)“谢谢”收尾。

在旅游接待与服务用语中,“谢谢”并不仅仅是就某件具体的事向客人表示谢意,而是作为一种礼貌习惯用语表示对客人的光顾、对客人的理解与配合、对客人的赞扬与认可,以及对客人在我们工作出现差错时表现出的宽容大度表示的一种感激之情。如“谢谢您的光临”、“谢谢您的合作”、“谢谢您能体谅我们”、“谢谢您的夸奖,这是我们应该做的”、“谢谢您的提醒,下次我们一定改进”、“谢谢您的建议,条件成熟我们一定采纳”等。

“谢谢”在旅游行业中的广泛运用,集中体现了旅游接待与服务行业所推崇的“客人至上”的服务原则,以及旅游接待服务最终目标就是最大限度地让客人满意的服务理念。

(3)“对不起”常挂嘴边。

“对不起”这一道歉用语在日常生活和一般人际交往活动中,往往是在说了不该说的话或做了不该做的事之后向别人“赔礼”的一种表达方法。但作为旅游行业用语,它却能表达多种含义:

①由于各种原因,客人的要求未能得到满足;

②因工作需要客人的协助与配合而给客人造成了麻烦和不便;

③因紧急事情需要打断或打扰客人;

④向客人解释某些不理解和误会的事情;

⑤婉拒客人的不合理和无理要求;

⑥提醒客人注意事项。

“对不起”在礼貌服务用语中,“敬语”含义多于“歉语”,如同时接待多位客人,需要客人费时等候时,可说“对不起,耽误您的时间了”,或“让您久等了”;客房服务人员为客人清扫完房间而客人也在场时,离开时应说“对不起,打扰您了”;当必须拒绝客人的某些不合理要求时,可说“对不起,我非常理解您的想法和愿望,但是……”

“对不起”这一礼貌用语用在社交及接待和服务工作中,集中体现了退让以敬人的待客服务礼仪的精髓。

4. 使用敬语的要求

(1)应注意神态的专注和语气的真诚,应让宾客感受到敬语后面所包含的谈话人的真情实感。

(2)要根据时间、地点、环境、对象的不同,准确地使用。

### (二)谦语

1. 谦语的含义

谦语作为礼貌用语的一种,在旅游接待与服务行业中应用相当广泛,它是向人们表示谦恭和自谦的一种词语。

2. 谦语的使用要求

谦语通常和敬语同时使用,在对宾客使用敬语的同时,在自我称呼、自我判断、自我评价、自我要求时,适于用谦语进行表达。如,在交谈时自称常用"愚人"、"敝人";自谦常用"寒舍"、"愚见"等;自评常用"一点小事不足挂齿"或"您过奖了,这是我应该做的"、"招待不周,请多包涵"等。

"自谦"体现着一种自律的精神。它以敬人为先导,以退让为前提。当然,随着东西方文化交流的日益频繁,随着东西方语言情感表达方式的相互交融,有些谦语的表达方式已经改变了,但其精神实质包含着东方民族谦虚、谨慎的传统美德,仍值得我们继承和发扬。

### (三)雅语

1. 雅语的含义

雅语是指一些比较文雅的词语。雅语作为敬语的一种,是一种含蓄、委婉的表达方式。

2. 雅语的使用场合和运用范围

(1)雅语常常用在一些正规的场合以及一些有长辈和女性在场的情况下,或用于那些在公共场合和社交活动中需要有所避讳的情况下,来替代那些比较随便,甚至粗俗的话语。

(2)在旅游社交场合,经常使用雅语,能体现出一个人的文化素养以及尊重他人的个人素质。

(3)在待人接物中,要是你正在招待客人,端茶时应该说:"请用茶。"如果还用点心招待,可以说:"请用一些茶点。"假如你先于别人结束用餐,你应该向其他人打招呼说:"请大家慢用。"上厕所用"我去方便一下"或"我去一趟洗手间",用"您需不需要加一点主食"代替"你要饭吗";用"不新鲜"代替"臭了";用"这身衣服不太适合您"代替"这身衣服很难看";用"发福了"代替"发胖了"等。雅语的使用不是机械的、固定的,需要根据不同场合、不同人物、不同时间灵活运用。

只要你的言谈举止彬彬有礼,人们就会对你的个人修养留下较好的印象。只要大家注意使用雅语,必然会对形成文明、高尚的社会风气大有益处,并对我国整体民族素质的提高有所帮助。

# 第三节　旅游社交语言交流与沟通规范

## 一、语言沟通能力与职业素养要求

旅游接待与服务工作,每天工作的内容就是以各种不同的方式与人打交道,如何让宾客吃得满意,住得舒适,行得轻松,游得开心,购得实惠,玩得尽兴,这是我们旅游接待与服务工作者追求的目标。而要实现这些目标,就必须具备较高的职业素养,其中最重要的素质即为人际沟通能力。

语言是人际沟通的媒介,是交际的主要工具,在绝大多数情况下,交际都是通过语言来实现的,所以,成功的人际沟通与交往,需要社交人员具有较强的语言表达能力,即口才。

### (一)什么是口才

口才是一个人说话的智慧和才能,是一个人在交谈、辩论、演讲时综合地运用自己的思想、品德、思维、记忆、应变等能力和经验,从而娴熟地表情达意的口语表达能力。

良好的口才是一个人沟通与交际能力的全面体现。它集中反映了一个人的文化素质、心理素质、道德素养、智慧和才干。

### (二)具备良好口才的素质要求

#### 1. 观察力

一个人要想具备良好的口才,必须对周围事物有较强的反应感受能力。因为良好的口才需要有丰富的语言信息占有量。一般说来,人的社会实践活动越广泛,接触的事物越多,认识事物的面便会越宽,说话的材料也就越丰富、生动。而这一切均取决于人的观察能力的强弱。

大凡观察能力强的人,其感受事物的敏感性就强,这类人,观察事物,不仅能够明察秋毫,而且具有透视力和预见性,在实际生活中可以发现别人发现不了的状况,提出别人提不出来的问题,自然讲起话来也就内容丰富、生动,表达流畅,富有亲和力和感染力了。

#### 2. 较强的逻辑思维能力

思维能力,即对观察到的情况进行分析、判断的能力。口才好的人往往可以在很短的时间内摸透谈话对方的心理,并能根据对方需要不断调整,控制自己的语言,同时能抓住问题的要点,使谈话张弛有序,有的放矢。

人际交流中往往有这种现象,有些人说起话来颠三倒四,前后矛盾,其主要原因是缺乏缜密的逻辑思维能力,思路不清晰。相反,思维能力强的人,则能尽快认清问题的实质,言简意赅,表达明晰。

3. 超凡的记忆能力

良好的口才要求谈话者掌握大量的语言材料,并在短时间内根据谈话内容对语言材料合理地组织,恰当地运用。这就要求谈话者平时大量地积累一些语言材料。在大多数情况下,人们进行的都是即兴式谈话,所谈内容事先并无准备,全凭临场发挥,要做到语言生动,内容丰富,没有大量的语言资料储备是不可能做到的。我们常常可以看到这样的情形,在日常的谈话、授课、发言、辩论、演讲中,如能合理地穿插一些历史故事能使说话的趣味性大大增强,诗、词、歌、赋赋予了语言丰富的文学色彩;翔实的史料,名人警句使谈话内容变得富有哲理,让听话者心悦诚服。丰富的语言资料可以令谈话者在语言的海洋里纵横驰骋,游刃有余,而这一切,都是以良好的记忆力为前提的。

4. 语言的综合运用能力

语言的综合运用能力包括三个方面,即良好的表达能力、表现能力、表演能力。

(1)表达能力,主要指谈话者对一定的语言材料和结构进行选择和组织的能力。这里面包含了谈话者选词、造句、组段、谋篇的能力。

(2)表现能力是指谈话者将要表达的内容,用一定语言形式构架好以后,通过对语言速度快慢、缓急,节奏顿挫、断续,音量轻重、高低的控制,使语言内容的表达更加生动的能力。

(3)表演能力是指说话时运用身姿、眼神、手势、表情等辅助手段,加强对谈话内容的演示,以增强语言的生动性和表现力的能力。

总之,口才是综合运用语言的内容和形式的完美结合,是在口语表达中显示出来的智慧和才干的综合体现,它既要求语言资料的丰富与生动,又要求有扎实的语言表达技巧,以及敏锐的观察能力和严密的逻辑思维能力。一席生动、精彩而有说服力的谈话,一定是情理交融、声情并茂,是深邃思想和连珠妙语的完美结合。

## 二、语言交流与沟通规范

### (一)以宾客为中心

俗话说:"礼貌待人敬为上。"旅游行业中,接待与服务工作的本身就是以满足客人的需要为前提的。而在宾客的各种需要中,求尊重的需要往往是第一位的。所以,旅游行业接待与服务工作的语言规范之一,即语言表达力求体现"以宾客为中心"的原则,讲求言辞的礼貌性。

### (二)肯定与赞誉

美国心理学家威廉·詹姆士说过:"人的本性最深的企图之一,是期望被钦佩、赞美、尊重。"有人说得更直率:"无论是元首统帅,学者名流,还是深山居士,村妇顽童,都喜欢得到别人的称赞。"可见,被赞美是人们满足求尊重需求的一个十分重要的方面。但是,如何赞美人,怎样的赞美才能真正地打动对方,从而起到缩短彼此间的心理距离和沟通双方内心情感的作用,还需遵循一定的规则。

1. 赞美要出于真诚

赞美不能简单地等同于取悦他人的方式,而应当作为一种语言交流的调味剂,在与宾客交流与沟通时适时采用,会收到一些积极的效果。但赞美也不能滥用,一定要注意时间、条件、场合和实际情况,而不能不顾事实根据盲目赞美,那样不仅达不到预期的效果,还会使对方在心目中对你形成待人虚伪没有诚意的印象。

赞美应当出自真诚,应懂得适合对方的心理需求,如:

(1)女性比较希望被人赞美的往往是其魅力、风度、青春、容貌、个性及打扮,甚至声音、肤色、服装式样等;

(2)对男性,一般应着重赞美其体魄、气质、风度、事业的成功、学识、技能、谈吐、为人、作风等方面;

(3)老人喜欢听到的赞美言辞是家庭幸福,儿孙满堂,身体健康,儿女事业发达,比实际年龄年轻等,尤其可将他引以自豪的过去作为称赞的重点,这能迎合老年人喜欢怀旧的特点,引发他"老当益壮"的豪气;

(4)青年人可赞美他的创造才能和开拓精神,这可激发他不断进取,继续努力的精神;

(5)知识分子最希望自身价值得到别人承认,所以可赞扬他知识渊博,学术上硕果累累;

(6)商人最需要别人与他分享事业上的成就感,可以从头脑灵活、生财有道的角度来赞扬他;

(7)学生喜欢听到的赞美之词是聪明、能干、成绩优异、青春阳光等。

2. 赞美要明确具体

空泛、含混的赞美,常常因为缺乏明确的评价,而使人无法接受,有时甚至会让对方怀疑你的动机和意图,并由此而怀疑你的鉴赏力和判断力。所以赞美对方一定要明确具体。例如,"真想不到你的工作效率这么高"、"这套衣服很适合你,颜色和款式让你看上去年轻了很多"、"这个计划立意非常好,市场前景分析很透彻"等这种赞美因有具体内容,会让被赞美的一方感觉到你的真诚。

相反,一些空洞无物的赞美,往往让人觉得虚假,甚至有"媚俗"之嫌。如"你的工作很不错"、"你很漂亮"、"你的计划很好"等,这种赞美形式因为脱离具体赞美的对象,被赞美方有时并不会领情。

3. 赞美应选择恰当的时机

要取得赞美的效果还必须相机行事,适时而为。不分时机,不看场合,不善于体察被赞美方的情绪感受,就会导致赞美方"马屁拍到马腿上"的尴尬。如当你得知客人准备做一件有意义的事,如果你事前赞扬,能够促使和激励他下决心将事情做好;事中赞扬,能促使和激励他更进一步;事后赞扬,可使他肯定成绩,明确进一步努力的方向。

在众多客人在场的情况下，你如果只赞扬其中一人，会引起在场其他人心理上的不快。这时，你可以寻找别的理由或别的方面提及其他人，来消除他们的不快情绪。

4. 送上最有效的赞美

最需要赞美的不是那些早已声名显赫的人，而是那些被埋没、内心有自卑感的人。他们一旦被当众真诚赞美，就好比干涸的心灵受到了甘露的滋润。被别人肯定会帮助他们重新找回自信心，会使他们精神振作，干劲倍增。

对一个人来说，最值得赞美的，并不是他身上早已众所周知的长处，如能发掘出蕴藏在他身上的鲜为人知的优点，并及时予以肯定和赞扬，他一定会加倍珍惜你的真诚，并对你的洞察力产生难忘的印象。

(三)谈吐得体与谦逊

旅游社交礼貌用语及接待与服务用语的得体准则，首先要求所选语言要符合礼貌规范的要求，消除一切违反礼貌规范的语言表达，做到声音语言和体态语言运用得贴切和恰当。

得体和谦逊是语言表达礼貌规范要求的重要内容，对旅游接待与服务人员而言，它又是因职业特点而特别强调和必备的个人素质要求。因此，旅游从业人员在与客户及宾客交流、沟通时，语音、语感、语气、语调都必须注意体现出这 职业规范。

1. 得体

(1)语言表达准确、规范。善于将“您”、“请”、“对不起”、“谢谢”、“拜托您”、“麻烦您”等常规礼貌用语运用到语言表达中去，使语言表达更加符合礼貌待客的规范要求。

(2)要将称呼语、问候语、应答语、欢迎语、欢送语、道歉语等因时、因地、因人、因事灵活运用到日常语言表达中，使旅游接待与服务用语体现出文明、亲切、细致、周到的职业特点。

(3)对客交流时，要充分运用语气、语感、语调、语速的变化，使旅游职业用语符合声调高低适中、自然柔和，语气热情亲切，语速不急不缓，生动清晰等得体准则。

得体准则还要求接待与服务人员的体态语言表达运用得体。要求如下：

(1)着装整洁规范，体态语言运用正确；

(2)发式搭配符合职业规范要求；

(3)交流与服务姿态(站、坐、行)标准到位；

(4)社交与服务用语符合职业要求。

2. 谦逊

谦逊准则主要强调接待与服务人员在选择语言表达方式时，应尽量做到谦虚、恭谨，“理”让客人，不能凌驾于宾客之上，更不可藐视宾客，以显示自己的高明。具体要求如下：

(1)与宾客交流与沟通时，尽量以听为主，辅之以点头、微笑、眼神示意，而不应当自以为是地在客人面前夸夸其谈，更不能因一点小事在客人面前喋喋不休。

(2)淡泊名利，对客人的夸奖不沾沾自喜。如，当客人夸奖时，应当说“谢谢你的鼓励，这是我应该做的”，或者说“您过奖了，这是我的职责”等。

(3)与宾客交流时，语言表达应尽量显得宽容而有耐心。如当客人情绪激动时，要尽量宽慰与安抚客人，不得顶撞，更不应该和客人争执。如客人声音较大时，可以说“您别激动，有话好好说”，或者说“您的心情我可以理解，有什么事情请慢慢对我说”等。

(四)使用征询与委婉的语气

旅游接待与服务用语要注意用征询与委婉的语气。

用礼貌用语进行交流与沟通，语气要温和，应尽量采用商量式、征询式、建议式、选择式的方法进行表达，避免转达式、通知式、命令式、指责式。让宾客始终拥有角色优势，得到被尊重、被重视的精神享受与满足。

委婉语又叫“婉言”，是指讲话时出于对客人尊重的考虑，不直接说出本意，而是用婉转的词语加以暗示，既能达到使对方意会的效果，又不至于让对方尴尬，甚至伤害对方的情感。

旅游社交及接待与服务工作，委婉语的作用不可低估。它可以减少刺激性，帮助消除矛盾，使交际双方免于难堪，或者使说话者留有余地。

得体的委婉，能表达善意和尊重，体现说话者良好的语言修养，进而显示出文明和高雅的风度。

### 三、培养良好语言沟通能力的途径

良好沟通能力实际上是个人综合素质通过语言或体态语言所表现出的一种外在形式，这里面实际包含了一个人的个人情感因素、个性因素、文化底蕴、个人修养、审美情趣等多方面的内容。所以，培养个人良好的沟通能力，应主要从以下几个方面人手：

(一)丰富个人情感的培养

一个人的个人情感，决定了他是否具有积极健康的生活态度。富有生活朝气、对生活充满了热情和进取精神的人，始终积极地将自己融入社会、融入生活，生活的热情使他充满了灵感，同时也赋予了其强烈的人际沟通意识。

一个情感丰富的人，在人际交往中始终占有积极主动的地位，正是由于广泛的人际交往，才使得语言交流与表达能力能得到不断地提高和完善。

反之，一个情感冷漠的人，往往将自己封闭起来，拒绝接触社会，逃避人际间的沟通与交流,更不愿将自己融入社会生活,所以往往导致其在语言表达上的呆板、木讷,语言自然也就枯燥乏味。

所以,要想使自己具备良好的人际沟通能力,应首先从培养个人丰富的情感入手,从内心深处激发个人强烈的自我表达欲望和人际沟通与交往的热情。

(二)丰厚的知识文化的积累

良好的沟通能力,同时也依赖于丰富而广博的知识的积累,很难想象一个知识贫乏的人能够做到谈话时语言生动,妙语连珠。因为他们缺乏构成语言交流最基本的东西——语言材料。我们时常惊叹那些有良好沟通能力和技巧的人,说起话来口若悬河,滔滔不绝,成语警句信手拈来,名人名言、诗词歌赋旁征博引,这些扎实的语言功底实际来自丰富的知识积累。

大体说来,良好的语言沟通能力需要三种知识的积累:

1. 科学文化知识的积累

包括政治、经济、军事、法律、历史、地理、自然科学知识、社会民俗、风土人情等,这些知识是一个人基本的文化素养所必须具备的。

2. 社会学知识的积累

包括心理学、公共关系学、教育学、人际关系学等。

通过以上学科知识的学习,可以进一步懂得人的需要、情感、气质、性格等心理特征,从而在人际交往活动的语言沟通中做到知己知彼,游刃有余。

3. 文学知识的积累

文学知识赋予了语言丰富的感情色彩,它使人在交流沟通的语言运用中能做到情理交融,并给人营造一种格调高雅的沟通氛围。

比如,在人际交往中,如能恰当地运用一些名人名言,成语典故,名篇佳作中的精彩句子、奇闻逸事等,将会大大丰富谈话的内容,增强语言的感染力,尤其是在一些辩论、演讲中,适当地运用一些文学语言,会收到意想不到的效果。

(三)社会最新前沿信息的把握

良好的沟通能力的培养,同样需要积极主动地关心时事,如,国际国内政治局势的发展变幻,经济发展的动向,社会各业最新新闻报道,重大事件的发生和变化,社会热点,政治、经济、体育、娱乐方面的风云人物等,都是绝佳的沟通话题。

(四)积极的语言实践锻炼

语言沟通是一种能力,而能力的获得和提高离不开实践锻炼。

1. 勤讲多练

语言的实践,很重要的一点就是要勤讲、多练。

一个人从笨嘴拙舌到口若悬河的过程,实际上是一个锻炼、提高、改进、完善的过程。18 世纪英国著名的宗教演讲家维士列就是通过勤奋实践创造奇迹的。据记载,维士列从小口舌笨拙,语言表达能力极差,但他不畏艰难,吃苦耐劳,为锻炼口才,几乎到了痴迷的程度,曾在一年中做了八百多场布道演讲。通过不断的实践锻炼,他终于成了闻名世界的著名演说家。

2. 持之以恒

语言的实践锻炼还应做到持之以恒。

从时间的跨度上来讲,持之以恒要求语言锻炼者应不懈地努力,不断进取。语言训练实际上是一种能力训练,不可能在短时间达到理想的效果,要成功,必须有足够的毅力,从空间跨度上,它要求练习者严肃认真地对待每一次实践锻炼的机会,积极广泛地参加各种社交活动,积极踊跃地登台发言,积极参加演讲和舞台表演活动,充分利用各种机会锻炼和提高自己的语言沟通能力。

## 第四节　演讲——培养沟通能力的有效方法

### 一、什么是演讲

演讲指在特定的时境中,借助有声语言和态势语言的艺术手段,针对社会的现实和未来,面对广大听众发表意见,抒发情感,从而达到感召听众并促使其行动的一种现实的信息交流活动。

(一)演讲必须具备的条件

演讲作为人类的一种社会实践活动,它必须具备以下四个条件:演讲者,听众,沟通二者的媒介,时间、环境。

离开其中任何一个条件都构不成演讲。

(二)演讲的传达手段

演讲的传达手段包括:有声语言、态势语言和主体形象三个方面的内容。

1. 有声语言

有声语言是演讲活动最主要的表达手段。它由语言和声音两种要素构成,以流动的声音运载思想和情感,直接诉诸听众的听觉器官。它要求吐字清楚、准确,声音清亮、圆润、甜美,语气、语调、声音、节奏富于变化。

2. 态势语言

态势语言就是演讲者的姿态、动作、手势和表情,是流动着的形体动作,它辅助有声语言运载思想和感情,直接诉诸听众的视觉器官。它要求准确、鲜明、自然,协调。

3. 主体形象

主体形象是指演讲者的体形、容貌、衣冠、发型、举止神态等。

主体形象的美与丑、好与差,直接影响着演讲者思想感情的表达。它要求演讲者在符合演讲思想感情的前提下,注重着装朴素、得体,举止、神态、风度潇洒、优雅、大方,给听众一个美的外部形象。

（三）“演”和“讲”的联系和区别

演讲如果只有“讲”没有“演”，只作用于听众的听觉器官而不作用于听众的视觉器官，就会缺少动人的主体形象和表演活动；

如果只有“演”而没有“讲”，只作用于听众的视觉器官而不作用于听众的听觉器官，将很难打动观众的心灵，同时也就达不到演讲的效果。

所以，演讲是“演”和“讲”的有机结合体。二者相辅相成，缺一不可。但是，“演”与“讲”的和谐必须是以“讲”为主，以“演”为辅，“演”必须建立在“讲”的基础上，否则便失去了演讲的意义。

（四）演讲的特征

1. 演讲的现实性

演讲属于现实活动范畴，不属于艺术活动范畴，它是演讲家通过对社会现实的判断和评价，直接向广大听众公开陈述自己主张和看法的现实活动。

2. 演讲的艺术性

演讲的艺术性在于它具有统一的整体感和协调感，即演讲中的各种因素（语言、声音、表演、形象、时间、环境）形成一种相互依存、相互协调的美感。同时，演讲不单纯是现实活动，它还具备着戏剧、曲艺、舞蹈、雕塑等艺术门类的某些特点，并将其与演讲融为一体，形成具有独立特征的演讲活动。

3. 演讲的鼓动性

没有鼓动性，就不成其为演讲。政治演讲也好，学术演讲也好，都必须具备强烈的鼓动性。这是因为：

（1）一切正直的人们都有追求真善美的渴望，演讲者传播了真善美，自然会引起共鸣，激励和鼓舞听众。

（2）演讲者以自己炽烈的感情去引发听众的感情之火，容易达到影响听众的目的。

（3）演讲者的形象、语言、情感、态势以及演讲词的结构、节奏、情节等均能抓住听众。

（4）演讲的直观性使其与听众直接交流，极易感染和打动听众。

可以说，是否具有鼓动性是演讲成功与否的一个标志。

4. 演讲的工具性

演讲是一门科学，更是一个工具，准确地说是人们交流思想的工具。任何思想、任何学识、任何发明和创造，都可以借助演讲这个工具来传播。可以说，演讲是最经济、最实用、最方便的传播工具，任何人都可以利用它。

值得注意的是，有的演讲者只“讲”不“演”，只注重演讲的实用性而忽略了演讲的艺术性，使演讲不伦不类，干巴枯燥，因而削弱了演讲的效果。另外有的演讲者一味过分地“演”，追求相声、评书、朗诵、故事等其他艺术表演技巧，冲淡了演讲的现实性、实用性和严肃性,显得滑稽、夹生,起不到演讲应有的作用。这两种倾向都是成功演讲的大忌。

## 二、演讲的分类

演讲一般从其功能、形式、内容风格、目的五个角度进行分类。

(一)从功能上划分的演讲类型

1."使人知"型演讲

这是一种以传达信息、阐明事理为主要功能的演讲。它的目的在于使人知道、明白演讲的内容。它的特点是知识性强,语言准确。

2."使人信"型演讲

这种演讲的主要目的是使人信赖、相信。它是从"使人知"演讲发展而来的。它的特点是观点独到、正确,论据翔实、确凿,论证合理、严密。

3."使人激"型演讲

这种演讲意在使听众激动起来,在思想感情上与演讲者产生共鸣,从而欢呼、雀跃。如美国黑人运动领袖马丁·路德·金的《在林肯纪念堂前的演说》,用他的几个"梦想"激发广大的黑人听众的自尊感、自强感,激励他们为"生而平等"而奋斗。

4."使人动"型演讲

这比"使人激"型演讲进了一步,它可使听众产生一种欲与演讲者一起行动的想法。如法国前总统戴高乐在二战期间的英国伦敦作的演讲《告法国人民书》,号召法国人民行动起来,投身反法西斯的行列。它的特点是鼓动性强,多以号召、呼吁式的语言结尾。

5."使人乐"型演讲

这是一种以活跃气氛、调节情绪、使人快乐为主要功能的演讲,多以幽默、笑话或调侃为材料,一般常出现在喜庆的场合。这种演讲的事例很多,人们大都能听到。它的特点是材料幽默,语言诙谐。

(二)从形式上划分的演讲类型

1. 命题演讲

即由别人拟定题目或演讲范围,并经过准备后所作的演讲。它包含两种形式:全命题演讲和半命题演讲。

(1)全命题演讲

题目一般是由演讲组织部门来确定的。如某单位搞"让雷锋精神在岗位上闪光"主题演讲,为了让演讲员各有侧重,分别拟了《把爱送到每个顾客的心坎上》、《练好本领,为民服务》、《从一点一滴做起》三个题目,给了三个演讲者,要求以此组织材料,准备演讲。

(2)半命题演讲

演讲者根据演讲活动组织单位限定的范围,自己拟定题目进行的演讲。

命题演讲的特点是:主题鲜明、针对性强、内容稳定、结构完整。

2. 即兴演讲

即演讲者在事先无准备的情况下就眼前场面、情境、事物、人物临时兴起发表的演讲。如婚礼祝词、欢迎致辞、丧事悼念、聚会演讲等。

它的特点是:有感而发,时境感强,篇幅短小。它要求演讲者要紧扣主题,抓住由头,迅速组合,言简意赅。

3. 论辩演讲

即指由两方或两方以上的人们对某个问题就不同意见而展开的面对面的语言交锋。其目的是坚持真理,批驳谬误,明辨是非。

比如,我们生活中常见的法庭论辩、外交论辩、赛场论辩,以及每个人都曾经历过的生活论辩等。它的特点是:针锋相对,短兵相接。论辩演讲较之命题演讲、即兴演讲更难些,要求演讲者必须具备正确的思想、高尚的品质、严密的逻辑性、较强的应变性。

(三)从内容上划分的演讲类型

1. 政治演讲

凡是为了一定的政治目的,出于某种政治动机,就某个政治问题以及与政治有关的问题而发表的演讲均属此类。它包括外交演讲、军事演讲、政府工作报告、政治宣传等。

2. 社会生活演讲

指演讲者就社会生活中存在的各种问题、风俗、现象而作的演讲,它表达了演讲者对这些问题的看法、见解和观点。这种演讲涵盖的内容更加广泛,如亲情友谊、吊贺、迎送、答谢等均属此类。

3. 科学学术演讲

指演讲者就某些系统、专门的知识和学问而发表的演讲。一般指学校和其他场合的专题讲座、学术报告、学术发言、学术评论。它必须具有内容的科学性、论证的严密性和语言的准确性三大要素。这是与其他类型演讲的一大区别。

4. 法庭演讲

即指公诉人、辩护代理人在法庭上所作的演讲、律师的辩护演讲。法庭演讲有自己的突出特征:公正性和针对性。

5. 宗教演讲

指的是一切与宗教仪式、宗教宣传有关的演讲。它主要包括布道演讲和一些宗教会议演讲。这种演讲在我国的影响不大,听演讲和作演讲的人都不多。

(四)从风格上划分的演讲类型

1. 激昂型演讲

激昂型演讲强调演讲者的演讲内容和演讲情绪带给听众的听觉冲击力和视觉冲击力,一般这类演讲都具有较大的鼓动性和号召力,能深深打动听众和观众,并产生强烈的情感共鸣。

2. 深沉型演讲

这是一种带有强烈使命感和思辨精神的演讲类型,以深沉、含蓄见长,文风富有哲理,有强烈的思辨性,能带给观众和听众一种强烈的心灵震撼。

3. 严谨型演讲

这类风格的演讲要求演讲者思维缜密,思路清晰,说理透彻,既有"点"的发挥,又有"面"的涵盖,强调以理服人,以情动人,这类演讲往往能带给观众和听众一种豁然开朗,茅塞顿开的感觉。

4. 活泼型演讲

这是一种充满朝气和活力的风格类型,演讲者往往是以一种积极的人生态度,乐观、开朗的精神风貌,不拘一格的演讲形式,在"讲"和"演"之中,演的感召力更明显和突出。

(五)从目的上划分的演讲类型

1. 说服型演讲

这种类型是以演讲的形式传达一种思想,一种观念,希冀能唤起人们心灵中某种意识的觉醒,让观众和听众从演讲中受到启发。

2. 鼓动型演讲

这种演讲类型恰似"冲锋的号角",它以高昂的节奏、跃动的旋律将人们胸中的激情点燃,使人激动,催人奋进。

3. 传授型演讲

这种演讲往往是用一种"润物细无声"的效果使观众和听众在不知不觉中受到启发和教育,演讲中蕴涵有人生的哲理等启发教育人的内容。

4. 娱乐型演讲

这是一种寓教于乐的演讲形式,将略显枯燥的说教内容通过娱乐和表演的形式表现出来,以增强对听众和观众的吸引力。

另外,从场所上演讲还可分为街头演讲、战地演讲、集会演讲、课堂演讲、法庭演讲、电视演讲等。

## 三、演讲的语言特点

演讲的信息交流是以语言来支撑的。演讲语言运用得好与坏,将直接影响着演讲的社会效果。所以要想提高演讲的质量,就必须研究和掌握演讲的语言特点。

那么,演讲的语言有哪些特点呢?

1. 准确性

演讲使用的语言一定要确切、清晰地表达出所要讲述的事实和思想,揭示出它们的本质和联系。只有准确的语言才具有科学性,才能逼真地反映出现实面貌和思想实际,才能为听众接受,达到宣传、教育、影响听众的目的。

要想使演讲的语言做到准确,应当具备以下一些条件:

(1)思想要明确。

演讲者如果对客观事物没有看清、看透,自己的思想尚处于模糊状态,用语自然就不能准确。所以只有思想明确,才能使语言准确。

(2)具备丰富的词汇量。

词汇的贫乏,往往会导致演讲语言的枯燥无味,甚至词不达意。要想使演讲语言准确、恰当,演讲者必须占有和掌握丰富的词汇。为了准确地概括事物,就需要在大量的、丰富的词汇里,筛选出最能反映这一事物、概念的词语来。

(3)注意词语的感情色彩。

词的感情色彩区别是非常鲜明而细微的,只有仔细推敲、体味、比较,才能区别出词语的褒贬色彩。例如,一个人死了,由于感情不同,用词也就不同,如可用"牺牲"、"去世"、"走了"、"死了"、"完蛋了"、"见上帝去了",等等。这些词表现的虽然都是同一个意思,但其感情色彩却是截然不同的。

(4)恰到好处地使用一些有生命力的文言词语。

在这方面,毛泽东同志堪称代表。他在演讲中经常使用一些有生命力的文言词语,比如在《反对党八股》、《学习和时局》这两次演讲中,就用了"再思"、"行成于思"、"心之官则思"等文言词语。

2. 简洁性

以最少的语言表达出最多的内容。要做到语言的简洁,必须对于自己要讲的思想内容经过认真地思考,弄清道理,抓住要点,明确中心。如果事前把这些搞清楚了,在演讲时至少不至于拖泥带水,紊乱芜杂。还要注意文字的锤炼和推敲,做到精益求精,一字不多,一字不易。

3. 通俗性

如果演讲的语言不通俗,听众听不懂,就要影响演讲的效果。为了使演讲的语言通俗平易,我们需从以下几方面努力:

(1)演讲的语言要口语化。

首先要解决思想认识问题。不要一动笔就往书面语言上靠。写完后自己照稿念一念,看看是否上口,然后把那些不适合演讲的书面语改为口语化的语言。其次,要注意选择那些有利于口语表达的词语和句式。双音节和多音节的词语比单音节的词语容易上口,而且也好听,如"当我要写演讲稿时"就不如"当我要写演讲稿的时候”好听。

(2)演讲的语言要个性化。

马克思曾经说过:“你怎么想就怎么写,怎么写就怎么说。”它告诉我们,不管“说”也好,“写”也好,都要用自己的语言,而不是别人的语言或现成的语言。

有些演讲者,爱使用一些“时髦”词,或是套话,或是从报刊、书籍上摘抄下来的,生硬地拼在一起的话。这样的语言听起来挺“新鲜”,究其实却内容干瘪,缺乏生活的真实。用自己的话讲,可能看起来很朴素、很普通,但却更真实,更富有吸引力。

(3)演讲的语言要生动感人。

好的演讲稿,语言应该是生动感人的。要使语言生动感人,必须做到用形象化的语言,如恩格斯的《在马克思墓前的讲话》,把马克思的“逝世”改成“睡着了”,这样不仅形象地写出马克思逝世的从容、安详的神态,而且也饱含了作者内心无限悲痛的感情。

(4)演讲的语言要幽默风趣。

如《改造我们的学习》中的一段:“这两种人都凭主观,忽视客观实际事物的存在。或作讲演,则甲乙丙丁、一二三四的一大串;或做文章,则夸夸其谈的一大篇。无实事求是之意,有哗众取宠之心。华而不实,脆而不坚。”这样的演讲稿读起来朗朗上口,听起来铿锵悦耳,很有吸引力。

## 四、成功演讲的必备因素

### (一)演讲者要具备较高素养和能力

演讲者为了使演讲获得最好的效果,应该在思想、道德、品质、学识以及能力等方面达到一定的标准和水平,对此所作的努力和培养就是演讲者的自我修养。那么,演讲者都应具备哪些素养呢? 概括地说,就是先进的、科学的思想,高尚的道德品质和丰富渊博的知识。总之,演讲者应具备现代人全面发展的综合素质。

1. 演讲者要有先进的、科学的思想

演讲者演讲的目的是教育人、启迪人,提高听众的思想认识、文化水平。这就要求演讲者本身必须具备先进的、科学的思想,这样才能具有远见卓识,高瞻远瞩,识前人所未识,讲前人所未讲。历史上许多著名的演讲家如德摩斯梯尼、西塞罗、林肯、马克思、恩格斯、毛泽东、鲁迅等,无一不是伟大的思想家,他们的演讲也无时不在闪烁着真理、科学、智慧的光芒。今天我们提倡的“要给别人一杯水,自己先得有一桶水”,也就是这个道理。尤其在科技高度发展的时代,新知识、新学科不断涌现,更需要演讲者努力学习,迅速掌握各种新思想、新科学和方法,以便更好地服务于听众。

2. 演讲者要有高尚的道德品质

古人说:“其身正,不令而行;其身不正,虽令不从。”这从某个侧面说明了演讲者道德品质的重要性。在生活中,任何一种行为都会直接或间接地与他人或社会发生关系,并受到一定社会规范的限制和协调,演讲也是如此。作为演讲主体的演讲者,更应以一个具有高尚道德水准的形象出现在公众面前,带头恪守社会道德规范,并应具备以下四点:

(1)政治道德

即应当有高度的政治觉悟、良好的政治品质、坚定的理想信念。

(2)职业道德

演讲者应具有高度的社会责任感,必须遵守自己从事职业的道德,如医德、师德等。

(3)社会公德

演讲者在一举手一投足间都应讲究文明礼貌,彬彬有礼。

(4)伦理道德

演讲者必须具备高尚的伦理观、恋爱观、婚姻观,以此才能把正确的伦理观念传播给听众。

3. 演讲者要有丰富的学识

演讲者要有丰富的学识,不仅是"传道、授业、解惑"的需要,也是演讲成功的基本条件。古今中外的演讲家无一不是学识渊博的,他们之所以能旁征博引,妙语惊人;之所以能把生动、具体、精彩的事例自如地组织到演讲中,就因为他们博览群书,知识丰富。在当今科技发展时代,各种科学高度分化和高度综合,演讲者如果不了解新知识,跟不上现代科学文化的发展步伐,就不会使演讲充实、新鲜、生动。

4. 演讲者必须具备以下几种能力

(1)敏锐的观察力

敏锐的观察力体现在三个方面:

①准备演讲时,有了敏锐观察力,就能从普普通通的生活中获取大量素材,通过分析和判断,从中发现能反映生活的本质和社会的主要趋势;

②在演讲中,有了敏锐观察力,可以了解听众的表情、心理及场上的气氛变化,及时调整演讲的内容、方式、节奏;

③在演讲后,有了敏锐的观察力,可以从周围的反映中综合分析自己演讲的成败得失,以使自己的演讲臻于成熟。

(2)丰富的想象力

在演讲中,想象力如同"点金术",有了它就可以"思接千载,视通万里",才能使演讲内容充实、新颖而多彩,才能将各种各样的事物与演讲主题巧妙地组合起来,讲起来才能文思泉涌,增强演讲的浓度、广度和感染力。这需要演讲者努力培养自己的好奇心和探究力,对任何问题都拿出认真钻研的热情,对任何事物都要有一种兴趣和求知欲望,并逐步增加生活经验。这是想象力的基础。

(3)较强的记忆力

演讲者在演讲前的准备阶段,博览群书,吸取丰富知识,掌握大量材料和信息,当写演讲稿时,凭着记忆力,才可以如囊中取物一样,迅速、准确地组织到稿中。在演讲中,也要靠记忆力,才能将演讲稿的主要材料、观点、事例等牢记于心,这样讲起来才能口若悬河,滔滔不绝。

(4)良好的表达力

演讲如果离开了口语表达能力是不可思议的。演讲者必须具备良好的口语表达能力。演讲稿写得再好,表达不出来,同样做不了演讲家。当然,口语表达能力不是天生,它可以经过后天培养、训练而成的。

一般通过读讲法的训练,都可以达到口语表达流利顺畅,抑扬顿挫。

所谓读,就是默读、朗读、快读;所谓讲,就是在任何场合、时间、机会都勇于去讲去练,久而久之定会提高。

以上所述均是演讲者应当具备的素养和能力,其实,演讲者所应具备的能力 远不止这些。比如演讲者应有企业家的头脑;宣传家的技巧;外交家的口舌、风度;理论家的学识及分析、综合、判断能力;文学家的记叙、描绘的能力;相声大师的幽默,等等。一句话,演讲者所具备的素质愈高愈深,能力愈强愈多,演讲成功的概率也就愈大。因此说,演讲者的素养和能力的培养是无止境的。

(二)善于利用演讲者个人气质

演讲时境性强,演讲者不仅要了解自己的气质类型,还要注意研究各种气质在演讲中应注意的问题。

1. 感情与气质类型

演讲离不开情感,毫无感情或感情冷淡的演讲只能是苍白无力的。演讲者在演讲中要流露真实情感,就要使感情表达得恰如其分。

多血质的演讲者在演讲时善于表达自己的感情,往往是或慷慨激昂声泪俱下,或语重心长娓娓道来,其需要注意的问题是:情感表达的适度性、适量性。

胆汁质的演讲者在演讲时感情炽烈,表达迅速而猛烈,但缺乏稳定性、持久性,有时易感情用事,因此要注意根据具体情况在前后基调一致的情况下训练自己表达情感的持久性。

黏液质的演讲者情绪不易外露,故感情表达不充分,也缺乏变化,需要在动真情的基础上充分地表达出自己的内心情感,并探索情感表达的变化性和感染力。

抑郁质的演讲者情绪不易外露,在演讲时要注意大胆表达自己的符合演讲场景的真实情感,不要忸怩,不要怯场,力求以感情充沛的形象出现在听众面前。

2. 语言与气质类型

语言是人们交流思想、表达情感、传递信息的工具,而演讲又是语言的艺术,因此我们不仅要研究语言的内容,还要研究语言的形式。

在有声语言方面，多血质者的音速、音调和音势灵活多变，给人以优美的音乐感。但也需做到有时尖锐泼辣，有时含蓄委婉，有时激越高亢，有时平和从容。

胆汁质的演讲者在音速方面快而猛，在音调方面高而不稳定，音势重而不灵活，因此要注意使音速、音调、音势在符合内容的情况下，缓急有度，轻重得当。

黏液质者要注意使音速、音调、音势不那么单调乏味，要根据具体内容调节音速、音调、音势，使其灵活多变。

抑郁质者要注意音速不要过慢，音调适当多扬少抑，音势要重些，不要压抑低沉。

作为语言另一种形式的态势语言，是演讲不可缺少的因素，我们对态势语言的应用原则是“台下刻意训练，台上听其自然”。因为台上如果仔细揣摩，便会失之做作，不会达到预期效果。多血质演讲者运用态势语言应注意不要贪多，贪多则滥，给人以手舞足蹈不够庄重之感。台下要精心设计各种情况下的手势、眼神、面部表情和动作。胆汁质演讲者要注意运用态势语言的适当性，运用范围、运用频率、运用幅度要适当增加。黏液质演讲者要注意增加一些符合演讲内容、情境的态势语言来辅助有声语言，以免给人单调、重复之感，以达到演讲的成功。抑郁质演讲者运用态势语言时要注意适当大胆，不要畏缩，要敢于运用，善于运用，这样在台上的表现才会大方自然。

3. 控制能力与气质类型

在演讲台上，控场能力直接决定着演讲的内容表达、风格体现和演讲者水平的发挥。演讲的无准备性，对演讲者的控场能力提出了较高的要求。多血质演讲者一般具有良好的控场能力，具有引起听众注意的良好素质，能塑造良好的自我形象，能把握演讲的艺术分寸。胆汁质演讲者由于感受性高也能注意听众反应，但塑造自我形象方面有难度。黏液质演讲者在演讲时要注意力求出奇制胜，要在引起听众注意方面避免平淡无奇。抑郁质演讲者引起听众注意的能力需要锻炼，要敢于表现自己。

各种气质的演讲者要根据自身特点注意扬长避短。

4. 应变能力与气质类型

所谓应变，就是指演讲者在整个演讲过程中，面对由主观或客观的突发事件和意外情况造成的障碍和干扰，敏锐、及时、准确地作出反应，并采取有效措施加以迅速、巧妙、果断地排除和平息，从而使演讲能继续进行的一种技巧和方法。

应变能力就是这种迅速反应的能力和处理能力。意外包括主观、客观两方面的变化。

多血质演讲者一般不会出现怯场、忘词等主观之变，即使出现也能灵活处理；如果出现诸如停电、听众骚乱等客观之变，多血质者也能敏捷反应，果断处理。

胆汁质者往往由于心气浮躁而出现主观之变，出现客观之变时又容易急躁。

因此,胆汁质演讲者在出现主观、客观之变时,要沉着稳健,处变不惊,不急不躁,然后采取正确、果断的措施。

黏液质演讲者应付主观、客观之变时,不要太常规,要尽量想一些方法新颖、效果良好的处理办法。

抑郁质演讲者则要镇定精神,分析原因,不自我谴责,然后采取处理措施。

演讲者,尤其是优秀的演讲者都有自己的演讲风格。演讲最能真实地体现一个人的个人风格。在演讲中发挥自己气质的良好方面,有利于我们作好每一次演讲,并形成自己独特的演讲风格。

(三)巧妙利用演讲者的威信效应

演讲者的威信是指演讲者在听众中享有的声望与信誉,这是演讲者趋于成熟的重要标志。那么,威信效应会对听众产生哪些积极的心理作用呢?

1. 对听众态度的影响

如果演讲者在听众中有较高的威信,听众往往会由喜爱演讲者而喜爱演讲内容;有时即使演讲内容他们并不熟悉和无兴趣,也易受威信效应的影响报以热情合作的态度。

2. 对听众认知心理的影响

社会心理学研究表明,人们对于来自权威方面的信息,一般都易不加分析地接受。因为演讲者的威信,听众往往会认为他的话都是权威、可信的,这就使演讲者宣传的观点容易被听众所接受。

3. 对听众情感心理的影响

威信效应的最大作用就是对听众情感的影响。演讲者的威信使听众的好奇和期待心理满足了,他们就会对演讲者产生一种归属感、亲近感,便会兴致勃勃地听演讲。

演讲者在掌握了以上四个心理特征的基础上,便可以从以下几方面做起,树立自己在听众中的威信。

首先,要摆正和听众的关系。要牢记:演讲者也是人民的一员,和听众在政治地位、人格上是平等的,没有高低贵贱之分,只是暂时的社会分工、社会义务不同,因此,要以平等、谦和的姿态作演讲,既向听众宣传,又向听众学习。

其次,要发挥"名片效应"和"自己人效应"。所谓"名片效应",就是演讲者先申述一种与听众观点相同的观点,然后再说出演讲者想说的观点,这就很容易被听众接受。它可以淡化甚至使听众在一种观点认同的喜悦中自动放松心理防线。

"自己人效应"则比"名片效应"更进了一层,即演讲者与听众不仅在观点上一致,而且有某种意义的相似性,如性别、年龄、籍贯、职业、地位、经历、兴趣等,都会使听众产生信任感、亲近感,视演讲者为"自己人"。有了这些,就较易树立起演讲者的威信。

最后,注意演讲空间的合理运用。所谓空间就是指进行演说的场所范围、演讲者所在之处以及与听众间的距离,等等。演说者位居听众注意力容易汇集的地方最为理想。例如,开会的时候主席多半位居会议桌的上方,因为该处正是最容易汇集出席者注意力的地方。反之,如果主席位居会议桌之正中央,恐怕会分散出席者的注意力,且让与会者有会议冗长不休的感觉。因此,让自己位居听众注意力容易汇集之处,不但能够提升听众对于演讲的关注,甚至具有增强演说者信赖度权威感的效果。

(四)重视登台演讲者的仪表仪态

做好演讲或即兴发言,主要靠好的语言功底,还要辅以美的仪表仪态。

仪表仪态包括立与坐、眼神、手势身体动作、步伐移动等。讲,是有声语言,给人以听觉形象;演,是无声语言,给人以视觉形象。

俗话说"花好还要绿叶扶",如果说有声语言是红花,无声语言则是绿叶。光"讲"不"演",或光"演"不"讲",都不成其为演讲,只有动静相兼,将两者有机地融合起来,才能构成完整的演讲形式。唯声、色、姿、情,相得益彰,方能称作上乘的演说。

演讲者的风度、仪表、神态,应给观众留下最佳的"第一印象"。心理学理论"晕轮效应"认为:一个人给别人的第一个印象往往是人们对其作出判断的依据。如你见到一个人衣着整齐、合体、入时,表情自然,就会认为此人做事细心,有条有理,进而会想,这个人一定有责任心 ,并且还会联想到他会有这样、那样的能力。

倘若一个人的最初形象是衣冠不整,嘴巴里骂骂咧咧,你定然会作出其缺乏道德观念的结论,甚至还会联想到此人的其他缺点。

有一次,心理学家雪莱在莫萨立斯特大学挑选了68个自愿参加实验者,这些应试者的外貌、口才及对事物的理解判断能力差距不大,但仪表、风度却大不相同。68个人分别征求四位素不相识的过路人的意见,以期得到他们的支持。结果表明,风度翩翩者较之仪态平平的对手,自然是稳操胜券了。所以登台演讲者更要重视自己的仪表仪态了。

1. 演讲时的仪表、服装

演讲者的仪表、衣着是被听众直接感受的,它对演讲的效果乃至成败会有直接影响。登台演讲时,不能不修边幅,肮脏邋遢,而要整洁、大方,讲究风度,但也不能过分修饰,服装应该同身份相称,不宜过于奇异时髦。要针对特定的演讲环境来决定演讲时自身的衣着装扮。其次,服装颜色要与演讲者的思想感情和演讲内容相协调:如演讲内容是严肃、庄重、愤怒、哀痛的穿黑色衣服比较合适,相反就需穿浅色衣服。最后,服装要和体形、肤色相适应。肥胖者穿深色衣服显得匀称而瘦削者穿浅色衣服显得丰满。这里有个度,既不要过于华艳又不要过于随便。

2. 演讲时的姿势

演讲时的姿势也会带给听众某种印象,例如堂堂正正的印象或者畏畏缩缩的印象。虽然个人的性格与平日的习惯对此影响颇巨,不过一般而言仍有方便演讲的姿势,即所谓"轻松的姿势"。要让身体放松,反过来说就是不要过度紧张。过度的紧张不但会表现出笨拙僵硬的姿势,而且对于舌头的动作也会造成不良的影响。

诀窍之一是张开双脚与肩同宽,挺稳整个身躯。另一个诀窍是想办法扩散并减轻施加在身体上的紧张情绪。例如将一只手稍微插入口袋中,或者手触桌边,或者手握麦克风,等等。

3. 演讲时的视线

在大众面前说话,亦即表示必须忍受众目睽睽的注视。当然,并非每位听众都会对你报以善意的眼光。尽管如此,你还是不可以漠视听众的眼光,避开听众的视线来说话。尤其当你走到麦克风旁边站立在大众面前的那一瞬间,来自听众的视线有时甚至会让你觉得刺痛。

克服这股视线压力的秘诀,就是一面进行演讲,一面从听众当中找寻对于自己投以善意而温柔眼光的人;并且无视那些冷淡的眼光。此外,把自己的视线投向强烈"点头"以示首肯的人,对巩固信心来进行演说也具有效果。

4. 演讲时的脸部表情

演讲时的脸部表情无论好坏都会带给听众极其深刻的印象。紧张、疲劳、喜悦、焦虑等情绪无不清楚地表露在脸上,这是很难由本人的意志来加以控制的。演讲的内容即使再精彩,如果表情总觉缺乏自信,老是畏畏缩缩,演讲就很容易变得欠缺说服力。

控制脸部的方法,首先"不可垂头"。人一旦"垂头"就会予人"丧气"之感,而且若视线不能与听众接触,就难以吸引听众的注意。另一个方法是"缓慢说话"。说话速度一旦缓慢,情绪即可稳定,脸部表情也得以放松,再者,全身上下也能够为之泰然自若起来。

**思考与练习**

1. 人际交往中,应如何做到目标明确的语言表达?
2. 如何克服社交活动中因"怯场"而导致的语言障碍?
3. 旅游接待与服务工作对表情、姿势、态度有哪些要求?
4. 什么是敬语,旅游社交人员在使用敬语时有哪些规范要求?
5. 什么是口才,拥有良好口才必须具备的素质要求有哪些?
6. 简述良好沟通能力的培养途径。
7. 简述人际交往中交流与沟通的赞誉准则。
8. 演讲有哪些特征?
9. 演讲者必须具备哪几种能力?

**案例分析**

商人王先生入住一家涉外五星级酒店，头天晚上曾委托接线生叫早，但不知为何接线生并没有准时叫醒客人，从而使客人延误了航班，引起了客人的投诉。下面是大堂副理(A)与客人(G)的一段对话：

A:G 先生，您好。我是大堂副理(A)，请您告诉我发生了什么事？

G:什么事你还不知道？我耽误了飞机，你们要赔偿我的损失。

A:你不要着急，请坐下来慢慢说。

G:你别站着说话不腰疼，换上你试试。

A:如果这件事发生在我身上，我肯定会冷静的，所以我希望你也能冷静。

G:我没你修养好，你也不用教训我。我们没有什么好讲的，去叫你们经理来。

A:叫经理可以，但你对我应有起码的尊重，我是来解决问题的，可不是来受气的。

G:你不受气，难道让我这个花钱的客人受气？

A:……

大堂副理在处理客人投诉时语言沟通有什么问题？用你认为正确的沟通方式模拟一段情景对话来解决这一客人投诉。

# 第七章

# 旅游商务谈判礼仪规范

## 第一节　商务谈判活动的前期准备

商务谈判活动的前期准备主要涉及信息准备、人员配备和环境营造三个方面。商务谈判总是根据谈判项目的重要程度,认真制订一项商务谈判计划,能动地调节商务谈判的形势进展和变化。

商务谈判计划准备的内容包括:信息准备,人员配备,环境营造三个方面。

### 一、商务谈判的信息准备

进行商务谈判信息准备时,首先要确定谈判的核心内容,并弄清重要内容和一般内容在该次谈判中提出的顺序对实现谈判核心目标的有利程度。其次,预见在谈判中当一些重要问题乃至核心问题受阻时,应当如何应对和调整,并怎样向对方提出新的内容等。最后,所有内容的安排要充分估计谈判过程的灵活性,进行具有应变性的准备。具体做法有:

(一)商务谈判内容的确定要简明、具体、灵活,具有一定预见性

简明扼要是确定商务谈判内容的首要要求,一方面有利于商务谈判者熟识核心内容,让核心内容与基本原则能够清晰地印在大脑里,从而能够得心应手地与对方周旋;另一方面能使商务谈判者随时将谈判进程与主要内容进行比对。商务谈判内容简明扼要的基础是具体,所谓具体就是商务谈判者能够用最易引起联想的"字眼"把商务谈判中应当涉及并提出的问题记载下来。商务谈判内容的确定还应体现灵活性的要求。在商务谈判信息准备中应当对谈判的各项内容可能被对方接受或拒绝的情况与对策进行准备并简要列明。商务谈判者必须善于领会对方讲的话,判断对方的设想是否与自己的内容有出入,并灵活地对内容加以调整。商务谈判者确定谈判内容时必须对内容实施的可能性有一定估计,有一定的预见性,在本次不可能讨论的一些问题就不应该列入。

(二)搜集与商务谈判有关的信息资料

客观地调查研究与谈判主题有关的情况,掌握大量的情报资料,做到心中有

数,对商务谈判来说是非常必要的。做好信息资料准备要注意以下几点:

1. 正视自身实力

正视自身实力是“知己”的功夫。一般情况下谈判实力往往决定谈判结果。在谈判中实力强的一方往往处于相对有利的地位,但是实力弱的一方也能取得相应的成果。因此,商务谈判者应从不同的角度高屋建瓴,认真地考察分析自己的优势和弱势、机会与威胁,并客观地评价自身的优势和弱点,明确机会与威胁。只有这样才能在谈判中扬长避短,紧紧把握机遇,谨慎避免威胁,争取谈判的主动。

2. 掌握主题核心

谈判对象的不同,决定了不同的谈判主题,也就需要调查分析不同的核心资料。随时了解有关核心主题的变化,对于主题的决策非常有利。商务谈判的主题核心就是谈判应该达到的目的,这个目的必须是双赢或多赢,任何损害一方利益或一方利益明显大于另一方利益的谈判都会以徒劳无功而收场。所以,商务谈判者应该掌握主题核心,充分灵活利用谈判策略,在全盘考虑双方利益的基础上,行之有效地进行谈判。

3. 符合相关规定

在资料搜集过程中,商务谈判人员必须依据与谈判主题相关的政策、法律规定进行,因而要认真学习相关政策、法律规定,并以此作为开展谈判工作的行动准则。

4. 模拟谈判准备

在进行重大谈判前,进行模拟谈判是非常必要的。虽然模拟谈判与正式谈判存在着一定的距离,但可借此来检验自己的谈判方案,并及时弥补与修正欠缺之处,有备无患。模拟谈判是“实践”演习,如有条件举行,就可在逼真的环境气氛下认真探寻谈判的最佳方式和策略。

(三)分析并弄清谈判对手信息

商务谈判对手的信息对于谈判策略的运用、谈判目标的达成起着很重要的指导作用。因此,分析并弄清谈判对手信息,如政治状况、宗教信仰、法律制度、商业习惯、社会习俗及其他相关信息等十分重要,真正做到知己知彼,方能百战不殆。

1. 政治状况

对对手国或地区的政局稳定性要进行深入分析。尤其是在谈判项目实施期间,对手国或地区的政局稳定性至关重要,因此,必须加强预防政治风险能力。政治风险一般来源于:政府首脑机构更替,如总统大选、政体改变,社会动荡或爆发战争,政府的经济政策突然变化,国家间关系的重大变化等。

2. 宗教信仰

宗教对各民族的文化影响至深,谈判双方有必要弄清谈判对手的宗教信仰是什么，这种宗教信仰对谈判所涉及的内容是否会产生影响，受其所信仰的宗教教义影响的道德伦理观念对谈判策略和技巧的运用有何禁忌，等等。此外应充分考虑政治事务、法律知识、国家政策、社会交往与个人行为等。比如，信仰基督教的新教徒有主张努力工作、节俭等习惯，伊斯兰教的信徒禁食猪肉，禁止饮酒，而且在斋月期间伊斯兰教信徒是不工作的。

3. 法律制度

谈判对手所在地的法律执行程度如何，它是否限制合同必须受到有关法律约束，对手执行法律裁决有什么制度，契约人对司法部门的影响程度如何，有关社会治安的法律规定怎样等，都是谈判双方需要了解的。

4. 谈判习惯

作为整体文化组成部分之一的谈判方式，由于受到地方文化的影响，存在着极大的差异。这种差异主要体现在接触级别、语言使用、礼貌和效率以及谈判重点等方面。在国内，谈判者非常讲究行政级别，有以大压小的倾向。谈判时态度含蓄，若听到对方的意见不明确说同意，那么一般情况下，就是不同意。而有不同意见时，往往又不及时指出来。所以使得谈判必须进行多轮磋商，才能有确切的结果。而美国人在谈判时只要自己不同意对手提出的意见，就会马上表示反对，而自己在提意见时，若是对方没提异议，即认为对方是同意了。此外，具有横向谈判风格的法国人，喜欢先就主要交易条件取得协议，然后谈判合同文本。所以法国商人在谈妥合同的主要交易条件后，就会在合同上签字，然而签字之后又常常要求修改。

5. 社会习俗

一个民族，不论其大小，本质上都有自己独有的特征。这些不同的特色和文化特征，体现在民族的吃、穿、用、住、行及精神生活各个方面的消费生活中，带有浓厚的民族色彩。因此，在涉外谈判中应注意社会习俗，如合乎社会规范的衣着，标准的称呼，得体的举止，是否可在业余时间谈业务，妇女能否参与经营业务等。

(四)其他信息

谈判双方所在地的人力、物力、财力情况如何，有没有足够的必要的熟练工人和有经验的专业技术人员，能否保证水、电以及能源的供应，公路、铁路、航空等运输能力如何，建筑材料、设备是否合乎要求等都会对谈判的进程产生影响，良好的基础设施建设会为谈判者在谈判中取得主动作好支撑。此外，谈判相关地区四季的长短和特征，是否处于地震活动带上等气候条件对谈判也起着很大的制约作用。

## 二、商务谈判的人员配备

在较为正规、复杂的商务谈判中，要达到预期的目标，提高它的成功率，组织一个由谈判的客观需要所决定的强有力、高效率、有权威的谈判队伍尤为重要。因此，必须选择能够胜任商务谈判任务并配合默契的各类专业人员，任命具有较强凝聚力的谈判领导人组建谈判队伍。

谈判队伍一般由下列人员组成：

（一）主谈人

主谈人就是谈判双方的主要发言人，一般是谈判队伍的全权负责人。主谈人对谈判负有全面领导、组织的责任。选好商务谈判的主谈人，是关系谈判成败得失的决定性因素。一般来说，商务谈判主谈人应当始终坚持在谈判的第一线，全面了解和把握谈判项目的内容、进程、变化和趋向。因此，谈判主谈人不仅应具备谈判者的各种优秀素质，而且应精力充沛、身体健康；不仅应掌握商务谈判理论、技巧和经验，而且应了解社会、政治、经济、政策和法律等方面的有关知识。只有这样才能在谈判中把握全局，始终处于决策核心地位。

（二）谈判助手

谈判助手的主要责任是协助主谈人完成谈判使命。根据涉外谈判的实际需要，谈判助手可以配备一个，也可以配备多个。在谈判中，谈判助手起着拾遗补缺的作用。根据谈判进程需要，有时也代替主谈人主谈，以发挥其专长。因此，谈判助手的选择也是谈判队伍组成的重要一环。谈判助手在谈判中应当与主谈人配合默契，随时理解主谈人的意图，是主谈人的整体谈判方案与技术运用的“工艺师”和实践者，始终在谈判中发挥着重要的作用，故谈判助手必须反应敏捷，机智灵活。

（三）相关专家

根据谈判内容，商务谈判队伍应配备相关专家，如法律专家、技术专家、财会专家、礼宾专家等。商务谈判中涉及哪方面的内容，哪方面的专家就充当顾问，帮助决策，以防己方由于某方面知识缺乏而陷于被动。因此，相关专家应选择专业对口又有实践经验的人。

（四）其他商务谈判人员

商务谈判还可以配备一些其他工作人员。这些工作人员不参加谈判，只做些后勤和辅助方面的工作，如翻译、搜集资料、文件的核对、打印、数据的运算等。因此，应选择工作精细、责任心强、业务能力强的人员。

谈判领导人除了应具有业务知识外，还应具有一定的谈判能力，主要是对于谈判中的利弊得失具有相当的临场分析和判断能力。商务谈判人员各有所长，各司其职，在谈判中互相配合，共同协作，既要维护己方的利益，又要使对方感到一定程度的满意，最终使谈判结果达到“双赢”。

## 三、商务谈判的环境营造

商务谈判目标的实现需要有一定的环境作铺垫。商务谈判地点的设施（照明、暖气、空调、隔音)和服务状况会对谈判气氛产生一定影响。商务谈判内容应与物质条件相适应,也就是说,要注意在什么环境中讲什么话。可见,谈判环境是谈判者增强自己谈判地位的一种无声的“武器”。谈判环境布置得合理、恰当,有利于建立良好的谈判气氛,促成谈判活动的圆满成功。

(一)选择和布置谈判环境

选择和布置谈判环境,一般要看看对己方是否有利,让对方是否感到压力。不利的谈判环境往往使谈判者感到有思想压力与包袱。这里所指的不利的谈判因素包括环境的嘈杂,座位的不舒适,房间的温度过高或过低,外人搅扰时有发生,陌生环境而引起不适应,以及得不到与同事私下交往的机会等,这些环境因素都会影响谈判者的注意力,从而导致谈判人员的失误。

安排谈判室时最好配备二三个房间。其中一间作为主要谈判室,另一间作为秘密会谈室。在可能的情况下再配一个休息室。密谈室是双方都可以使用的单独房间,即可供某一方谈判小组内部协商之用,也可供双方进行私下讨论用。密谈室要靠近主谈室,室内配黑板、笔、笔记本、投影仪、桌子和比较舒适的椅子。谈判室内的桌子可以是长方形的,也可以是圆形或椭圆形的,一般以长方形为佳。休息室布置应该以轻松、舒适为宜,便于双方放松一下紧张的神经,缓和彼此之间的对立气氛。

谈判室应该布置得高雅、宁静、和谐,最好选择一个幽静,没有外人和电话干扰的地方。房间的大小也要适中,桌椅的摆设要紧凑但不显拥挤,室内温度适宜,灯光明亮,谈判桌上适当摆放一些文具、标志物和少许花草盆景等。具体而言,应考虑以下因素:

1. 光线

谈判室可利用自然光源,应备有窗纱,以防强光刺目,使用人造光源时,要合理地置放灯具,使光线尽量柔和一点。

2. 声响

室内应保持安静,使谈判能顺利进行。房间不应临街,不在施工场地附近,门窗应能隔音,周围没有电话铃声、脚步声、说话声等噪声干扰。

3. 温度

室内最好能使用空调和加湿器,以使空气的温度与湿度保持在适宜的水平上。温度在20°C,相对湿度在40%～60%之间最合适。一般的情况下,也至少要保证空气的清新和流通。

4. 色彩

室内的家具、门窗、墙壁的色彩要力求和谐,陈设安排应实用美观,留有较大的空间,以利于人的活动。

5. 装饰

谈判室应力显洁净、典雅、庄重、大方。应安排宽大整洁的桌子、简单舒适的坐椅(沙发),墙上可挂几幅风格协调的书画,室内也可有适当工艺品、花卉、标志物装饰,但不宜过多过杂,以求简洁实用。

(二)合理安排座位次序

谈判时的座位次序安排,是一个比较突出敏感的问题。一般而论,谈判中的座位次序包含两层含义,一是谈判双方的座次位置,二是谈判一方内部的座次位置。一个敏锐的谈判行家,会有意识地安排谈判人员的座次位置,以进行对己方最有利的谈判。

谈判双方人员的座位如何安排,对谈判结果颇有影响。谈判座位的设置一般成圆形,进行不分首边的平等谈判。此外,适当的座次安排,能够充分发挥谈判人员最佳的信息传播功能,使双方的言语交往与非言语沟通达到最佳的效果。一般来说,双方谈判人员应当面对面而坐,双方谈判小组的首席代表(主谈者)要坐在台桌的中间,其他人员按其职位大小依次安排在主谈者旁边,如果想通过座位的安排暗示地位的高低、权力的大小,可用放名牌的办法标明座位。这样既庄重严肃,也能提高士气,产生较强的凝聚力和控制力。

谈判座位的具体安排可参照下列形式。

A——B1　社交式　　A——B3　竞争式

A——B2　合作式　　A——B4　独立式

图 7-1　谈判座位安排

从图 7－1 可以看出,在不同的座位对应关系下,谈判者的心理感受是不一样的。

社交式安排由于只有桌的一角人为部分屏障,因此这种座位安排没有私人交往空间的分隔感。社交式安排给谈判者带来的心理感受是和善轻松的。这样的位置可以让双方有自由的目光接触,交换资料方便,而且可以根据需要对对方进行行为语言的观察,是一种比较容易产生亲切气氛与达成协议可能的座次安排。

合作式安排,即在谈判中谈判者并排而坐。这种方式使谈判者之间没有任何妨碍信息传递的间隔，所以，谈判可在亲切随意中进行。

竞争式安排，这种安排会给谈判者造成一种竞争的气氛，它极可能暗示着某种对抗的情绪。因为中间隔着一张桌子，遮挡了许多传递信息的身体部位，从而使人产生警惕、防御心理。在外交场合出于礼仪上的考虑，这种安排只是意味着正式、礼貌、尊重与平等。而如果是在办公室 A 与 B3 是上下级关系，下级想有意增加上级的优越感，也可采用这种座位安排，甚至采取站立的姿势。

在谈判中与人打交道，必须随时注意对方的心态，使对方感到自在而乐于与你交往。一般地说竞争式是不会产生这种效果的。所以除非大型谈判，一般在正式谈判或会见中，最好不要采取这种安排形式。

独立式安排通常意味着 A 与 B4 二者彼此之间不想与对方打交道，经常见于图书馆、公园或饭店、食堂里。比如两个互相有成见或有误会的人在食堂里相见，当迫不得已要同用一张桌子时，通常会这样坐。它意味着尽量疏远甚至敌意。所以，相反地，我们通常会对那种在空荡荡的火车上、饭厅中、汽车里、戏院内有意坐到紧靠自己座位旁的陌生人提高警惕，觉得他有"某种企图"。如果是朋友之间谈话，应尽量避免采取这种形式。

(三)精心选择谈判桌椅

1. 方形谈判桌

设置方形谈判桌的谈判活动，双方谈判人员面对面相向而坐。这种形式比较正规，给人的印象比较严肃，缺点是容易形成对立的感觉和情绪，缺少轻松活泼气氛，而且彼此交谈起来不太方便。

2. 圆形谈判桌

采用圆桌进行谈判，双方人员围桌而坐，形成一个圆圈。这种形式常常使双方谈判人员感到一种和谐融洽的气氛，而且彼此交谈起来比较方便。

3. 不设谈判桌

在双方谈判人员较多的情况下，大家可以随便坐在一起交谈。在有的谈判场合，不设谈判桌的效果也是很好的。因为双方谈判人员都比较随和，有助于增强谈判时友好的气氛。

不过，在比较正式的谈判中，还是要设置谈判桌比较好。有经验的谈判专家认为，选择圆形桌比方形桌要好一些。因为桌子方方正正，双方谈判人员对面坐定之后往往会有过于正规、不太活泼的感觉，有时甚至产生互相对立的情绪。如果使用圆形谈判桌，效果就大不相同了。双方谈判人员团团坐定，围成一个圆圈，便于交换意见，沟通彼此的思想感情，双方谈判人员交叉就坐，在"追求一致"思想共识的指导下，往往能够增添谈判桌上轻松友好的气氛。

不论是方桌还是圆桌，或是不用圆桌而围坐成圈，都应注意座位的朝向。一般习惯认为面对门口的座位具有权力感，中国人习惯称此座位为"上座"。而背朝门口的座位最不具影响力,因为这样会产生"不知什么时候遭到袭击的不安全感",所以,西方人一般认为这个座位具有从属感,中国人习惯称此座位为"下座"。

谈判桌和椅子的大小应当与环境和谈判级别相适应。一般说,级别越高、房间越大,桌子和椅子也应较大,否则,会给谈判者造成一种压抑不适之感。英国谈判家比尔·斯科特在其《贸易交流技巧》一书中指出了桌子和椅子的大小会给谈判中被动的一方造成心理压力。通常认为,经理面前的写字台越大,越强调着他的处境和权力的优越感。而被动的一方坐着远离那张大写字台的一条凳子,则越感受到自己的不利。

## 第二节 商务谈判的交流与磋商礼仪

商务谈判始终离不开交流与磋商,交流与磋商的优劣是谈判成功的关键。尽管谈判的结果在利益分割上可能有多寡之别,但实际并不存在胜利者和失败者,更不可能以完全损害对方的利益而达成谈判协议的。交流与磋商的结果应该是以满足多方需要为宗旨,基于公平、公开、公正的原则达成一致的协议。因此,在业务洽谈中,了解和掌握一些基本要求,正确处理洽谈中出现的问题,严格执行洽谈中的礼仪规范,取得"双赢"和"多赢"就显得更为重要了。

### 一、洽谈气氛的组织与营造

商务谈判气氛的组织与营造影响着谈判的进行。商务谈判本身必然要形成一种气氛,而这种气氛的变化又影响着整个谈判的前途。商务谈判气氛是与谈判时间、地点和人员等外部条件密切相关的。商务谈判者应重视谈判气氛,在变化难料的谈判过程中创造积极因素,使谈判气氛融洽,推动谈判向前发展。

(一)外部环境气氛组织与营造

充分发挥舆论宣传的重要作用,集中力量宣传扩大洽谈的影响,创造良好的舆论环境;召开新闻发布会;在一些重要媒体上刊播洽谈信息和文章;在媒体上开辟相关专栏,对洽谈筹备工作和主要活动进行专题报道和推介宣传;积极做好网上宣传等。

洽谈正式开始时,布置好洽谈外部环境,设置醒目的公益广告和宣传标语;对主要区域进行必要的气氛营造。同时,要进一步做好洽谈所在地的绿化、亮化、美化工作;集中整治社会治安秩序,搞好安全防范,维护社会稳定。

(二)内场装饰气氛组织与营造

在硬件方面除了前面所涉及的谈判室环境布置外,更要注重细节上的一些问题。在洽谈的准备阶段,充分弄清谈判对手的信仰、兴趣与爱好等,根据具体情况布置装饰洽谈会场。

此外,更要注重软件方面的完善。洽谈接待服务质量决定并影响着洽谈双方的融洽度,因此,洽谈室拥有宽敞、舒适、优美的环境,为谈判者准备好能够满足其精神层面需求的丰富空间环境和服务环境,是营造良好洽谈氛围的根本。

(三)正式谈判开始时的气氛组织与营造

在谈判双方刚刚接触的短时间内形成的谈判气氛,使谈判者给对方的印象要比以前非正式见面时的印象强烈得多,而且会很快地取代以前的印象。因此,双方最初的接触是形成气氛的关键时刻,谈判人员应对开局瞬间给予高度的重视。谈判开始的话题最好是松弛的、非业务性的,选择中性话题最合适,这样容易引起双方的共鸣,有利于创造一种和谐的气氛。中性的话题范围很广,一切和正题不相干的话题都是中性的。如,会谈前各自的经历(如应邀进行的游览,曾经到过的地方,接触过的人等)体育新闻或文娱消息,还有个人的爱好(如棋类、钓鱼等)。如果和对方以前有过交往,可以叙谈一下以往共同合作的经历。这样的开场白,会使双方的感情一下子拉近很多。

## 二、洽谈矛盾的协调与处理

当谈判步入到争锋较量阶段时,谈判各方都会列举大量事实和理由力图说服、反驳对方,希冀对方理解并接受己方的意愿。根据谈判施受原则,谈判各方都努力从谈判中寻求符合共同利益的妥善方案。如果谈判各方的对立状态显现出来,谈判气氛将趋向紧张,洽谈的矛盾就会产生,就会不可避免地出现反对意见和怨言。

谈判人员如果遇到对方提出反对意见,首先应该理智地冷静对待,并将这些反对意见看做是对方对要求发生兴趣或表示关心的表现。因此,了解什么是真正的反对意见,什么是以反对意见为借口的推托就尤为重要,要通过分析与快速反应,辅以针对性提问的方法来反驳对方的反对意见,进而协调和处理矛盾。

(一)直接反问法

直接反问法是针对对方的反对意见直接提出质问,从而转变双方攻守的位置,进一步了解反对意见背后的隐含话语的方法。例如,在一次旅游资源开发引资的谈判中,投资方提出当地的民风不纯,开发方立即反问道:“保存如此完好的旅游资源是民风不纯之地能够做得到的吗?”投资方马上意识到自己的担心是多余的,一项良好的旅游资源开发投资工程就顺利实施了。可见,直接反问法有时能够起到立竿见影之功效。

(二)旁征博引法

旁征博引法就是借用已有事例加以活用的方法,是为了避免双方因主观因素而产生的偏见或成见,避免谈判的冲突。譬如,某旅行社的公关营销人员赴某地推销旅游线路,大肆吹捧自己的旅游景点,忽视了自己推销的旅游景点与客源地旅游景点存在相似之处。客源地旅行社人员马上产生了不满情绪。幸亏主谈人发现及时并利用大量的事例综合评价两地旅游资源的异同,在赞美对方旅游景点的基础上突出了自己的特色,才避免了一场失败的洽谈。

(三)逆转倒施法

逆转倒施法是对于对方的意见首先给以肯定,然后再陈述自己的主张和见解的方法。这种方法可避免对方产生抵触情绪,而使之更容易接受自己的看法。逆转倒施的关键是对于对方的意见必须清晰明了,并充分坚信自身能够充分运用逆转法使对方潜移默化地接受己方。运用逆转倒施法要求谈判者思路清晰,综合素质高,灵活应变能力强,能游刃有余地利用对方意见阐述己方意见,使双方达成谅解。

(四)置之不理法

置之不理法指不予理睬那些因为心绪不佳等原因而提出的一些与谈判无关的意见。因为这些问题不是真正的反对意见,不反驳也不会影响谈判结果。

(五)正面否定法

这种方法是从正面直接否定对方的意见。这个方法少用为宜,主要用于刹一刹对方的气焰。

(六)矛盾引申法

矛盾引申法是以对方直接或间接地支持你的观点的意见为基础,最终清除双方间的障碍的方法。谈判者应设法利用这一矛盾,引申出对己方有利的观点,协调和处理矛盾。

商务谈判洽谈工作本身就会引起许多怨言,如服务不周,安排不当,相关条件差距过大等。谈判者要预先做好处理怨言的准备,把易于产生怨言的内容归纳成类,平时就注意研究应付这些怨言的最好对策。出现怨言,不必遵循任何特殊规定,尽快处理,千万不可拖泥带水。怨言出现后,该让步的就让步,采取宽容的态度,关键是不要中断谈判关系。

### 三、洽谈成功的战略

谈判的目的是要达成双赢。然而在现实生活中,谈判双方都达到自己的最佳目标的情况毕竟太少见了。因此,洽谈成功的战略十分重要,主要体现在谈话、心理、反威胁和让步等方面。

(一)洽谈成功的谈话技巧

要使谈话取得良好效果,洽谈者必须充分把握谈话技巧,以自己的语言感染听众。作为商务谈判的重要组成部分,谈判的语言贯穿商务谈判过程的始终,但由于开局阶段双方要彼此审视、评价,要破题和吸引对方的注意力,所以谈判语言技巧运用在这一阶段就显得尤为重要。

1. 发言机会均等

在谈判的开局阶段,一般不会形成由一方主导谈判的条件。因此,双方都应努力做到谈话时间与倾听时间基本相等。在讲完自己的概况之后,应当留下一些时间让对方发表他的意见。

2. 讲话简洁轻松

既把握重点,又表示情感,即单纯地说出基本想法、意图与目的,让对方了解自己的目标及想法,促使对方通力合作,同时隐藏不想让对方知道的其他资料,而不是一味地把自方有关情况百分之百地透露给对方。注意讲话的灵活性和策略性。语言是变化无穷的,一些词句只要稍加变动就会影响洽谈的效果。如把“我认为……”改为“您是否认为……”有助于达成协议;“您已经了解了很多情况,现在可以下决心了吧?”要比“现在我向你证明……”的说法好;“我相信您已经认识到……”比“您可能还没有考虑到……”更能赢得对方。因此,灵活机动运用语言,把握谈话规则是每一位主谈者应拥有的基本能力。

为了能做到谈话简洁轻松,必须注意勿使说话过多和谈判要点过多,以免影响协议的达成。一定要清楚只要在谈判中强调自方利益的一二点就够了,并向对方逐一阐述自方利益,效果就好些;而在一句话里同时阐述自方利益的几个方面,效果就差些。

在说话时,要多使用主动语态,尽量避免过多地使用被动语态。倘若对对方表现出过分的热情,往往会适得其反,影响交易的达成。在谈话中穿插提到双方有关人员的名字,不仅可以帮助彼此记忆,而且可以增添谈话的亲切感。在谈话中要让对方接受你的谈话要点,就要求要点一定要突出。

有时对方好像在认真倾听你的谈话,实际上并不一定,对方口头上说相信你说的这些或那些话,其实他们所相信的要少得多。说话的时候,正确地使用停顿的效果要比滔滔不绝的长篇大论好得多。尽量让对方多讲话,而你尽可能地多发问,以问为攻。

此外,一方面擅长使用模棱两可的语言,另一方面要善于识破对手使用模棱两可语言的真实意图。如日本人的“哈依”,有时可当成“是”来理解,很多时候,只表示“我理解你的意思”,“我在听你说话”,这是一种模棱两可的语言。较多运用“据我了解”、“我认为”、“我希望”、“是否可以这样”等委婉说法来阐述自己的真实意图,少用“肯定如此”、“一定要”、“毫无疑问”之类词语。

3. 进行充分合作

应积极提出使双方意见趋向一致的问题和建议,同时注意给对方足够的机会发表不同意见和提出不同的设想,努力树立巩固和发展一致意见的意识,有意识地同对方产生共鸣,创造一个完美的开局。

4. 乐于接受意见

在开局阶段，只要对方的建议是合理的、可行的，就应该尽量同意。从心理学的意义上说，赞同对方的观点要比反对对方的观点更好一些。

（二）洽谈成功的心理策略

心理策略是洽谈成功精神层面的策略，谈判者的心理素质关系着谈判的进程和结果。只有信心百倍、具有充分忍耐的谈判者才能在谈判中沉着应战，游刃有余。

1. 充满信心，沉着应战

商务谈判在某种意义上是谈判双方心理和智力上的一种较量。信心作为谈判成功的必备心理素质，既可以营造气氛感染对方情绪，又有助于做到知己知彼，百战不殆。另外，在谈判过程中，时刻保持清醒头脑，沉着应战，在信心的支持下，便会产生充满智慧的良方妙策，为谈判的顺利进行发挥作用。

2. 学会忍耐，以理驭情

商务谈判的大忌之一是急于求成。尤其是当被某些因素招惹、激怒之时，切忌一怒之下贸然行事，只有学会忍耐，克制言行，有条不紊，以事实讲道理，才能避免对方利用己方弱点苛刻提出条件，分散己方注意力，逼己方就范。

3. 激发动机，游刃有余

谈判人员应该抓住关键问题，利用相关优惠条件游刃有余地直接刺激对方，激发对方动机。例如，在对方对价格方面充满犹豫时，立即对对方说："便宜没好货，好货不便宜，一分钱一分货呀！""如果错过这次机会，那便宜就要被别人占去了。"这样便会刺激对方接受价格，达到谈判目的。

4. 把握分寸，进退有度

在商务谈判过程中，矛盾的产生是不可避免的。因此，谈判双方应充分把握分寸，合理地协调和处理矛盾，做到进退有度。

（三）谈判成功的反"威胁"策略

商务谈判中"威胁"是常用的一种伎俩。商务谈判中认为自己拥有实力的一方，常想采取不平等的态度而轻易取得利益。倘若另一方被威胁吓住，就会遭受很大的损失。因此，面对威胁应学会反威胁。

谈判任何一方面对威胁时都可以考虑以下措施：

(1)向对方最高层领导者提出抗议，这一层次通常是反对并能制止采取这种策略的。

(2)向对方坚决表示，将不顾威胁而采取坚决的行动。对方如果了解到这点，可能会撤退或收回威胁。

(3)向对方说明，威胁根本无法伤害你，使对方明白使用威胁不会产生任何作用而放弃威胁。

(4)使对方了解,他可能会因使用威胁而失掉长远的利益。

(5)如果对方是在暗示威胁,可以故作不知,使对方难以判断你是否已经知道和懂得他们的威胁,从而使威胁失去效力。

(四)洽谈成功的让步策略

人们大都容易明白“若欲取之,必先予之”这个道理。但对手何时给予,如何给予却很难掌握。在谈判中怎样作出让步,十分微妙,唯有通盘考虑周全之后才能有效地利用。采取让步策略时注意:

(1)不轻易作出让步,而令对方轻易取胜。

(2)一次只作少许让步,一次作较大让步的一方通常会失利。

(3)主要问题上先让步的一方一般说来都会失败。

(4)不要过早让步,因为人们总是比较珍惜难于到手的东西。

(5)不必作出相对应的让步。如果对方提出,“我让了你五分,你也该让五分”,对此可拒绝。

(6)不作无益的让步,每次让步都要从对方获得某些益处。

(7)在谈判中注意记住自己让步的次数和程度,在让步中保持对全局有利的情势。

(8)在较小的问题上可以先让步。

(9)可作些无任何损失的让步,说“这件事我会考虑一下”也是一种让步。

(10)如果还不是协议,在让步后可以再反悔。

(11)记住谈判的利益的得失并不在于让步次数的多少,而在于你一次让步的价值是不是大于对方五次让步的总价值。了解这一点后,在作出一连串小的让步后,接着便说:“现在该你让我了吧?”而对方的这一次让步可能就是最有价值的让步。

(12)要控制让步的程度,不断改变让步形态。

不同的让步形态传递不同的信息,一般说来较理想的让步形态是:作为受方,先慢慢地开始,在很长时间内缓慢地让步,作为施方则相反,先作较大一点的让步,然后在长时间内很缓慢地让步。谈判中采取哪一种让步形态,要根据己方的承受能力和对方的情况而定,并不是只固定使用一种,而是可以根据不断变化的情况,随时交叉变换。

## 第三节　商务谈判的签字礼仪

经过长期洽谈之后,谈判双方达成合约,接着正式举行签字仪式。然而,在这个过程中由于签字仪式的疏忽造成谈判未果的事件时有发生。例如,一次中美两国企业谈判后在中国举行签字仪式,由于中方的工作人员在签字桌上摆放中美两国国旗时,以中国的传统做法“以左为上”代替了目前所通行的国际惯例“以右为上”,将中方国旗摆到了签字桌的右侧,而将美方国旗摆到了签字桌的左侧。结果让美方人员极其恼火,他们甚至因此而拒绝进入签字厅。这场风波经过调解虽然平息了,但它却给了人们一个教训:在商务谈判中,对于签约的礼仪不可不知。

签约,即合同的签署。它在商务交往中,被视为一项标志着有关各方的相互关系取得了更大的进展,以及为消除彼此之间的误会或抵触而达成了一致性见解的重大的成果。因此,它备受重视。在商务谈判的实践中,尽管君子协定、口头承诺在一定程度上有着作用,但是真正具有法律效力的则是“口说无凭,立此为据”的文字性合同。

## 一、签字仪式文本的草拟与签署

商务谈判合同,是指有关各方在进行某种商务合作时,为了确定各自的权利和义务,而正式依法订立的,并且经过公证的,必须共同遵守的条文。根据仪式礼仪的规定:对签署合同这一类称得上有关各方的关系发展史上“里程碑”式的重大事件,应当严格地依照规范,讲究礼仪,应用礼仪。为郑重起见,在具体签署合同之际,往往会依例举行一系列的程式化的活动,此即所谓签约的仪式。在具体操作时,它又分为草拟阶段与签署阶段两大部分。

### (一)签字仪式文本的草拟

从格式上讲,合同的写作有一定之规。它的首要要求是目的明确,内容具体,用词标准,数据精确,项目完整,书面整洁。违反了上述各项要求中的任何一点,都有可能会给自己带来不可估量的严重后果。

从具体的写法上来说,合同大体上有条款式与表格式两类。所谓条款式合同,指的是以条款形式出现的合同。所谓表格式合同,则是指以表格形式出现的合同。

条款式合同与表格式合同,在写法上都有各自的具体规范。一般来说,标的、费用与期限被称作合同内容的三大要素。在任何一项合同中,都应当三者齐备,缺一不可。如果从具体的条款撰写上来讲,则一项合同至少需要具备标的、数量或质量、价款或酬金、履约的期限与地点及其方式、违约责任等五大基本内容。

在草拟合同时,除了在格式上要标准、规范之外,同时还必须注意遵守法律、符合常识、顾及对手等几个方面的关键问题。

#### 1. 草拟合同必须遵守法律

在商务交往中,所有正式的合同都具有法律约束力。它一旦订立,任何一方都不可擅自变更或解除。因此,商务谈判人员必须熟悉国家的有关法律与法规,以便充分地运用法律来维护自身的正当权益。从操作中的实际状况来看,商务人员在拟订合同时,必须遵守的有关法律、法规,主要涉及商品生产、技术管理、外汇管制、税收政策以及商检科目等五个方面。

在草拟涉外商务合同时，还必须遵守我国法律与国际条法。遵守我国法律，是国家主权原则的体现，也是为了不损害我国的社会公共利益。遵守国际条法，则是为了在对外交往中更好地与国际社会接轨，在国际经济合作中少走弯路。

2. 草拟合同必须符合惯例

在草拟合同时，必须优先遵守法律、法规，尤其是必须优先遵守我国的法律、法规。遇上我国尚未规定有关法律、法规的，则可采用世界公认的国际惯例。

所谓商务交往中的国际惯例，是指那些为国际社会所普遍接受的、约定俗成的常规做法。例如，在商务交往中政治与经济应当分开，不允许借商务往来之便干涉他国的内部事务，或是伺机影响他方的内政。又如，买方在签署合同后，应当按照合同规定的期限，向银行开立信用证。开立信用证，应填写申请书，当银行同意接受后，将依交易金额收取一定比例的开证费，并根据客户的资金和信用收取一定数额的押金，然后按进口方的要求向出口方开出信用证。信用证一经开出，对方往往会要求进行某种程度的改动。只有确系开证时疏漏之处，方可同意修改。反之，是不宜贸然应允的。

一般而言，国际惯例是维系商务交往正常化的一大基石，所以谈判双方在草拟合同时，是应当以它来协调自己的行动的。对此不甚了了而贸然行事，必定会吃大亏。

3. 草拟合同必须合乎常识

在草拟合同时，谈判双方人员有必要使合同的一切条款合乎常识，绝对不要犯常识性错误。

在草拟合同时应当具备的常识，是指与其业务有关的专业技术方面的基础知识，他们包括商品知识、金融知识、运输知识、保险知识和商业知识等。

商品知识，其实是一个整体性的概念。它包括产品的生产过程和管理，以及产品本身的一切知识。金融知识，是指与货币的发行、流通、回笼有关的一切知识，具体来说，它主要是指货币、汇率、信贷等知识。运输知识，包括具体运输方式的选择、运输中商品形态的具体要求、运输的特殊条件以及运输的责任方等知识。商业知识，是指与商品流通各环节有关的知识，它对合同的草拟也有一定的帮助。

具备上述各方面的常识，将有助于谈判人员在工作中得心应手，并且更好地为谈判对象所敬重。在商务谈判中，没有知识就等于没有实力。

4. 草拟合同必须顾及对手

正式合同的一大特征，是有关各方面必须协商一致，不能把自己的意志强加于对方，强迫他人与自己订立“城下之盟”。那么合同即使勉强签署，事后亦必不断地发生纠纷，那样对有关各方都不会有好处。

因此，商务人员在草拟合同的具体条款时，既要“以我为中心”，优先考虑自己的切身利益，又要替对方多多着想，要顾及对方的体面，并且尽可能照顾对方的利益,这是促使合同为对方所接受的最佳途径。

在进行与合同有关的谈判时,在具体条款上,商务人员不仅要讲原则性,也要讲灵活性。在坚持根本利益的前提下,要学会灵活地变通,适当地让步。

(二)签字仪式文本的签署

通常,合同的成立生效,需要履行一定的手续。依照中国的有关法律规定:当事人就合同条款的书面形式达成协议,并且签字,即为合同成立。假如通过信件、电报、传真、电传达成了协议,一方当事人要求签订确认书的,则签订确认书时,视为合同成立。

这种规定,实际上有双重含义:一方面,中国只承认书面的合同;另一方面,只有经过有关当事人正式签字,合同才正式成立并生效。由此可见,签字好比胎儿出世时的出生证,是正式合同的一种不能缺少的"批准书"。

仪式礼仪规定,为了使有关各方重视合同,遵守合同,在签署合同时,应举行郑重其事的签字仪式。此即所谓签约。

## 二、签字仪式场地的选择与布置

在商务谈判中,谈判双方人员在签署合同之前,通常会竭力做好以下几个步骤的工作。

(一)选择、布置好签字厅

签字厅有常设专用的,也有临时以会议厅、会客厅来代替的。布置它的总原则是庄重、整洁、清静。

一间标准的签字厅,应当室内铺地毯,除了必要的签字用桌椅外,不要有其他一切的陈设。正规的签字桌应当为长桌,最好铺设深绿色的台呢。

按照仪式礼仪的规范,签字桌应当横放于室内。在其后,可摆放适量的坐椅。签署双边性合同时,可放置两张坐椅,供签字人就座。签署多边合同时,可以仅放一张坐椅,供各方签字人签字时轮流就座,也可以为每位签字人都各自提供一张坐椅。签字人在就座时,一般应当面对正门。

在签字桌上,循例应事先安放好待签的合同文本以及签字笔、吸墨器等签字时所用的文具。

与外商签署涉外商务合同时还需在签字桌上插放有关各方的国旗。插放国旗时,其位置与顺序必须按照礼宾序列而行。例如,签署双边性涉外商务合同时,有关各方的国旗须插放在该方签字人坐椅的正前方。

(二)安排好签字时的座次

在正式签署合同时,各方代表对于礼遇问题均非常在意,因而商务人员对于在签字仪式上最能体现礼遇高低的座次问题,应当认真对待。

签字时各方代表的座次,是由主方代为先期排定的。合乎礼遇的做法是:在签署双边性合同时,应请客方签字人在签字桌右侧就座,主方签字人则应同时就座于签字桌左侧。双方各自的助签人,应分别站立于各自一方签字人的外侧,以便随时对签字人提供帮助。双方其他的随员,可以按照一定的顺序在己方签字人的正对面就座;也可以依照职位的高低,依次自左至右(客方)或是自右至左(主方)地列成一行,站立于己方签字人的身后。当一行站不完时,可以按照以上顺序并遵照"前高后低"的惯例,排成两行、三行或四行。原则上,双方随员人数,应大体上相近。

### 三、参加仪式人员着装及行为礼仪规范

#### (一)参加仪式人员着装的一般规范

正式出席仪式的人员,在仪表上,务必要有严格的要求和统一的规定。男士一律应当理发、剃须,不准蓬头乱发,不准留胡子或留大鬓角。女士应选择端正、素雅的发型,并且化淡妆,不要做过于摩登或超前的发型,不可染彩色头发,不可化艳妆,或使用香气过于浓烈的化妆品。

在仪表方面,最值得出席签字仪式的人员重视的是服装。由于签字仪式关系大局,所以谈判人员在这种场合,理应穿着传统、简约、高雅、规范的最正式的礼仪服装。可能的话,男士应穿深色三件套西装和白衬衫,打素色或条纹式领带,配深色袜子和黑色系带皮鞋。女士则需穿深色西装套裙和白衬衫,配肉色长统或连裤式丝袜和黑色高跟或半高跟皮鞋。

#### (二)参加相关社交活动的行为规范

参加各种社交活动,进入室内场所均应摘去帽子和手套,脱掉大衣、风雨衣等送入存衣处。西方妇女的纱手套、纱面罩、帽子、披肩、短外套等,作为服装的一部分允许在室内穿戴。在室内外,一般不要戴黑色眼镜。有眼疾须戴有色眼镜时,应向客人或主人说明,并在握手、交谈时将眼镜摘下,离别时再戴上。

在交际场合中,一般是在相互介绍和会面时握手;遇见朋友先打招呼,然后相互握手,寒暄致意;关系亲切的则边握手边问候,甚至两人双手长时间握在一起;在一般情况下,握一下即可,不必用力。但年轻者对年长者、身份低者对身份高者时应稍稍欠身,双手握住对方的手,以示尊敬。男子与妇女握手时,应只轻轻握一下妇女的手指部分。

握手也有先后顺序,应由主人、年长者、身份高者、妇女先伸手,客人、年轻者、身份低者见面先问候,待对方伸出手后再握。多人同时握手,切忌交叉进行,应等别人握手完毕后再伸手。男子在握手前应先脱下手套,摘下帽子。握手时应双目注视对方,微笑致意。

涉外交往中,在与外商谈话时表情要自然,语言和气亲切,表达得体。谈话时可适当做些手势,但动作不要过大,更不要手舞足蹈,用手指点人。谈话时的距离要适中,太远太近均不适合,不要拖拖拉拉、拍拍打打。

**思考与练习**

1. 如何搜集与旅游商务谈判有关的信息资料？
2. 可从哪些方面着手分析谈判对手的信息？
3. 请分析旅游商务谈判队伍组成需要哪些人员，主要职责有哪些。
4. 如何选择和布置谈判环境？
5. 合理安排谈判座位次序应注意什么？
6. 简述洽谈矛盾的协调与处理的方法。
7. 洽谈成功的谈话技巧有哪些？
8. 采取洽谈让步策略时应注意哪些事项？
9. 如何草拟签字仪式文本？
10. 对参加签字仪式的人员着装及行为规范有何要求？
11. 请充分运用旅游商务谈判礼仪相关知识就某一主题项目模拟一场谈判。

**案例分析**

有位美国华侨，想到中国自己的祖籍洽谈旅游合资业务，但与当地相关旅游企业洽谈了好几次都未成功。最后一次到中国之前，他曾对自己朋友说："这是我最后一次洽谈了，我要跟他们的最高领导谈，谈得好，就可以拍板。"可是，过了两个星期后，他又回到了美国。朋友问："谈成了吗？"他说："没谈成。"朋友问其原因，他回答："对方很有诚意，进行得也很好，就是跟我谈判的这个领导坐在我的对面，当他跟我谈判时，不时地抖着他的双腿，我觉得还没有跟他合作，我的财都被他抖掉了。"如此重要的谈判就被这样一位不拘礼节的领导葬送了，真是一种悲哀。

结合此案例，谈谈你对商务谈判礼仪的理解。

# 第八章

# 旅游社交宴请活动礼仪规范

## 第一节　宴请的形式

### 一、宴请活动的分类

（一）按接待规格分类

1. 国宴

这是国家元首或政府首脑为国家的庆典或欢迎来访的外国国家元首、政府首脑而举行的一种正式宴会。其规格之高为各种宴会形式之首，礼仪要求最为严格。

2. 正式宴会

正式宴会通常指政府部门和人民团体为欢迎应邀来访的国外宾客，或来访的宾客为答谢主人而主办的宴会。其接待规格仅次于国宴。正式宴会的安排与服务程序大体与国宴相同。宾主按身份排席次或座次，在礼仪上的要求也比较严格。席间一般有致词和祝酒，有时也设乐队演奏伴宴乐曲。与国宴所不同的是，正式宴会不挂国旗，不演奏国歌。

3. 便宴

便宴是一种非正式的宴请，规格可大可小，不拘严格的礼仪、程序。便宴追求一种亲切、随意的进餐环境和效果，是联络感情、沟通信息、交际活动中较为普遍采用的宴请形式之一。便宴讲礼而不拘礼。

4. 家宴

家宴是指在家中以私人名义举行的一种宴请活动。家宴通常没有太多的礼仪限制，用于公关、社交活动之中，旨在深化情感，发展友谊。

（二）按宴请活动的性质分类

1. 礼仪性宴请

国宴多属于这种性质，带有较为浓厚的政治色彩和民族色彩。例如，欢迎外国元首、政府首脑来访；各种重大的节日庆典；重大的历史纪念活动等。

礼仪性的宴请本身就是一项礼仪活动，讲究严格的礼宾规格，程序上必须遵守固定的礼宾次序。如，国旗的悬挂；国歌演奏的时间及席间音乐的选择和次序；参加宴请活动人员的服饰、仪容、仪表、仪态等。

2. 交谊性宴请

部分正式宴会、便宴，家宴均属这种类型。其举办目的旨在表示友好，联络感情，发展友谊，沟通信息等。如，为了庆贺、答谢、送行、接风洗尘、宣传、促销等而举行的宴请活动。

这类宴请活动礼仪规格及要求视举办者的目的性以及宴请方式的不同而有所区别。例如，主办者以较为正式的程序及方式邀请，应遵循正式宴会的礼仪要求。

3. 商务性宴请

此类宴请，系正式宴请活动的一种。举办者及与宴者为谋求商业性目的，以宴请活动为媒介，为进行商务洽谈、合作计划商讨和合同签订等而举行。与宴者应遵循正式宴请的礼仪要求。

(三)按宴请活动的形式、时间、目的分类

1. 按形式分类

(1)中餐正式宴会。

(2)西餐正式宴会。

(3)自助餐宴会。

(4)鸡尾酒会。

(5)茶话会。

2. 按时间分类

(1)早宴。

(2)午宴。

(3)晚宴。

3. 按目的分类

(1)欢迎宴会。

(2)庆祝宴会。

(3)答谢宴会。

## 二、正式中餐宴会

中餐宴会是中国传统的、具有民族特色的宴会。宴会遵循中国的饮食习惯，饮中国酒，吃中国菜肴，用中国餐具，行中国传统礼仪。

(一)国宴

国宴是中国国家元首、政府首脑为国家重大的庆典活动，或欢迎外国国家元首、政府首脑来华访问而举办的正式宴会。

国宴的礼仪要求如下：

(1)国家元首或政府首脑亲自主持。

(2)座次按照礼宾次序排列。

(3)场地布置隆重、热烈,主席台中设有大型鲜花花台。

(4)宴会厅内悬挂宾主两国国旗。

(5)宾主入席后,乐队要演奏两国国歌。

(6)主人和主宾先后发表祝酒词。

(7)乐队席间穿插演奏两国民族音乐作品。

(8)与宴者必须正式着装,国宴大都安排在晚上进行;男宾一般穿中山装或西装,女宾穿旗袍或晚礼服。

(9)国宴席卡、菜单上均印有国徽,代表国家最高规格。

(二)正式宴会

中餐正式宴会以圆桌排座,与国宴相比,除不挂国旗、不奏国歌以及出席人员级别不同以外,其余安排与国宴大致相同。

正式宴会的礼仪要求如下:

(1)有正式的请柬,请柬上注有宴请日期、时间、地点等内容。

(2)排座严格按照礼宾要求,与宴者按照席位卡对号入座。

(3)对于宴请服饰要求,往往在请柬上注明。

(4)对餐具、酒水、菜肴道数及上菜程序均有严格的规定。

(5)宴会服务质量要求较高,高档宴会要求上一道菜换一次餐盘,每道菜上桌后先向宾客示盘,然后再进行分菜。

(6)宴会进行中,通常配有背景音乐或穿插文艺表演,调节宴会气氛。

## 三、正式西餐宴会

按照西方国家宴会的形式、用餐方式,风味菜点而举办的宴会。

西餐宴会的礼仪要求如下:

(1)西餐餐台按照长台形布置,简洁明快。

(2)西餐采用分食制,每道菜按每人一份上桌。

(3)西餐餐具为刀、叉、匙,按西餐进餐习惯应当右手拿刀,左手持叉,由左手将食品送入口中。不同形状、不同大小、不同规格的刀叉为不同食品之餐具,应仔细区别。

(4)西餐的上菜顺序与中餐不同,以冰水、开胃菜、汤、海鲜、肉食、主菜、甜食、水果、咖啡、红茶先后顺序上菜。

(5)西餐酒类较多,不同的酒选用不同的酒具与不同的菜肴搭配,要注意学习和掌握。

(6)西餐进餐讲究文雅而有风度,席间不宜大声谈笑,进餐时尽量不发出声响。

### 四、自助餐宴会

自助餐宴会又名冷餐招待会,因客人可根据自己的饮食喜好自取食品而得名,是一种比较流行的、方便灵活的宴请形式。

自助餐宴会的礼仪要求如下:

(1)自助餐宴会注重突出宴会气氛,餐台布置讲究,色彩缤纷。

(2)不设固定席位,方便客人自由活动,有利于客人的沟通与交流。

(3)菜点丰富,冷菜、热菜、主食、甜品、水果、汤类皆成系列。

(4)与宴者须按照类别取食,不可用同一餐盘食用多种类别的食品。

(5)与宴者须按量取食,不可浪费。

(6)不同类别的食品须配不同餐具,不可混用。

### 五、鸡尾酒会

鸡尾酒会是一种较为活泼,有利于宾客之间广泛接触与交流的宴会形式。

参加鸡尾酒会,宾客可以晚来早走,不受时间约束,在安排上也比较灵活。

鸡尾酒会的礼仪要求如下:

(1)酒会一般采用站立形式,不设坐椅,仅设桌子、茶几,便于客人四处走动、交流。

(2)招待品以酒为主,以及由多种酒水配制而成的各种混合型饮料;食品供应多为小食品,如,三明治、面包片、小香肠、咸肉卷等,不设刀叉,用牙签取食。

(3)举办时间不受限制,中午、下午、晚上均可。

(4)酒会请柬上一般都注明起讫时间,客人可在此期间任何时间入席,来去自由,不受限制。

(5)配制好的鸡尾酒(由多种酒按一定比例混合而成)放在桌上,客人按需要自取。小食品由服务人员托送。

### 六、茶话会

茶话会是一种简便的招待会形式,多为社会团体、厂矿企业举行纪念活动和庆祝活动所采用。会上备茶、点心和数样风味小吃。茶话会对茶叶、茶具的选择要讲究并应突出地方特色。安排有外国人参加的茶话会应备有红茶、咖啡和冷饮。

茶话会一般不排座次,但入座时有意识地将主宾和主人安排在一起,其他人则随意入座。宾主共聚一堂,饮用茶点,漫话叙谈,席间可安排一些短小的文艺节目助兴。

# 第二节 宴请活动组织礼仪

## 一、不同宴请活动的组织与策划

作为一种礼仪性的社交活动，实现宴请的目的，自然是组织者所追求的目标。为了能使这种交际活动获得圆满成功，组织者在宴请前必须做好相应的组织和策划准备工作。

(一)确定宴请的目的、名义、对象、范围、形式

(1)宴请的目的通常是各不相同的，既可以是为某一件事而举行，也可以是为某个客人而举行，还可以是为某一展览会的开幕或闭幕，或者某一工程的开工或竣工等。

(2)宴请要确定以谁的名义邀请者和被邀请者。确定邀请者与被邀请者的主要依据，是主宾双方的身份应当对等。身份低会使对方感到冷淡、不礼貌。

我国大型正式活动通常是以一个人的名义发出邀请，日常交往的小型宴请，可以根据具体情况以个人名义或以夫妇的名义发出邀请。

(3)邀请范围是指宴请需邀请哪些方面的人士、什么级别、请多少人、主方请多少人作陪等。这些都需要事先从宴请的性质、主宾身份、国际惯例、双方关系以及当前的政治气候、经济形势等方面加以考虑。

(4)邀请的范围确定以后，接下来就是拟定邀请名单。注意名单上要写明被邀请者的姓名、性别、职务等，并适时按拟定名单提前向对方发出邀请通知。

(5)确定宴请的形式。按照通常的惯例，正式的、高级别的、小范围的以举行宴会为宜，人多时则可采用冷餐酒会或茶话会等形式。

(二)宴请的时间和地点

(1)宴请的时间应安排在主宾双方都较为合适的时候。注意在时间的确定上，要避免对方的重大节假日、已有重要活动的时间或是禁忌日，如在西方 13 日、星期五均属不适合安排宴请活动的日子。

(2)选择宴请的地点，要根据邀请的对象、活动性质、规模大小及形式等因素来确定。如官方正式、隆重的宴会一般安排在政府议会大厦或客人下榻的酒店。

(三)宴会邀请

1. 邀请形式

邀请有两种形式，即口头邀请和书面邀请。口头邀请就是当面或者通过电话把这个活动的目的、名义以及邀请的范围、时间、地点等告诉对方，然后等待对方的答复。书面邀请即给对方发送请柬(或称请帖)，将宴会活动的内容告知对方。这样做，既是出于礼貌，也是对客人的提醒，免得对方忘记。

2. 邀请时间

各种宴会邀请时间一般以提前3～7天为宜,过早,客人会因日期长久而遗忘;太迟会使客人措手不及,难以如期应邀出席。

3. 发送请柬方式

(1)请柬上要写明宴请活动的目的、名义、邀请范围、时间、地点等,然后送给客人。

(2)请柬发出后,要及时核实出席者情况,并做好记录,以便安排席位。

(3)请柬的书写格式,按规范要求应首先写明目的,正文不用标点符号,遇重大活动时要注明着装要求;要注意行文格式,文字措辞务必做到简洁、清晰、准确。写名单时一定要核对一次,不得将客人名字写错。

## 二、宴会座次的安排

正式宴会开始前的准备工作之一,就是要安排席位。每个席位上放置好席位卡,大型宴会桌次多,每个餐桌上要放桌次卡。这样既方便宾主入座、服务员上菜,也有利于宴会的统一管理。宾客入场时,宴会厅门口的领台员要热情上前引导入座。

宴会排座的具体要求如下:

(1)安排宴会座次,要根据国内外不同的习惯。按我国习惯,通常情况是面朝入口处的座位为主人座位;主人对面是副主人位置;主人的右边为主宾,左边为第二副主宾;副主人位置的右边为第一副主宾;其余按先右后左顺序依次类推。

(2)按照国外的习惯,座次安排通常是主宾在主人右边;主宾夫人在主人的左边,男女应穿插安排。

在具体安排席位时,还要考虑其他一些因素,如,客人之间的关系是否融洽,客人身份大小是否相当,语言沟通是否有障碍等,都要根据当时的情况灵活处理。

## 三、宴会菜单的拟定及酒水搭配规范

宴会菜单的拟定要根据宴请的规格,在规定的标准内安排。拟定菜单时要考虑以下五个方面的因素:

(1)菜肴的选定与酒水的搭配,主要以主宾的口味习惯为依据,而不是以主人的好恶为标准。要注意尊重对方的民族饮食习惯和宗教信仰。如印度教徒不吃牛肉;伊斯兰信徒不饮酒,也不饮含有酒精的饮料;回民不吃猪肉等。

(2)要注意菜肴的营养构成,荤素搭配要合理。时令菜、特色菜、传统菜应合理选择,另外要注意菜点与酒水、饮料的搭配应力求照顾到多数客人的需求。

(3)菜肴不一定要选名贵菜,而应以精致、干净卫生、可口取胜。菜肴的分量要适中。宴请注重的是气氛,而不一定是吃喝的内容。

(4)要注意量力而行。“力”主要指合理的经费开支,以及厨师的烹饪技艺是否达到了拟定菜肴的烹饪制作水准。

由此可见,宴请的菜单是很有讲究的,这不仅需要从规格、标准上考虑,而且更需适合客人的习惯与爱好。原则上不同级别的宴会菜单,由不同级别的主管部门负责人亲自审定。菜单一经确定,即可印制,印制要精美大方。宴会菜单宜每桌上放2～4份;规格较高的宴请,可每人一份,供客人留作纪念。

## 四、宴会气氛的调节及控制

一席宴会的成功与否,并不仅仅取决于宴会提供给与宴者的菜肴的质量,关键在于宴会的气氛是否浓烈,客人的情绪是否高昂,主客双方是否在一种亲切、友好的气氛中使友谊得到升华,使情感得以沟通,使关系进一步融洽,使合作的意愿变得更加强烈。所以,宴会的组织者应当了解与掌握如何调节宴会的气氛,控制宴会的节奏。

宴会气氛的调节,主要指在宴会进行过程中,通过采用一些必要的辅助手段来烘托和调节气氛,从而使宴会达到高潮。宴会气氛的调节可运用以下手法。

### (一)色彩的运用

宴会厅的布置,在色彩选择上应尽量选用暖色系列,如红色、橙色、黄色等。置身于暖色系列的进餐环境中,易使与宴者的情绪饱满、开朗,有交流与沟通的欲望,同时暖色调还可以增进人的食饮。

### (二)灯光的调节

在宴会厅里,通过调节灯光来制造和烘托宴会的气氛,往往会收到意想不到的效果。灯光调节主要指通过灯光明暗度的变化,或无色光源与有色光源的变化来调动和调节进餐者的情绪,以烘托宴会的气氛。如在一次高规格的宴请活动中,当宴会逐渐进入高潮时,宴会厅的灯光突然熄灭,正当客人不知所措时,着装整齐的服务人员手托“火烧冰淇淋”步伐整齐地步入宴会大厅,一片漆黑的大厅里行走的服务员队伍宛如一条游动的火龙;当他们向四周的餐桌散开时,又好像繁星点点。这时,音乐声缓起,灯光重新点燃,宴会客人在组织者的调动下,仿佛经历了一场梦境,先是一阵沉默,接着爆发出一阵热烈的掌声。

### (三)背景音乐的运用

背景音乐在宴会厅里的运用,往往对调节宴会的气氛起着十分重要的作用。它可以使与宴者在品尝美味佳肴的同时,得到味觉与听觉上的双重享受。轻松而舒缓的音乐,有利于减轻大脑的疲劳,使身心得到放松,从而保持较好的精神状态。当与宴者情绪高涨时,如何调节宴会气氛,组织者就可大显身手了。

宴会厅里背景音乐的选择,应以轻柔舒缓的抒情音乐为主,如:钢琴曲、小提琴曲、萨克斯独奏曲、民乐及小曲等。一般而言,快节奏、有强烈震撼力的音乐,不适合作为宴会的背景音乐。

(四)邀请文艺团体现场助兴

在较高规格的宴请活动中,邀请文艺团体、著名艺术家作现场表演,也是调节宴会气氛的非常行之有效的方法。它不仅可以提高宴会的档次,也使得宴会进行过程中始终保持一种热烈、欢快的气氛。必要时组织者还可以邀请主宾或重要客人上台即兴表演,将宴会气氛带入高潮。

## 第三节　参与宴请活动的礼仪要求

在西方国家,赴宴举止是否得体,用餐姿态是否规范,历来被认为是衡量一个人文明修养水平的标准之一。虽然随着时代的变迁、餐桌礼仪已由烦琐逐渐趋于简化,但一些基本的礼节规范却依然保留着,成为人们相沿成习的行为标准。

### 一、接受宴请礼仪

(1)当收到请柬时,首先应当了解是参加哪一种类型的宴会,是中式的,还是西式的;是去邀请者家里做客,还是去饭店参加庆典,或是陪同外国代表团等。何种类型的宴会,一般请柬上都有说明。

(2)宴请一般分为正式和非正式两种,但不论何种宴请,请柬上都印有"敬候回音"或"如不光临请予回复"的字样。前一种是指被邀请者无论是否赴宴,都要予以回复;后一种则指被邀请者如不能赴宴才予以回复。按照一般的礼节要求,回复邀请应在收到请柬后的第一天内;太迟了,会被视为无礼。

(3)接受邀请后,如没有特殊的原因,不要随意变动;万一有特殊情况不能出席,应及时、有礼貌地向主人解释或道歉,万万不可不经解释就随意不去参加。这是极不礼貌的行为。

(4)参加正式宴会要严格守时,既不能迟到也不必早到,比邀请时间早到约两分钟左右较为合适。

(5)赴宴一定要注意着装得体。正式宴会着便装、休闲装、运动装等,都是不合时宜的。在欧美国家参加正式宴会,男士们通常着深色西装,配白色或浅色衬衣,系领带、领结或领花,穿擦拭干净的黑皮鞋;女士出席正式宴会通常穿礼服,一般长袖礼服配短手套,而短袖礼服则配长手套,礼服应与高跟鞋搭配。

### 二、席上礼仪规范

(1)入席时,除了要知道自己当天所扮演的角色之外,还应当了解男女主人、男女主宾在餐桌上的位置,以及其他男女陪客的位置,然后按照自己扮演的角色入座，才不致失礼。

(2)入席就座以后，首先要注意自己的姿态：既要坐得端正，又不要显得过于拘谨；椅子不要坐满，只坐2/3的位置，身体轻轻靠在椅背上；双手放于膝部，不得趴在桌沿上，也不宜弄小物件或手理头发等不雅的习惯性动作。

(3)上菜前将餐巾轻轻展开，放在膝盖上，而不是围在脖颈上或系在胸前；餐中起身时，餐巾应放在椅子上，而不是餐桌上；用餐完毕离席时，餐巾不必折叠，自然放置在餐桌上即可。餐巾的用途是防止菜食弄脏衣服，也可用来擦嘴，但决不能用于擦拭餐具。

(4)在进餐过程中，动作要文雅，切不可将胳膊肘放在餐桌上。这种姿势稍有不慎，会身体前倾弄翻菜盘，当众出丑；更为糟糕的是，叉开的双臂会妨碍身边的其他客人用餐。

(5)进餐时如不慎碰掉了餐具，不必俯身去拾，服务员会立刻过来拾起并重新为你换上干净的。不需要向服务员道歉，重要的是不动声色，好像什么都不曾发生一样，以免吸引周围人的注意。

(6)没有吃过的菜肴，或者食用方法独特的菜肴上席，不知如何食用时，不要紧，慢一点动筷，等别人食用时你再依样而为，自然就学会了。

(7)公众场合要讲究"吃相"。进餐吃东西时，尽量避免发出声响；喝汤应用汤匙，轻吸进去，细嚼慢咽，不要狼吞虎咽；骨头、鱼刺等不得直接吐到餐桌上，而应当放进骨盘里。

(8)不要面对其他客人张嘴剔牙，剔牙时应该用餐巾或纸巾遮住口；边走边剔牙更是不雅观的行为。

### 三、宴会中礼仪规范

(1)宴会进行过程中，敬酒是不可缺少的项目，重要的宴请活动，还有专门的祝酒仪式。作为与宴者，要事先准备好为何人、何事祝酒，何时祝酒等，以便做到心中有数，避免失礼。

(2)碰杯时，主人和主宾先碰，人多时可同时举杯示意，不需逐一碰杯，祝酒时要注意不可交叉碰杯。

(3)碰杯时在餐桌上不要将手伸得太长，如果主人致完祝酒词需要碰杯，男士应当把自己的酒杯举得比女士的酒杯略低一些。

(4)主人致祝酒词时，应当放下筷子暂停进餐，更不要与其他人交谈或抽烟，耐心倾听才符合礼节规范。

(5)宴会上沉默寡言会使宴会气氛显得沉闷，男女主人应主动引出交谈的话题，促使客人们相互谈论大家都感兴趣的内容，使宴会始终保持愉快的气氛。

(6)不要只同几个熟人或一两个人谈话，也绝不可金口难开、枯坐一隅。宴会中不可哈哈大笑、窃窃私语,或者大声招呼。

(7)注意不要边吃食物边讲话,或边摆弄刀叉边讲话。想说话时,要等吃完了嘴里的食物再说。

### 四、离席礼仪规范

(1)待绝大部分客人已停止进餐之时,主人把餐巾放在桌上,或者从餐桌旁站起来,表明宴会到此为止的信号。只要看到这种信号,宾客即可把自己的餐巾放下,起身离席了。

(2)离开餐桌时,不要将坐椅拉开就走,而应将椅子再挪回原处。男士应帮助身边的女士移开坐椅,尔后再把坐椅放回餐桌旁。

(3)一般情况下,贵宾是第一位告辞的人,客人在分手时要对主人的盛情款待表示感谢,不可吃完抹抹嘴巴就走。离席时应让身份高者、年长者或女士先走。

## 第四节 中西宴会菜点知识及饮食规范

### 一、中餐名菜及食用规范

(一)中餐名菜

中国菜肴品种繁多,约有一万余种,因地理位置、风俗习惯、饮食爱好不同,形成了中国菜的千差万别、风味各异,从口味上讲,中国菜素有南甜、北咸、东酸、西辣之说,最能够代表中国菜特色的是著名八大菜系,即四川菜系(川菜)、山东菜系(鲁菜)、广东菜系(粤菜)、淮扬菜系(苏菜)、浙江菜系(浙菜)、福建菜系(闽菜)、安徽菜系(徽菜)、湖南菜系(湘菜)。

1. 川菜特点及代表菜

(1)特点。川菜注重色、香、味、形,尤其注重味,故有“食在中国,味在四川”之说。

(2)名菜介绍。四川名菜较多,较有代表性的是以下几种:①怪味鸡;②麻婆豆腐;③宫保鸡丁;④樟茶鸭子;⑤水煮牛肉;⑥干烧鱼翅;⑦鱼香肉丝;⑧棒棒鸡等。

2. 鲁菜特点及名菜介绍

(1)特点。鲁菜由济南,胶东两地地方菜发展而来,济南菜以清、鲜、脆、嫩著称,烹调方法擅长爆、烧、炒、炸。胶东地方菜以烹调各种海鲜见长,口味以鲜为主。

(2)名菜介绍。①德州扒鸡;②九转大肠;③奶汤鸡脯;④糖醋黄河鲤鱼;⑤炸大虾;⑥葱爆羊肉;⑦红烧海螺;⑧炒芙蓉蟹黄等。

3. 粤菜特点及代表菜

(1)特点。粤菜由广州菜、潮州菜、东江菜为主体构成。其特点是用料广,配料多,善变化,口味讲究鲜、嫩、爽、滑、浓。

(2)名菜介绍。①龙虎斗;②脆皮乳猪;③蚝油牛肉;④白斩鸡;⑤梅菜扣肉;⑥烩蛇羹;⑦东江盐焗鸡等。

4. 苏菜特点及代表菜

(1)特点。苏菜由扬州、苏州、南京三种地方菜发展而成。其特点是:选料严谨,制作精细,重视调汤,保持原汁,造型讲究。

(2)名菜介绍。①松鼠鳜鱼;②水晶肴蹄;③蟹粉狮子头;④白汤鲫鱼;⑤煮干丝;⑥盐水鸭;⑦鸭包鱼翅;⑧三套鸭等。

5. 浙菜特点及名菜介绍

(1)特点。浙菜集杭州、宁波、绍兴菜之大成,其特点是:讲究刀工,变化较多,因时而异,简朴实惠,富有乡土气息。

(2)名菜介绍。①西湖醋鱼;②龙井虾仁;③干炸响铃;④油焖春笋;⑤叫花童鸡;⑥生爆鳝片;⑦莼菜黄鱼羹;⑧赛蟹羹;⑨清汤越鸡;⑩东坡肉等。

6. 闽菜特点及名菜介绍

(1)特点。闽菜以福建菜和厦门菜为主要代表。烹调方法以干炸、爆炒、滚、煨、蒸为主,最讲究吊汤(即熬汤呈奶白色),菜肴中常用虾油、红糟调味。福建临海,各种时令海鲜也是闽菜的一大特色。

(2)名菜介绍。①太极明虾;②清汤鱼丸;③佛跳墙;④小糟鸡丁;⑤烧片糟鸡;⑥鸡汤汆海蚌;⑦干炸蟹盖;⑧荔枝肉等。

7. 徽菜特点及名菜介绍

(1)特点。徽菜由徽州、沿江、沿淮三个地方菜构成。徽州菜素以烹制山珍野味著称,尤其以用皖南山区特产之马蹄(甲鱼)制作的菜肴而出名。口味特点是:芡大,油重,色浓,朴素实惠,并善于保持原汁原味,讲究火功。

(2)名菜介绍。①火腿炖甲鱼;②腌鲜鳜鱼;③红烧划水;④清蒸花菇;⑤符离集烧鸡;⑥金银蹄鸡;⑦毛蜂熏鲥鱼等。

8. 湘菜特点及名菜介绍

(1)特点。湘菜由湘江流域、洞庭湖地区和湘西山区三种地方风味菜组成。辣味菜和烟熏腊肉是湖南菜系的共同特点。其中长沙、衡阳、湘潭三地菜肴是湖南菜的主要代表。其特点是油重色浓,咸辣香软,口味侧重咸、香、酸、辣。

(2)名菜介绍。①腊味合蒸;②麻辣子鸡;③红煨鱼翅;④剁椒鱼头;⑤东安子鸡;⑥金钱鱼;⑦红椒酿肉;⑧霸王别姬;⑨冰糖湘莲等。

除以上八大菜系及所列菜肴外,北京菜、上海菜、湖北菜、清真菜等也各具特色。

(二)中餐菜肴饮食规范

1. 中餐饮食规范

(1)与西餐吃法相比,吃中餐规矩不多。中餐一般使用圆桌进餐,大家围坐圆桌旁,自己用筷子夹菜吃。一般是十个人配十道正菜,目的是讲求圆满和十全十美。

(2)中餐的餐桌上,每个席位前放有汤碗、筷碟和小瓷汤匙,桌中备有胡椒、酱油、醋等调料,菜夹到碟子里之后再吃。

(3)中餐上菜的顺序,虽各地食俗不同,但大体上是按照冷盘—头菜(主题菜)—热炒—大菜—甜品(汤和点心同时上,甜汤配甜点)—水果—茶的顺序上席。当冷盘吃剩1/3时,开始上第一道热菜,放在主宾面前。主菜上桌后,宴会才逐渐进入气氛。

2. 中餐进餐注意事项

(1)上桌后不要先拿筷,应等主人邀请、主宾动筷时再拿筷。

(2)筷子不要伸得太长,更不要在菜盘里翻找自己喜欢的菜肴,应先将转台上自己想吃的菜转到自己眼前,再从容取菜。

(3)已经咬过的菜不要放回盘子里,应将其吃完。

(4)冷盘菜、海味、虾、蒸鱼等需要蘸调料的食物可自由调味,但切记勿将咬过的食物再放进调料盘中调蘸。

(5)主人向客人介绍自家做的拿手菜或名厨做的菜,请大家趁热品尝时,不得争抢,应首先礼让临座客人后,再伸筷取食。

(6)餐桌上不要有敲筷、咬筷等不雅动作。

(7)当其他客人还没吃完时,不要独自先离席。在宴会餐桌上,进餐速度快慢不要依个人习惯,而应适应宴会的节奏,等大家都吃完,主人起身,主宾离席时再致谢退席。

3. 接待外宾吃中餐注意事项

(1)外宾上桌后,应首先询问客人是否会用或者喜欢用筷子,是否需要另配刀叉进餐,总之,要尊重客人的饮食习惯。

(2)使用餐具时,千万不要再用餐巾纸或餐巾去擦拭,这是许多中国人用餐前的习惯,但这会使外宾误认为餐具不洁,没有经过消毒处理而影响进餐情绪。

(3)上一道菜,应主动向客人介绍食品制作原料及食用方法,因为中餐菜肴经过加工以后,已看不见食品本身原料,而外宾对许多中国人喜欢吃的菜肴(动物内脏、海鲜中的海参等)是拒绝食用的。

(4)向客人介绍菜点时,应尽量介绍其特色,而不要笼统地说这是中国的“名菜、名点”,外国人对于“著名”的认识与中国人有一定偏差。

(5)招待外宾千万不要说“没有什么菜”、“招待不周”之类的客套话。这种中国式的谦虚会被他们误认为你对他重视不够,而应当说:“今天的菜肴是我夫人精心为你们准备的,希望你们吃得开心。”

## 二、西餐名菜及食用规范

### (一)西餐名菜

西餐是欧美各国菜肴的总称,大致可分为欧美式和俄式两大菜系。欧美式菜系主要包括英、法、美、意等国菜肴,以及少量的西班牙、葡萄牙、荷兰等地方菜肴。欧美菜系虽因国度不同而在用料、口味等方面有所区别,但差别不大,而俄菜在风格上却自成一家。法式菜肴和俄式菜肴是西餐中最著名的两大菜肴。

1. 西餐菜肴的特点

西餐菜肴品种繁多,其最明显的特点是主料突出,营养丰富,讲究色彩,味道鲜香。西餐在用料和烹调方法上有如下特点:

(1)选料精细,要求严格。制作西餐菜肴选料极为精细,在质量和规格方面都有严格的要求。如牛肉要用黄牛(严格说要用菜牛而不用役牛)、仔牛和乳牛;羊肉要用乳绵羊;家禽多用雏鸡;水产鱼类也须精选,大多要去头尾,剔净骨皮,取其净肉制作。有些菜肴有时也整只制作,但一般都只用于西餐宴会大菜。如圣诞大餐中的“圣诞火鸡”就是整只制作的。

(2)调料考究,品种多样。西餐菜肴除主料精选外,调料也十分讲究,往往制成一种菜肴,需要多种调料方可完成。如用途较为普遍的红沙司,就需采用褐色汤、葱头、胡萝卜、胡椒粒、香叶、芹菜、大蒜、番茄酱、辣椒油、糖、盐、柠檬、黄油、面粉等十多种原料。各种酒、奶制品也常作为调料用在西餐菜肴的烹制中。

(3)小量制作,工艺细腻。西餐菜肴通常以份为单位,或称一客,单份操作,现吃现烹。所以西餐菜肴既可保证质嫩色佳,又给人以味道鲜美之感。

(4)营养搭配科学合理。与中餐菜肴相比,西餐菜肴在营养搭配科学合理的特点上,具有明显优势。西式菜肴每种菜在营养成分方面都有一定的规格标准,而且要求畜、禽、水产、蔬菜、水果等,必须做到合理搭配,以保证人体所需的各种营养。西方人的体质普遍强于中国人,与他们合理的饮食结构有很大的关系。

(5)烹调方法多种多样。西菜的烹调方法很多,常用的方法有煎、焖、炸、炒、烤、烩、烘、蒸、熏、炖、扒、铁扒、铁板煎等,其中铁扒烤、焖,在烹调方法中更具特色。

(6)西菜在烹制时,特别注重肉类菜肴的老嫩程度。如,牛肉、羊肉的烹制,一般有五种不同的成熟度:①全熟(well done);②七成熟(medium well);③五成熟(medium);④三成熟(medium rare);⑤一成熟(rare)。宾客可根据自己的口味自行选择。

2. 西餐名菜举例

(1)法式菜肴

其特点是选料广泛,加工精细,品种多样,火候上多采用急火速烹。因此菜肴大多以"半熟鲜嫩"为特点。名菜举例如下:

①马赛鱼羹;

②巴黎龙虾;

③红酒山鸡;

④沙福罗鸡;

⑤冰冻沙勿兰。

(2)俄式菜肴

俄式菜肴选料广泛,除畜、禽外,野味、水产均为主要烹饪原料,特点是油大,味浓,菜量大而实惠。名菜举例如下:

①什锦冷盘;

②酸黄瓜汤;

③串烤羊肉;

④白塔鸡卷;

⑤果酱酸奶油攀。

(3)意大利菜肴

意大利菜肴的烹调技术,在很大程度上与法国菜相同,但更注重保持原汁原味。其特点是汁浓味厚,调料喜用橄榄油、酒类、番茄酱。意大利面条和烘馅饼(pizza)风格独特,驰名世界。名菜举例如下:

①通心粉素菜汤;

②三色比萨;

③什锦铁皮菠菜。

(二)西餐菜肴饮食规范

(1)由于饮食习惯不同,西餐的进餐方法与中餐有着本质上的区别。在餐具使用上,中餐用碗、筷,而西餐通常用盘、碟、刀、叉、匙。

(2)一般西餐宴会大约有9～10道菜点,上菜程序是:①面包、黄油,在宴会前5分钟摆上桌;②冷盘;③汤;④鱼;⑤副菜;⑥主菜(也称大菜);⑦甜品;⑧水果;⑨咖啡;⑩利口酒(liqueur)。

(3)用餐时,应左手拿叉,右手拿刀。吃肉类菜时先用叉固定肉块,再用刀轻轻切,切下的小肉块用叉子送入口内。在用餐过程中,注意刀叉不要碰出响声;不要叉上肉只咬一口,另一半挂在叉上举着。如果不吃桌上的菜时,可将刀叉合并放在盘边。喝汤时用汤匙,方法是从里向外盛汤来喝,不能发出声响。吃意大利通心粉先用叉一层层卷起后再送入口中,不可像吃中国面条那样吸进去发出很大声响。

(4)西餐餐桌上往往有不止一套刀叉。西餐宴会上,不同的刀叉有不同的用途,要注意识别,一件件搭配使用。

## 三、西餐菜点与酒水搭配知识

西餐与中餐的不同之处,是菜点与酒水的搭配很有讲究,而且形成了一定的规律。具体要求如下:

(一)前开胃酒

(1)鸡尾酒(cocktails)。餐前饮一杯鸡尾酒,是大多数西方客人的用餐习惯,一杯色香味形俱佳的鸡尾酒,会令客人胃口大开。

(2)雪利酒(sherry)。雪利酒也是西方人喜欢饮用的开胃酒之一,在雪利酒系列中,西班牙雪利酒最为著名。

(3)葡萄酒系列。在葡萄酒系列中,波特(port)、玛德拉(Madeira)、味美思(vermouth)等也属于开胃酒。

(4)高杯饮料(highballs)。用威士忌或其他蒸馏酒掺入苏打水、汽水等,并加冰块饮用,也是理想的餐前开胃酒。

(二)餐后酒

西方人有餐后饮酒的习惯。餐后酒有促进消化的作用。常用的餐后酒有利口酒(liqueur),或称香甜酒;餐后饮用白兰地酒在西方也较为普遍;香槟酒则在任何时候都可配任何菜肴饮用。

(三)不同菜肴与酒的搭配规律

(1)鱼类或禽类配以干型或半干型白葡萄酒,或者玫瑰红葡萄酒。

(2)牛排、烤肉等肉类常用红葡萄酒相配。

(3)点心通常佐以香槟酒或甜葡萄酒。

(4)干酪、乳饼可用红葡萄酒相配。

总之,色、香、味淡雅的酒品应与色调冷、香气雅、口味纯、较为清淡的菜肴搭配,如头盘鱼、海鲜类应配以冰冻后的白葡萄酒;香味浓郁的酒应与色调暖、香气浓、口味杂、较难消化的菜肴搭配;咸食选用干、酸型酒类;甜食选用甜型酒类;在难以确定时,则选用中性酒类。

## 四、不同场合饮酒的注意事项

酒类及饮料是不可少的。饮酒的过程,是交谈、叙旧,增进感情的好时机。适时的敬酒,得体的酒令,会为宴会创造欢乐的气氛。所以,有句俗话叫"无酒不成席"。应根据客人的情况准备白酒、果酒、啤酒和饮料,让客人尽兴。

(一)中餐宴会饮酒注意事项

中餐宴会饮酒一般从祝酒、敬烟开始,继而劝酒,最后行酒令。这个过程,随各地的风俗习惯而有所不同,中餐宴会饮酒应注意以下两个问题:

(1)酒不要过满,七成即可,以免溢出,不太雅观。斟啤酒、饮料要慢些并贴着杯壁,防止泡沫外溢。

(2)宴会上,应当保持我们民族热情好客的优良传统,提倡劝者尽其情,饮者度其量,使宴会在热情的气氛中进行,在欢乐的气氛中结束。所以主人应该注意掌握席间情绪,既要使客人尽兴,又要注意文雅、礼貌,切不可过量,不酒后失态。

(二)西餐宴会饮酒注意事项

西方人喜欢饮酒,上一道菜要换一种酒。西餐宴会上常常酒是主角,菜是配角。因此,参加西餐宴会,不懂得西餐饮酒常识常常会觉得无所适从。那么,西餐饮酒要注意哪些礼仪规范要求呢?

(1)西方人一般不劝酒,喝不喝酒、喝多少酒往往随个人的情况而定。这与中国人的饮酒习惯正好相反。所以,西餐桌上,应尽量做到不劝酒;即使劝酒,也应当点到为止。在餐桌上饮酒失态是非常丢面子的。

(2)不会饮酒,不必勉为其难,主动客气地向主人说明原因,一般都会得到主人的体谅,有时出于宴会礼节的需要,可让服务员在自己的杯子里斟上一点酒,但只用嘴唇碰杯沿,不饮酒,就不会有人再来添酒了。

(3)西餐斟酒,最多只斟八分满,有时更少,如斟酒时酒水溢出来,是很失礼的行为。斟酒的顺序是先主人,次主宾,然后才是其他客人。

(4)西餐饮酒忌“中国式”的干杯。正确的做法,是饮酒时先举起酒杯,认真欣赏一下它的色泽,然后用鼻子靠近杯子闻一闻酒香,最后再小呷一口,细细品味。

(5)举杯应由男主人提议,并请客人们共同举杯,为在座者说些祝福的话,不要忘掉了任何一位。客人一般不宜先提议为主人干杯,以免喧宾夺主;女士也不应当提议为男士干杯。

(6)举杯时如果客人较多,不必一一碰杯,举杯的同时用眼神示意一下即可。

(7)与外宾干杯,不要交叉干杯,否则会形成十字形,触犯西方人的忌讳。

(8)餐桌上闹酒、高声叫喊、猜拳行令,在西方人看来均属粗野、不文明行为,要坚决杜绝。

**思考与练习**

1. 宴请的形式是如何划分的?

2. 正式宴会有哪些礼仪要求?

3. 宴请活动可以通过哪些方式调节宴会的气氛?

4. 西餐宴会菜点与酒水的搭配有哪些原则?

5. 出席中餐宴会应注意哪些礼仪规范?

6. 参加西餐宴会有哪些礼仪要求？
7. 中餐的“八大名菜”是哪几个，各有什么特点？
8. 最具特色的西餐菜肴是哪几个？试举三例并说明其特点。
9. 请按100人的规模，做一个自助餐组织计划。

**案例分析**

武汉市与日本某市缔结友好城市，在某著名饭店举办了一场大型的中餐宴会，邀请本市最著名的演员到场助兴。这位演员到达后，费了很多时间才找到了自己的位置。当他入座后发现与其同桌的许多客人，都是接送领导和客人的司机，演员感到自尊心受到了伤害，没有同任何人打招呼就悄悄离开了饭店。当时宴会组织者并没有觉察到这一点，一直等到宴会进行中主持人拟邀请这位演员演唱时，才发现演员并不在现场。幸好主持人灵活，临时改换其他演员顶替，才算没有出现“冷场”。

请分析演员为什么不辞而别？座次安排有何不妥？如果是你的话，情况发生后会如何处理？

# 第九章

# 接待与服务礼仪规范

## 第一节　旅游饭店接待与服务规范

旅游饭店的服务质量是饭店管理和服务水平的标志。旅游饭店的生存和发展需要优质服务,只有旅游饭店从业人员认真了解并掌握接待与服务规范,紧密结合旅游业发展要求,不断提高自身的道德修养,才能够提供高质量的服务,为旅游饭店的兴旺发达作贡献。

旅游饭店一般由前厅部、客房部、餐饮部、康乐部四个营运部门组成,其他如人事部、工程部、财务部、采购部等属后勤部门,为营运部门作好坚实后盾。因此,本节将从旅游饭店营运部门探讨旅游饭店接待与服务规范。

### 一、旅游饭店前厅部接待与服务规范

前厅体现旅游饭店的整体形象,是旅游饭店的"门面"或"窗口"。它的业务设有接待、订房、问讯、行李、总机等职能部门,为客人提供登记、接待、订房、分房、换房、问讯、电话、传真、复印、打印、订票、留言、行李、退房等各项服务。前厅部关系着宾客入住饭店的第一印象,前厅部服务质量的好坏直接影响到宾客的满意度和回头率。

此外,作为旅游饭店的"神经中枢"的前厅部,接触面广,协调能力强,是饭店信息接收和处理中心,其销售业绩直接影响旅游饭店效益。因此,前厅部接待和服务规范的标准和规格很高。

(一)前厅迎宾服务规范

密斯特·阿基海斯作为美国斯塔特勒酒店的门卫很有名气,深得宾客喜爱。他身躯高大,穿着一套整洁笔挺的制服,仪表堂堂,格外精神。在接待宾客时,他只要见过一面以后就不会忘记宾客的名字,随后在宾客住店期间乃至再次莅临时,宾客都能感受到他亲切地呼唤自己的名字,像一位老朋友那样热情周到。他常说:"我们服务的特点就是给宾客一个良好的印象。从宾客到大门的一瞬间起,我就以热情周到的服务展现在客人面前了。"他总是面带微笑,态度和蔼,诚心诚意为宾客

服务。对这位优秀门卫,曾有人计算他平均每天开大门279次,走7英里路,至于向宾客问候的次数,连他自己也说不清了。如此的优质服务态度和敬业精神,堪称前厅迎宾服务的楷模。

1. 热情迎宾,周到细致

宾客临门,主动问好,热烈欢迎,切忌以貌取人。开门拉门引导及时,动作规范,轻稳熟练,主动问候,语言亲切。关于迎宾的具体细节可用下面这段话来概括:

若是宾客行李多,门卫主动帮提拿,
一旦进入大厅后,及时示意行李员。
疏导车辆要注意,保持畅通第一位,
车辆抵达快步迎,待到停稳扶着门。
宾客信仰要牢记,宗教人士忌护顶。
若遇老弱病残孕,应先问候后扶助,
若是宾客不乐意,不勉强来不客气。
团队宾客抵店时,躬身施礼表热情,
精力集中全注视,诚意问候不遗漏。
团队行李比较多,轻拿轻放集中摆,
数目核准要及时,避免错拿与丢失,
贵重物品先申明,避免损坏招人怨。
若遇雨雪天气时,主动为客把伞撑,
帮助宾客要适可,热情过度差效果,
千言万语总一句,尊重宾客为己任。

2. 领宾入店,规范迅速

陪同宾客前往总台,迅速办理住宿手续,稍距客人一旁站立,随时准备提供服务。手续办理完毕后,陪送客人乘电梯,先立一旁以手挡门,礼让客人先行入梯。在电梯内,尽量靠近边侧站立,行李尽量靠边放置,避免碰撞客人或妨碍客人通行。到达所需楼层,示意请宾客先走出电梯,自己按着电梯开关。若需陪同宾客进入楼层,先与楼层服务员打好招呼。引领客人时,应走在客人斜前方边侧2至3步左右处,中间位置让宾客行。若遇对面走来客人,停下脚步礼让先行。进入客房先打开灯,立即扫视一下房内,确认一切正常后后请宾入内。进入房内,规范摆放行李物品,核对行李件数并交代清楚,并告知宾客若有事可再找,道别后及时退出,轻轻带上房门离开。

3. 送店离店,热忱惜别

细心运送宾客行李物品,核实件数认真清点,及时稳妥安放车上,一一耐心向客人交代。这些工作完成后,在宾客启程时致辞祝福:“祝您旅途愉快”,“欢迎再次光临"、道别话语要热忱有力。告诉宾客注意车门,力度适量把门关好,车辆启动挥手告别,面带微笑目送客人。

4. 日常服务,方便准确

认真接待来访住店宾客的人,按照规程礼貌地问清情由,请总台查核并明确答复所见宾客是否在本店入住。若是住店宾客,及时通知到房间,由住店客人自行决定是否同意会面,不要想当然替宾客作决定。某酒店一天有两位国内客人要求会见一位住在该店的美国客人,应接人员通过总服务台查询到确有这位客人居住,但因临时外出不在房间,而两位来访者声称是多年未见的老朋友要求告知美国客人的房间号,并声称不妨到客房等候。应接人员耐心告诉来访者,按照酒店规定,本着对住店客人切身利益负责的原则,在未征得客人本人同意时,不便将其房号告诉他人,至于到客人房间等候,似乎更不方便。此时,两位来访者面色有点不悦,应接人员马上提出建议,如果要等候的话可以去大厅一边休息一边等,或在总服务台留下便条给客人,如方便的话也可随时与饭店取得联系,饭店愿随时提供优质服务。两位来访者听罢觉得合情合理,便留下便条后离开酒店。待住店的美国客人回来时,应接人员详细将事情经过告之,客人表示完全理解并给予诚挚的感谢。

应接人员必须具有高度的责任感,注意力一定要集中,除了随时观察客人,满足客人的需要外,同时也应配合安全部人员,注意观察出入酒店者的动向,如遇可疑人员,应引起警惕,及时通知相关部门。固然不以貌取人是酒店服务宗旨,但协助把好第一关,确保住店宾客的安全更是至关重要。此外,若遇到宾客需要乘坐出租车,应根据宾客需要和有关规定主动帮助联系。如碰巧赶上暂时无车,应先安慰客人再设法联系,联系时如需打电话,应尽可能当着客人的面进行,让宾客觉得应接人员确实是急他之所急,尽力帮助解决困难,留下办事可信的印象。

(二)总台接待服务规范

1. 接待问讯,彬彬有礼

接待问讯员对待宾客必须彬彬有礼,一视同仁。总服务台清洁干净,给人舒适的感觉。接待对象为老年人或儿童时,提醒各部门给予帮助和照顾,尤其注意当长住酒店的顽皮孩子干扰工作时应采取敬而远之的态度避免更多麻烦。宾客问询时,能放下的工作应该马上放下热情应答,若是忙碌应对客人说"对不起"或点头表示歉意,切忌让宾客等待而置之不理。接待问讯员应掌握大量信息以最大的可能满足宾客要求,针对宾客的询问应全神贯注倾听并尽力帮助解答。接待问讯员应以尽善尽美的标准严格要求自己,通过不懈的努力,使宾客真正有宾至如归的感觉。

具体来讲,接待问讯员应做到站立服务精神饱满,举止得体自然大方,精力集中随时准备,热情主动接待宾客。面对宾客问讯,应微笑相迎,有问必答,百问不烦,口齿清楚,用词得当,去繁就简,节时高效。接待问讯工作,应业务熟悉,职责明确;对航班铁路,了如指掌;风景名胜,清晰明了;主要场所,地点号码,做到心中有数。接待问讯有两忌:一忌轻易说出“不知道”,使客人失望;二忌采用“也许”、“可能”、“大概”、“差不多”这种模棱两可的措辞。

对不知道的问题要真诚致歉,迅速查阅相关资料,及时请教尽量给予客人圆满答复。若遇宾客犹豫不决,要善于察言观色适时介入,热心提供相关信息,适度参谋切忌干涉。无论如何,掌握技巧,把握分寸,尊重宾客,最为关键。

2. 接待住宿,迅速规范

热情问候入店宾客,双目正视,热烈欢迎。听清宾客要求,请其出示相关证件并填写住宿登记单。根据客人要求和客房控制实际情况,尽量满足客人需求为其安排好房间。若客人需求无法得到满足,应向客人致歉,再提出合理有益的替代建议,供客人选择参考。若有宾客只签姓名不填其他内容,应耐心解释,告诉他们住店登记是旅游饭店最基础的工作,同时也是有关部门对服务性行业的要求,每一位入住宾客均应按照程序要求填写登记卡。这样不仅有利于旅游饭店根据登记单反映情况,及时了解不同宾客的实际需求,以便更好地提供周到良好的服务;而且有利于及时归档保存宾客个人资料,配合相关部门检查,同时当宾客下次入住时,可以根据准备齐全的客史档案,预先为客人登记并安排好房间,宾客抵达时只需在登记卡上签字即可,大大节省时间方便了宾客,让宾客感受到至上的服务。在仔细查验相关证件并确认宾客填写的住宿登记单无误后,迅速礼貌地将证件递还给宾客并致谢。招呼宾客请稍候,快速输入信息制作房间钥匙,态度热情,礼貌地递交钥匙(如说:“××先生/女士,您的房间号是××,这是您的房卡请收好,请乘坐电梯赴×层,谢谢您! 祝您入住愉快!”)给宾客。

对于临时来店住宿的宾客,若遇当天已无空房,应主动向宾客解释并推荐其他相关酒店,若有可能应当着客人的面打电话设法解决,必要时应协助宾客联系出租车送行,热情欢迎客人以后再来,给宾客以尊重。若是通过各种方式预订过房间的宾客,应尽全力取信于客,在双方商定的时间内,务必按照酒店对客人的承诺保留房间。如果正在接待宾客所办之事较为复杂,而此时又来了一位宾客,接待人员应该注意观察和揣摩,觉察到后一位宾客要办的事情比较简单,应先对正在办理手续的宾客打个招呼,道声“对不起”,为后面的宾客迅速办完简单的事后,再回过头来继续接待前面的宾客;若是判断有误,则应向后面的宾客招呼请他稍等一会儿。当重要宾客住进客房后,依照惯例应予以特殊关照。如果宾客在住宿期间,预先通知前厅接待处,不要将其姓名、房号或其他事宜告知其他人,前厅接待应将特殊要求输入电脑,保证客人在住店期间能不受干扰地安静、舒适地度假。一旦遇到在填写上存在困难或觉得麻烦的宾客,接待人员应征得客人同意后,代其填写登记卡,然后请客人签名确认。

3. 相关服务,配备齐全

现代旅游饭店的发展,服务越来越趋向人性化。旅游饭店前厅部的邮件收发、票务预订、自行车出租等服务项目配备更加齐全。若入住宾客有邮件,尤其是快件,必须立即送给客人,不得无故拖延。如果宾客外出不在店内,应在确认并附上"时某分我们尽力在整个酒店找您,但非常遗憾未能找到您"的便条后将邮件放在钥匙箱内,等宾客返回时立即取出邮件连同钥匙一起交给客人。邮件无论是收取还是发放,一定要迅速、准确,千万不要随意乱塞或漫不经心扔在柜台上。

票务预订业务在很大程度上已成为影响许多宾客选择酒店的重要因素。为宾客代购各种机票、车票、船票,凡是承揽了业务的,应尽力按照客人的要求去办,如有困难或情况发生变化,酒店虽然尽了全力仍不能保证宾客按计划拿票,就必须及时向宾客说明情况,征求宾客的意见,一切应由宾客自行作出决定,服务人员不得擅自改变宾客初衷,自行其是。通过多方努力,仍然无法满足宾客需求,应实事求是地告诉宾客,致歉态度诚恳,切忌随便编造理由来糊弄宾客。

旅游饭店为了方便宾客,提供出租自行车服务。宾客预订出租自行车,前厅部有关人员应配合酒店工程部人员提前检修自行车,保证自行车清洁完好。在办理自行车租用手续时,应通过各种方式向宾客说明使用自行车和遵守交通规则的相关事项。

其他相关服务如复印、打印、传真等,相关服务人员应讲求效率,力求准确,避免差错。此外,总台接待人员在接到住店宾客因各种事宜打来的电话或是外来查询电话时,一定要使用敬语,如:"您好,这里是总服务台,请问有什么事我能为您服务吗?"用普通声调对准话筒,音量适中,亲切自然,聚精会神,愉快而富有耐心。对宾客的问讯和查询要听清和写明,凡是答应为宾客办的事情一定要办到,凡是宾客要求为自己保密的事务一定不能泄露。若是留言一定要准确记下日期、时间、留言人姓名以及电话号码,为了准确起见可将留言内容重复一遍与对方核对。

4. 结账离店,准确高效

前厅出纳员应当掌握当日离店宾客名单和房号,审核客户入住期,每日房费、餐费、电话、洗衣等各项费用记录,票据和应收账单,准确无误后准备宾客前来结账。宾客离店前来付款结账时,应该从尊重宾客出发,热情周到、迅速、准确办理,不耽误宾客时间以满足宾客愿望。出纳员应将事先整理好的结账单递给宾客,请宾客与原始记账单进行核对,待宾客核对无误再就付款。

宾客结账完毕后,出纳人员应向宾客致谢。致谢时一定要满怀诚意,面带微笑,音色饱满,给宾客以热情好客的深刻印象。

5. 处理投诉,态度认真

面对前来投诉的宾客,应该热情接待,集中精力排除干扰,以慎重、富有同情心的态度认真倾听所反映的问题,详细询问并当面记录。如果当场能够解决的问题,一定要耐心解释，消除误解，对需要相关部门或店外有关单位配合的投诉，要及时同有关部门联系，请宾客耐心等待。对需要当面沟通的投诉请有关人员到场，一同沟通解决。如果是一时解决不了的投诉，也应向宾客说明原因，力争在宾客离店前解决。所有投诉解决一般不超过 24 小时，使宾客满意。

处理投诉的接待人员应以温和的语言，富于同情的表情，真诚的微笑来以"柔"克"刚"，化解对方怨气，通过"移情"作用，使宾客自尊心得到满足。同时，以娴熟的业务处理能力、雷厉风行的处理作风，快速地解决问题，给宾客留下美好的印象。

## 二、旅游饭店客房部接待与服务规范

客房作为旅游饭店的一个重要组成部分，每天为宾客提供24 小时的服务，它是宾客在酒店中逗留时间最长的地方。客房的清洁卫生程度、安全状况、设备与物品的配置、服务项目周全与否、服务人员的服务态度和服务水准如何等直接为宾客所关心并影响着宾客对旅游饭店的印象。

旅游饭店是宾客的"家外之家"而最集中地体现在客房，只有当宾客住上整洁、舒适、安全的客房，在得到物质上的享受的同时，体会到热情、礼貌、周到、主动、耐心的服务，旅游饭店客房部的优质服务才能说是真正落到了实处。

### （一）宾客到店服务礼仪规范

#### 1. 宾客到店前的准备服务礼仪规范

客房服务人员应讲究仪容仪表的修饰，按照规定着装，佩戴好工作名牌，整洁自然，端庄大方。宾客到达前，根据前厅送来的宾客名单、预期到达表或住宿通知单等了解客人的姓名、房号、生活习惯、禁忌、爱好、宗教信仰等情况，掌握宾客的基本情况，以便能够在接待服务中提供针对性服务。对于宾客预订的房间在宾客到达前 1 个小时一定要整理好，使客房保持清洁、整齐、卫生、安全、设备齐全完好、生活用品充足、一切规格符合等级和定额标准。房间整理完毕后，管理人员还要全面检查房间设备和用品，尤其是对 VIP 宾客房间要逐项检查。

宾客到达前，服务人员应根据气候和不同地区的实际需要，调节好房间的温度和湿度，保持空气清新。适宜温度在22℃～24℃，并提前准备好香巾、茶水，以便宾客入住后及时服务。

#### 2. 宾客到店迎接服务礼仪规范

宾客到达楼层标志着客房迎接服务工作开始，楼层服务人员应主动、热情欢迎宾客，做到态度热忱，语言亲切，举止大方，礼貌周到，服务主动，使客人真正感觉到宾至如归。

宾客来到电梯，楼层服务员应在电梯口迎接，并主动向宾客问好："先生/女士，一路辛苦了，欢迎您入住我们酒店。"若是常客可直接道出宾客姓说："×先生/女士，很高兴我们又见面了。"迅速引导宾客下电梯，并主动接下宾客的行李，对于宾客随身携带的手提包或小件物品，在征得宾客同意后再帮助提取。贵重行李做到轻拿轻放，不倒置。

引导宾客到达房间门口时先开门，礼让宾客先进房，然后迅速放好宾客行李及物品。宾客坐下后，服务人员应根据宾客人数和要求，递上香巾和茶水，做到人到，微笑到，敬语到，茶到，香巾到。随后简单介绍客房主要设备、饭店服务项目、服务时间，包括空调开关、闭路电视、传呼服务员的电钮和使用方法，各餐厅主要经营风味、楼层和开餐时间等。同时简洁明了地介绍宾客住店须知和酒店情况，若是团体大批客人应集中人力，具体分工分头迎接。

迎接工作就绪后，服务人员应询问宾客："还有什么我能为您服务的吗？"然后告别，祝客人住宿愉快，轻手将门关上。

（二）宾客住宿服务礼仪规范

1. 宾客入住后循环性服务礼仪规范

宾客住店期间，客房服务人员提供的大量服务工作是琐碎的、细致的，并且循环往复进行。

这种涉及面广，持续时间长的工作具体表现在：打扫房间，撤换棉织品，补充生活用品，清扫卫生间，撤换浴巾、面巾、垫脚巾，补充香皂、卫生纸和洗漱用品等；收集宾客要洗的衣物，检查洗衣袋，点清数目，填好洗衣账单，并将洗好的衣物及时送客房，请宾客查收；下午整理房间和卫生间，更换热水瓶和使用过的茶具、水杯、一次性用品等，倒烟灰缸、废纸篓，始终保持房间整齐、舒适、清洁；定期打扫楼层公共环境卫生，保持整洁畅通，对于高处门窗、玻璃、灯管、墙角等隐蔽处的卫生进行认真清理；分发报纸、信件和邮件，清理各种账单，及时送达收款处，补充楼层服务台用品和商品，满足宾客需求；随时注意住房动态，根据宾客需求或特殊需要提供迎接和随机服务；晚间整理好房间，按照规定开夜床，冬季晚 6:00 以后，夏季晚 7:00 后到客房，清洁整理房间，更换冷热水，撤换茶具、水杯，补充茶叶，倒烟灰缸和纸篓，拉好窗帘，调节温度和空气，打开床头灯，摆放好拖鞋，掀开被角成 45°角，若是房门挂"请勿打扰"牌、双重锁或进房后发现宾客床上堆放物品较多，服务员应将留言提醒条塞入或放在床头柜上，告知宾客如果需要服务，请通知客房服务中心。

2. 宾客入住后日常性服务礼仪规范

宾客入住后，服务人员除了提供循环性服务外，还要提供日常性服务，主要内容如下：

日常服务过程坚持"不叫不扰，随叫随到，仔细稳妥，热情周到"的原则，清扫房间尽可能在客人外出吃饭或办事时进行，对在房间的宾客在征得同意后再清扫。服务人员每次进入房间一定要先用食指关节，力度适中，缓慢而有节奏地敲门，一般三下"咚、咚、咚"，敲两次，当听到宾客肯定回答或确信房间无人后方可进入，并将门打开。整理房间，先得准备好撤换的棉织品、各种生活用品、清扫工具、暖水瓶及宾客所需物品等，不得接打客用电话，不得动用、翻阅宾客物品，不得主观擅自处理宾客物品。

当宾客需要发电报、电传或邮寄物件时，服务人员应主动告诉地点、服务时间。如果宾客有信件、邮件、电报等，应及时送入房间，当面交给宾客，并做好签收工作。宾客委托代订、代购和代修事项要问清记准，详细登记，复述并确认，随后及时送给有关部门并按时送还宾客。房间内宾客自购的花草或装饰物品，服务人员不要动用或搬动，若宾客外出，不要随意浇水，以防坏死，引起投诉。每天整理房间，定时检查和补充客房冰箱内的饮料，凡是宾客用过的饮料，要点清数目填好账单，请客人签字。特别是对当天离店的房间要及时清点，防止跑账、漏账。日常服务过程中，避免与客人发生口角。如果遇到个别客人失礼言行和过分举动，服务员应保持冷静，有礼有节，不卑不亢，不可采用简单粗暴的方式，必要时请有关部门处理。

3. 宾客入住后针对性服务礼仪规范

优秀的客房服务人员应该熟悉自己的服务对象，关于宾客的国籍与职业、外貌特点、特有的习惯或动作等了如指掌，而且在再次见到自己服务的对象时，应尽可能正确地道出客人的姓氏和职业。此外，通过观察宾客的嗜好忌讳可以更好地掌握宾客的需求，做到主动热情，服务周到，如因宗教信仰和生活习惯不同，有的客人喜欢用冰块，有的客人爱喝红茶或绿茶，有些外国客人只喝咖啡，欧美人忌讳“13”这个数字，忌讳“星期五”，泰国人忌讳睡觉时头朝西等。

宾客住店期间，服务人员在服务的过程中通过细致观察，有针对性地提供服务，可以获得宾客的长期好感，同时宾客感觉到自己受到了尊重会留下良好的印象，为再次莅临作铺垫。如宾客下榻处人地生疏，有时水土不服，加上每天外出游览参观或经商谈判等，十分辛苦，服务人员要注意宾客身体变化，尤其是对年老体弱的宾客更要加倍关心，对身体有病的宾客要热情照顾。

由于住店宾客的习惯不尽相同，除了需要日常生活服务外，还有一些特殊要求，譬如生日 party、朋友聚会、结婚纪念日、宾客节假日聚会等。客房服务人员应了解这些特殊需求，不遗余力地适时、恰当推销酒店的其他设施。例如，宾客利用客房开小型洽谈会，服务人员可以推荐宾客租用酒店的会议室，宾客的生日聚会可以到大堂吧进行等。

(三)宾客离店服务礼仪规范

宾客离店时的服务是客房服务的结尾和延伸。宾客离店时的服务工作，不仅是客房服务留给宾客的最后印象，也是旅游饭店争取回头客的重要时刻。

服务人员进入客房后要向宾客表示问候，征求宾客意见，需不需要帮助。对于行李较多的宾客，尤其是团体宾客应立即通知行李员帮助宾客提送行李。

服务人员在宾客离房时应主动告别，并祝旅客一路平安，欢迎下次光临。一般应将宾客送到电梯口，重要宾客或老弱病残者更要细心地一直送到前厅，给予特别照顾。服务人员应主动征求意见,以便不断改进服务工作。若发现宾客有不满意的地方或未尽事宜,一定要在宾客离店之前设法补救。

宾客离店后服务人员要迅速检查房间,包括枕头下、床头柜、抽屉、衣柜、卫生间、阳台等。检查的目的一是看宾客有无遗忘遗留或遗弃的物品,二是看房间设施设备有无损坏,客房用品有无丢失。如果发现遗留或遗忘物应尽可能归还原主,若宾客已走,则按房号、时间、遗物名称等登记,及时报告;如果客房物品缺少或设施有破坏,打电话与总台联系,一般情况下不直接与宾客交涉,更不可伤害宾客的感情和自尊心。

## 三、旅游饭店餐饮部接待与服务规范

旅游饭店餐饮部是为宾客提供用膳的主要场所。它不仅是宾客用餐的固定场所,也是宾客寻求人际交往的重要场所之一。因此,餐厅服务人员必须全面懂得和遵守服务中的各种礼仪规范。在服务中做到热情、亲切、周到、细致而又富有人情味,以实际行动为宾客提供多种享受。

### (一)餐前准备服务礼仪规范

服务人员坚持做到岗前洗澡,服装干净、整洁,头发清洁,无头屑,发型大方、简单、易梳理。厨师要戴工作帽。饮食区不许吸烟,不许嚼口香糖。不得在食品服务区梳理头发,修剪指甲。不能面对食品咳嗽或打喷嚏,来不及躲避时,应用卫生纸捂口,用后立即扔掉。不能在洗碗池里洗手。应用香皂、肥皂、热水或流动水洗手。要备有专用擦手巾。员工就餐后,必须洗手,才可上岗。

服务人员着装整齐,颜色明快光鲜。男服务人员着西装系领带;女服务员着西装西服裙及肉色丝袜,穿皮鞋,着淡妆,不可戴饰物;迎宾小姐一般身着中式旗袍,斜挎欢迎彩带。

### (二)餐厅领位服务礼仪规范

餐厅领位是餐厅服务流程中的第一个环节,同时兼有服务和礼仪双重职能。餐厅领位员在餐厅门口负责迎接、领位和告别宾客服务,基本要求是:着装整洁,仪容美观,仪表大方,微笑服务,热情待客。

#### 1. 主动迎接

餐厅营业时领位员站在餐厅门口一侧,宾客前来用餐,主动上前迎接,面带微笑,向客人微微点头示意并热情打招呼问好:“先生/小姐”、“午安”、“晚上好”。在迎接客人时坚持一视同仁。不论宾客肤色、年龄,是内宾、外宾,熟客或第一次来用餐,都必须主动热情地迎接,切忌厚此薄彼。迎客时要主动接过衣帽,在征得宾客同意后将宾客衣帽收好。如果餐厅座位已满或有的宾客需要等人聚齐时,可以先请宾客在门口休息室或沙发上等候。若宾客有急事,一般不要安排拼桌就餐,以免引起双方难堪,可安排到附近餐厅就餐。

2. 问清情况

对前来用餐的宾客一般情况下要说:“请问先生/小姐,一共几位?”或“先生/小姐,您有订餐吗?”“您已订位了吗?”然后根据具体情况安排餐位,引导入座。对有订餐、订位的客人,直接将客人引导到已经预订的座位上用餐。如果是男女宾客一起进来,领台员应先问候女宾,然后再问候男宾。

3. 引送到位

“迎客走在前,送客走在后,客过要让路,同走不抢道”,这是餐厅服务人员迎送宾客时起码应掌握的礼貌常识。领位员礼貌迎客走在前,目的是引路入座。领位时,应对宾客招呼“请跟我来”,同时伴之以手势。手势要求规范适度。在为宾客指引大致方向时,应将手臂自然弯曲,手指并拢,手掌心向上,以肘关节为轴,指向目标,动作幅度不要过大过猛,同时眼睛要引导宾客向目标望去。切忌用一个手指指指点点,显得很不庄重。

领位员领宾客时,应在宾客左前方1米左右的距离行走,并不时回头示意宾客。引送客人时要帮助客人选择合适的餐位。首先应根据宾客人数,尽量利用餐位,方便客人用餐。除团体客人外,多人一起前来用餐,要尽可能安排在同一餐厅里。其次充分尊重宾客意愿,安排合适的餐位。譬如情侣或谈生意的宾客,安排到比较清静靠边角的餐位;聚会宾客要安排在中间的大餐桌上;对年老体弱的用餐宾客,其座位应尽可能安排在行走路线较短,出入比较方便并且较为安静的位置;当贵宾光临时,安排在本餐厅最好的位置就座;带小孩的客人,要把小孩安排在靠墙角、不易随便下位乱跑的餐位上,等等。再次,注意餐厅各区域的忙闲程度,合理调配。餐厅提供服务一般是划片分区的,引领宾客不可过分集中,特别是翻台率较高时更要注意,以提高餐位利用率。最后,讲究礼仪,尊重客人风俗习惯,迎接引送应坚持先来后到的原则。在西方客人多人一起前来用餐时,迎接引送客人都要坚持先女宾后男宾,先主宾后随从,以尊重宾客的风俗习惯。

4. 拉椅让座

引导客人来到餐位后,领位员先问:“这个位置您满意吗?”然后再拉椅让座。其具体做法是:双手将椅子拉出,右腿在前,膝盖顶住椅子后部,待宾客屈腿入座的同时,顺势将椅子推向前方。推椅子动作要自然、适度,注意与客人的默契合作,使客人坐稳。如有多位客人就餐,应首先照顾年长者或女宾入座。拉椅子让座同样要坚持先女宾后男宾、先主宾后随从的原则。一般情况下,应将女宾让到面向餐厅门口餐位上。如果同批客人人数多时,可示意性地为1～2位客人拉椅让座。宾客入座后,领位员应把宾客介绍给桌面服务员。如果桌面服务员正在忙着接待别的客人,可请客人稍候,给客人倒上茶水,然后将点菜单递送给客人。回到餐厅门口去迎接别的宾客时,应主动打招呼说:“希望您吃得满意。”

（三）宾客用餐服务礼仪规范

宾客入座后，应为宾客斟茶递香巾。上茶时将茶杯放在托盘里，轻轻放置在餐桌上。放茶杯时，切忌以手指接触茶杯杯口。需要续茶时，应右手握壶把，左手按壶盖，将茶水徐徐倒入杯内，注意不要将水倒得太满，以免外溢，约占水杯的3/4即可。分发香巾时要放在小碟内，用夹钳递给宾客。

观察宾客嗜好，了解宾客就餐目的，向宾客重点介绍各种特色的菜点。只有认真观察客人嗜好、禁忌后，才能有针对性地帮助客人选菜配菜，做好服务。及时介绍饮食产品，如对有身份地位的客人，可先介绍高档产品；对专家学者，多介绍清淡食品；在不同季节推销时令产品等。在点菜过程中，尽量突出不同产品的风味特点、吃法，刺激客人需求。尊重客人的民间习俗和自身特点，尽量满足宾客的特殊需求。当回答宾客、介绍和推荐本餐厅的特色和时令菜肴时，要顺便介绍一下所点菜肴的烹制时间，征询宾客意见，以免让客人因久等而不耐烦。同时要注意观察揣摩宾客的心情和反应，不要勉强或硬性推荐。

等待宾客点菜时，服务人员精力要集中，随时准备记录。同宾客谈话时，上半身略微前倾，始终保持面带笑容，客人点的每道菜和饮料等，都要认真记录。如果宾客点的菜今日没有现货供应时，要礼貌地致歉，求得宾客谅解。在岗服务人员最好与厨房及时沟通，了解今日菜肴供应情况。如果宾客点出菜单上没有的菜时，服务人员也不要不假思索立即予以回绝，可以说："对不起，这道菜目前菜单上没有，请允许我马上与厨师长商量一下，看能否尽可能满足您的要求"等，这样，既不失礼貌，又可以体现出本餐厅想客人之所想，满足客人特殊要求的良好服务特色来。

服务人员在为客人斟酒水时，要先征得宾客的同意，讲究规格和操作程序。凡是宾客点用的酒水，开瓶前，服务员应左手托瓶底，右手扶瓶颈，商标向宾客，请其辨认。这样做一是表示对宾客的尊重，二是核对选酒有无差错，三是证明商品质量可靠。斟酒多少的程度，要根据各类酒的类别和要求进行。斟酒时手指不要触摸酒杯杯口或将酒滴落到宾客身上。斟酒时应先给主宾、再给主人斟酒，然后按顺时针方向依次绕台斟酒。如果是两名服务员服务时，应一个从主宾开始，另一个从副主宾起，依次绕台斟酒。

餐厅服务要讲究效率，节约宾客时间，一般来说，宾客点菜以后10分钟内凉菜要摆上台，热菜不超过20分钟。传菜时要使用托盘取菜，要做到菜点的拼摆图案不因经历送菜这一过程而受到破坏，并注意托盘内热菜必须热上，凉菜必须凉上。餐厅服务员对于厨师做出的菜肴要做到"五不取"：即数量不足不取；温度不够不取；颜色不正不取；配料、调料不齐不取；器皿不洁、破损和不合乎规格不取。

服务人员在餐厅服务时，应做到"三轻"，即走路轻，说话轻，操作轻。取菜时要做到端平走稳，汤汁不洒，走菜及时，不拖不压。从餐厅到厨房要力求做到忙而不乱，靠右行走，不冲，不跑，不在同事中穿来穿去，走菜时要保持身体平衡，注意观察周围的情况，保证菜点和汤汁不洒、不滴。将菜盘端上来放到餐桌时不能放下后推盘，撤菜时应直接端起而不能拉盘。餐厅操作要按规程要求，斟酒水在客人的右侧，上菜从客人的右侧，分菜从客人的左侧，而餐中撤盘则从客人的右侧。

上菜的位置要在陪座者之间，一般不要在主宾和主人之间。上菜前，在菜盘中放一副大号的叉、匙，服务员双手将菜放在餐桌的中央，同时报上菜名，必要时简要介绍所上菜肴的特色典故、食用方法、风味特点等，然后请宾客品尝。但要注意说话时切不可唾沫四溅。有的风味食品如需要较为详细介绍，应事先征得宾客的同意。

服务人员每上一道新菜，须将前一道菜移至副主人一侧，将新菜放在主宾、主人面前，以示尊重。餐台上菜一般只留下两道，当第三道菜上桌时，餐台上原有的两道菜就应撤下一道。上菜和撤菜前，要事先打招呼，征询宾客的意见，待宾客应允后方可操作，以免失礼。撤菜的位置与上菜的位置相同。掌握正确的上菜和撤菜方法，能为宾主之间创造良好而和谐的气氛，不至于中断或影响进餐的正常进行。

服务员使用派菜用的叉、匙，依次将热菜分派给宾客。派菜顺序是先客人，后主人；先女宾，后男宾；先主要宾客，后一般宾客。如果是一个人服务，可先从主宾开始，按顺时针的顺序逐次派菜。派菜服务员用左手垫上布将热菜盘托起，右手拿派菜用的叉、匙进行分派。服务员要站在宾客左侧，站立要稳，身子不能倾斜在宾客身上，腰部稍微弯曲。派菜时呼吸要均匀，可以边派菜边向宾客讲明菜点的名称，但要注意说话时头部不要距离宾客太近。边讲边派菜时，一定要注意力集中，熟练地掌握叉、匙夹菜的技巧，在宾客面前操作自如。派菜时要掌握好数量，做到分让均匀，特别是主菜。派菜要做到一勺准，不允许把一勺菜分让给两位宾客，更不允许从宾客的盘中往外拨菜。

撤换餐具要等整桌的宾客把刀、叉并放在盘子里，汤匙放在汤盘里，表示已经用餐完毕。但目前也有一些外宾不是很注重此种表示方法，遇到这种情况时，服务员可上前有礼貌地询问一下，征得宾客同意后撤下盘子，不要贸然行事。撤餐具时应按逆时针方向进行，从宾客的左侧用左手将盘子撤下（如果是西餐宴会服务员撤餐具时，要从宾客的右侧撤，要用右手撤盘，左手接盘）。如果餐桌上有女宾，则从女宾开始撤盘。撤盘时不要一次过多，以免发生意外事故。撤下的餐具要放到就近的服务桌上的托盘里，不要当着宾客的面刮盘子内的剩菜或把盘子在餐桌上堆起很高再撤掉。

此外，有的外宾对中餐餐具有新奇感，虽然不会用，也愿意自己试试，例如用筷子夹饺子等。当遇到他因使用方法不当，夹不上东西时，服务员应主动上前询问“我能帮助您吗？”在宾客同意后，取用一双备用筷，为其做正确使用的示范动作。但要注意，示范时让宾客自己夹菜，服务员不要用筷子来回摆弄宾客盘中的菜肴。

如果宾客不慎将餐具掉落到地上,服务员应迅速上前取走,马上为其更换干净餐具,绝不可在客人面前用布擦一下再拿给客人继续使用。如果有宾客的电话,服务员应轻轻走到客人身边,轻声告诉客人,不可图省事而大声呼唤,以免引得餐厅内其他客人注目。宾客有意吸烟时,应及时主动上前帮忙点火,将烟灰缸及时递到台上客人执烟手一边。用火柴给客人点烟时,划火后要稍停,待火柴气味散发后再给客人点烟。点烟时要掌握好时机,点后立即将火灭掉。为礼貌起见,一根火柴只给一位客人点烟,不要一根火柴给两位或更多客人重复点烟。烟缸内如已有两三个烟头应及时更换,更换时单手将干净的烟缸压在用过的烟缸上,将两个烟缸同时拿走,放在托盘上,然后将干净的烟缸放在台上,把用过的烟缸端走刷洗干净。

(四)送客服务礼仪规范

宾客用餐结束后,服务员要主动询问客人,征求客人意见和反映。如问:"先生/小姐,您觉得满意吗"、"欢迎您提出宝贵意见"、"欢迎您下次光临"等。

客人用餐将要结束时,服务员要准备好账单,请客人过目,请求付款。账单核实无误后,不要用手直接把账单递给宾客,应将其放在收款盘里或收款夹内,账单正面朝下,反面朝上,送至宾客面前,表示礼貌和敬意。

如果是住店客人签字,服务员要立即送上笔,同时有礼貌地请宾客出示酒店欢迎卡(Hotel. I. D)或房间钥匙,检查要认真,过目要迅速。不论是签单还是付现金,服务员都应向客人道谢。宾客起身离去时,服务员应及时为宾客拉开坐椅,方便其行走。宾客出门前,服务员应注意观察并提醒客人不要遗忘随身携带的物品。要以礼将宾客送至餐厅门口,可以说"再见"、"欢迎您再来"等,并可视情况躬身施礼,目送客人离去。

## 四、旅游饭店康乐部接待与服务规范

随着旅游业的发展和人们生活水平的提高,宾客需求不断增加,促使旅游饭店向多功能化发展。康乐服务正是由宾客的旅游动机和消费需求决定的,已成为现代酒店发展的方向,适应形势发展的需要。

(一)旅游饭店康乐部服务人员素质要求

康乐部岗位分工细致,各司其职,人员相对分散,独立操作的时间多。所以,对员工的素质要求较高。康乐服务技术要求高,专业性较强,要求服务人员具有高中以上文化程度,并具有一定的语言文字表述能力;至少掌握一门外语;能自觉遵守涉外人员的纪律和酒店规章制度;具有热爱、熟悉本职工作,责任心强和热情为客人服务的精神;具备熟知康乐设备设施状况和操作技能的业务管理知识;对一些需陪伴的服务项目,如网球、台球等,服务人员要经过专门训练以掌握专业技能后才能上岗;能了解客人心理,熟练地引导客人进行康乐活动;身体健康,能胜任本职工作。

(二)旅游饭店康乐部服务礼仪规范

服务人员要做好仪表仪容的自我检查,按照所从事的具体服务工作着装,做到仪表整洁,仪容端庄。在岗位上,坚持站立服务,精神饱满,思想集中,面带微笑。以清新、精干的形象恭候宾客,随时准备为宾客提供所需服务。

宾客前来,要主动相迎,亲切问候,简要介绍各类康乐设施及服务项目,征询宾客需要提供何种服务。收费标准必须明确标示。

如果有些宾客对某种运动项目或运动器械的操作不熟悉,服务人员不应置之不理,更不可冷嘲热讽,而应尽可能耐心地介绍并做些必要的示范。宾客初次尝试时,服务人员不应袖手旁观,而要在一边保护、指导。有的项目需有人陪练,如网球、壁球、台球、乒乓球等,服务人员可按有关规定,请宾客在办理付费手续后陪其操练。需协助记分时,也要乐于相助,不能以"不会"、"没时间"等为由推托而导致宾客扫兴,显得失礼。要随时关注宾客在运动过程中的安全,尤其是从事游泳、健身、网球、保龄球等运动项目的服务工作更是如此。

运动前应善意提醒宾客做些准备活动,运动中要以高度的责任心加强巡视,观察宾客动态。运动后要注意关心宾客特别是老年人和儿童的感受,要采取一切可能的措施,既要使宾客尽兴,又要以预防为主,绝不能发生危及宾客人身安全的意外事故。

在接待洗桑拿浴的宾客时,要注意其身体状况,对虚弱不宜者要善意劝阻。要密切关心沐浴者的动静,以防在浴室内晕倒发生意外。要定期检查各类器械的使用状况,有磨损失灵或零部件脱落时,应及时通知有关部门派人来检修,同时张贴告示,讲明为维护人身安全,请宾客暂停使用。决不可抱有侥幸心理,凑合使用,以免酿成大祸。

宾客在运动中若损坏器械等物品时,服务人员应对宾客讲明道理,请宾客按照有关规定照价赔偿。说话时态度要真诚,语气要和蔼,不可得理不让人,与客人发生争吵甚至举止粗鲁,这是绝不允许出现的非礼行为。

在万一不幸发生意外事故的情况下,服务人员要保持头脑的清醒,切勿慌张、大喊大叫或是茫然不知所措,而应采取果断措施,一边就地施行抢救,一边由其他服务人员通知上司、医生,必要时迅速将病者、伤者送到医院救治。

要做好用品卫生和环境卫生的保障,客用品要按规定经常消毒,防止在公共娱乐场所的交叉感染和病菌传播。

宾客前来美容美发时,要充分尊重其意愿和要求。也可根据宾客的自身条件,热心为宾客介绍与其脸型般配的样式和适合其皮肤特性的化妆品,但不要强加于人。对皮肤过敏者要慎重对待,以免造成不愉快的后果。

在宾客众多、业务繁忙、人手不够、来不及同时接待时,要主动招呼宾客,并请他们先在休息室阅读书报杂志静候,不要冷落来宾。即使是业务繁忙,也要按照既定程序办事，切不可偷工减料，马虎从事，使宾客产生不快。美容美发的器械要坚持按有关卫生标准严格消毒，以对宾客高度负责。

当宾客运动、娱乐或美容美发完毕，服务人员要热情地一一送客道别，并热忱欢迎宾客今后再次光临。

## 第二节　旅行社服务礼仪规范

旅行社是旅游活动的组织者、安排者和联系者，在整个旅游活动中处于核心地位。要保证旅游活动的圆满成功，旅行社就必须向游客、参观游览点、饭店、旅馆、交通运输和邮电通讯等方面实施规范的礼仪，保持良好的关系和无障碍的沟通。

### 一、旅行社接待与服务礼仪规范

#### (一)办公室接待礼仪规范

办公室是旅行社专门接待的组织机构，体现管理水平和精神面貌的窗口。首先，创造出典雅、舒适、幽静的环境气氛，留给来访者良好的“第一印象”。有条件的办公室旁可附设接待室。接待室可分中式、西式两种风格。中式接待室一般采用自然光，应突出洁净、朴实、方便以及传统文化风格；西式接待室一般不采用自然光，多用灯光，注意创造光线和色彩的柔和、深沉、高雅、豪华格调。接待室要注意空气清新，保持适宜的室温、相对的湿度。室内应配备必要的通讯和音响设备与宣传资料、接待用品。

对前来造访者，应站起来，用礼貌语言，如“您好”、“请进”、“请坐”，并献上烟、茶水、饮料等表示欢迎。对熟悉的客人还可以适当寒暄，询问一些有关生活、工作等近况，融洽气氛。对初次来访的客人，要采取一定的接待技巧，弄清对方的单位、身份和来意。对涉及重大问题的接待，更要慎重验看对方证件。客人陈述问题要作必要的记录。对来访者的愿望和要求，合理的、能够答复的，要尽快给予明确答复；不合理的或不便马上答复的，应予以委婉推辞，或进行必要的推托。应请示或安排领导接见、解决的问题，要事先和主管领导研究，予以妥善安排。应热情送行，并表示欢迎再来。如果需要，分别时要留下今后相互联系的地址和电话。

电话接待是办公室接待的重要任务之一。电话铃响应立即接通，最好不要让铃声超过三遍。拿起话筒要用礼貌、谦和的语气说：“您好，这里是××。”注意不要问：“你要哪儿？”“你找谁？”若这样与英美人打电话，对方很可能会觉得你不懂礼貌而挂上电话。讲话清晰、简练、准确、热情，讲话声音适中，忌矫揉造作。注意倾听对方讲话，既不要贸然打断，又不可沉默不语，要根据内容不断随以“是”、“对”、“嗯”的应声。对重要的电话内容要认真作好记录，内容要周全、准确。涉及时间、地点、款项、人员等问题，一定要记牢。为防止失误，对重要内容予以复述核准，以免搞错。通话结束时,要待打电话一方先挂电话,然后再挂电话,挂电话前要说感谢或欢迎的话。此外,若受话当事人不在,可礼貌地说:“对不起,×××不在,有什么事我能代为转达吗?”若允许代转,就作好记录,若不需代转,可告知×××大约什么时间在,请再打来电话。为了搞好电话接待,接待人员还要特别注意熟悉记住常用的通讯电话号码。

(二)迎送接待礼仪规范

1. 接客人

根据旅游者身份、国籍、性别、年龄等状况安排好吃、住、活动日程、交通工具、兑换货币等事项。查明宾客到达时间,提前15分钟到达机场、车站或码头,选择醒目合适的地点等候。若接待的是外宾或高贵客人,要事先在机场、车站、码头安排贵宾室,以备稍事休息。宾客到达,应主动热情迎上前去,寒暄问候,协助提拿包裹(一般帮提大行李,手提包则不必),办理入境手续。若与宾客不相识,则要事先写好迎客牌,工整地写上所接客人单位、名字。宾客过来时,先行自我介绍,或递上名片,首先解决相互称呼问题。引导宾客乘车。把宾客行李安排好后,即刻打开车门,安排宾客上车。若乘小轿车,注意安排尊贵的人坐在车后排首位,接待人员坐在后座左首位或司机旁边。若乘面包车,则安排尊贵客人坐于司机后双人座上。车启动后,切忌沉默不语,可向来客讲讲活动日程,介绍当地民俗风情、旅游景点、物价等。到达目的地需协助宾客妥善安排住宿及就餐时间、地点等事宜。考虑到宾客沿途劳顿,需要休息,接待人员不必久留,说好下次见面时间及有事联系的电话号码,即可离去。

2. 送客人

根据客人离去的时间,安排好购票、结算、赠送礼品、摄影留念、欢送宴会等事宜。赠送的礼品要注意携带方便,突出文化内涵和地方特色,具有保存价值。送站人员要尽量帮宾客将行李安顿好,分别时讲些欢迎再来的话,要目送飞机起飞或车船开动,等客人看不见时再行返回。

## 二、导游服务礼仪规范

导游(也称陪同)是旅行社的支柱。导游员是与旅游者接触最多的人,是旅游者的“指南针”,只有全面地掌握业务技能,强化导游过程中待人接物等基本礼仪知识,才能为旅游者提供优质服务。

(一)接待准备

接受接待任务后,导游员要认真阅读接待计划,掌握所陪团的人数、姓名、性别、年龄、国籍、民族及领队等基本情况,了解该团的费用标准和住房要求,掌握团队的游览日程和行程计划,熟悉抵离时间、航班车次、接站地点等。针对所接团队的特点,学习对外宣传材料,掌握国家有关法律、政策方面的规定,了解旅游团所在国近期政治、经济、文化方面的情况。一定要熟悉景点介绍，若旅游团有专业交流、考察、参观、座谈、访问活动安排，须认真阅读有关中外文专业活动资料。

全陪还要认真熟悉沿途城市有关历史、地理、人口、风土人情等多方面的情况。地陪要适时核对接待车辆、就餐安排、交通购票等情况加以落实。要确定与接待车辆司机的接头时间和地点。地陪要做好接团的物质准备，如领取和备齐各种票证、导游图、导游胸卡、导游证、喇叭、导游旗、接站牌等。

（二）接站服务

导游员要按规定着装，并至少提前10分钟抵达机场、车站、码头迎接客人，地陪接站要佩戴导游胸卡，打社旗，持接站牌。地陪要与司机约好客人上车地点，抵达后要立即与行李员取得联系，共同核对客人所住酒店、全团人数等。

客人抵达后，导游员要主动持接站牌上前迎接，要和客人共同核对团号、实际抵达人数、名单及特殊要求等，对乘飞机抵达的旅游团，要协助客人集中并清点行李，填写行李接交单，将行李和接交手续一并交给行李员。如发现行李有损坏、挂失、索赔等事宜，应协助解决。对乘火车抵达的旅游团，地陪应向全陪索取行李托运单，交付行李员后离开。陪同待客人全部齐后，可带人前往乘车地方，扶助客人上车，客人落座后，要认真清点客人人数。

在适当场合，或客人上车坐稳后，导游员要向客人进行自我介绍，并介绍全陪、司机等。随后要向客人致欢迎词。欢迎词要力求简短、精彩，不可千篇一律，要视不同国家、不同旅游团而有所区别，但欢迎要热情，用词要适当，不可过于拘谨，也不可夸夸其谈，给人以不可信任感。

在前往酒店的路上，导游除要介绍沿途景观外，还要主动向客人发放导游图，介绍日程安排、游览项目等。在向客人宣布日程安排前，应主动与领队交换意见，并询问客人有无其他要求等。

在抵达酒店前，导游员应向客人详细介绍所住酒店的基本情况，如酒店历史、客房数、建筑面积、地理位置、娱乐设施、周围环境等。

（三）宾客入住

旅游团进入酒店后，导游要帮助客人办理住房登记手续，并向酒店提供客人名单。分发房号后，导游要了解客人住房位置、安全通道等，记住领队房号，同时将自己（全陪）房号告诉领队。将客人送至房间后，按时带客人去餐厅用餐。

行李到达后，要核对客人行李件数，协助将其送至客人房间，同时查问客房情况，如设备是否完善、无损，房间是否洁净等。如行李出现丢失、被盗、破损现象，要与有关方面交涉及时处理。向客人收取要确认的机票、车票和所需办理的签证、护照等，并向客人询问有无其他委托办理事项。根据客人要求，要尽力提供帮助，须转交内勤办理的事宜，要做到转交及时，交代清楚。

（四）带客游览

出发前，导游员应在客人用早餐时向客人表示问候，并了解客人身体情况，重申出发时间、乘车或集合地点，提醒客人带好必备用品，如手提包，摄像机、照相机及贵重物品、身份证明等。出发乘车时，导游应站在车门口照顾好客人上车，客人上车落座后，要清点人数，示意司机开车。车行驶后，导游要向客人问早安、报告天气情况和简短新闻，重申当天活动日程，重申旅游须知等。在去旅游点的路上，导游要向客人介绍市容，进行市容导游，并回答客人的问题。旅游车到达景点前，要简要介绍即将参观的项目情况，还可根据客人特点、兴趣、要求，穿插介绍一些历史典故、风土人情、社会风貌等，以增加旅游者的游兴。到达景点时，要向客人宣布集合时间、停车位置等，一旦发现客人丢失，要按导游路线返回寻找，实在找不到，应和内勤、值班室联系进行查询。带客游览过程中，导游要认真组织好客人活动，做到服务热情、主动、周到，讲求效果。讲解时要运用不同导游手法、导游艺术，通过穿插历史典故、传说等形式提高客人兴趣。讲解介绍内容要准确（数字、事实准确无误），条理要清楚，语言要生动，手法要灵活。导游过程中，要注意给客人留有摄影时间。导游要提醒客人注意人身安全，并提醒客人看管好所带财物，防止发生丢失、被盗现象，在行路困难的地方，要陪伴照顾好年老体弱者，以防发生意外，客人提出要求需要帮助时，应尽可能使客人满意。

全天活动结束后，在返回酒店的路上，导游员要向客人宣布第二天的活动安排、出发时间、地点等，抵达酒店后，导游员要主动向领队征求意见，对白天遇到的问题，要与领队和客人共同协商解决。

（五）送客离站

客人结束当地活动次日离去时，导游员应提醒客人整理好自己的物品，打好托运的行李，并通知客人交运行李时间、地点等，同时提醒客人和饭店结账，付清所住房间的电话、饮料、洗衣等一切费用。与客人分手前，要准确通知次日客人的出发时间、用餐时间及集合地点等。要通知饭店叫早。

安排妥上述各项工作后，导游员要去内勤值班室办妥如下工作：凡乘国际航班的团须检查每张机票的起飞时间，同时取走有关确认证件；根据接团社工作安排，明确离站机票谁负责（导游员或行李员）；凡乘火车的团队，导游员除核对火车车次、开车时间、车厢外，还应领取站台票，如客人在火车上用餐时，还应根据标准备好垫付的现金或支票。

导游员要与领队一起核对行李件数，检查是否符合托运标准，同时和行李员、饭店行李办公室办好接交手续，在行李卡上填清团名、国籍、团员姓名、日期时间、航班车次、目的地、件数等。

出发临行前，要提醒客人不要遗忘自己的物品，不要带走房间的钥匙。导游员要将用完的客人的各种证件、护照和机票等，亲手交给客人或领队。客人上车后，要认真清点人数，一旦发现有个别人在规定时间未到集合地点时，应立即下车寻找，并与领队商量留人陪客人乘出租车前往。

送国内、国际航班，要按航空公司规定时间提前到达机场，送火车须按铁路部门有关规定提前将客人送上车厢落座，千万不要忘记将行李托运单交给领队、全陪或客人。

在火车起动后，导游员方可离站。在机场，客人乘坐的航班有可能因故变化推迟时，应主动关心客人，必要时须留下与领队共同处理有关事宜。

### 三、大型旅游团队接待服务规范

接待大型团队的旅游活动，其难度及要求比一般旅游团队都要高。接待人员必须同时具备较高的业务水平、宏观的控制能力与严密的工作作风，才能够圆满完成接待任务。

接待者应与各有关单位确认活动日程和确切的时间；检查各分接待人员的精神准备和物质准备，通知每人车号、客人数、房号；部门经理亲临机场或码头察看迎接团队的场地、乐队站立的位置、停车点；事先安排专人去下榻饭店，与饭店客房部经理等共同检查房间内各种设施是否完好可用；与车队联系好出车顺序，车上贴好醒目车号和标志。

### 四、旅游投诉的受理礼仪规范

旅游服务投诉是指游客将他们主观上认为由于服务工作上的差错引起的麻烦和烦恼，或者损害了他们的利益等情况向服务人员提出，或向有关部门反映。客人投诉在某种意义上是对企业服务的褒贬，是企业服务质量提高的动力。

客人的投诉原因一般说来多为服务人员对客人不尊重，态度不好，工作不负责任，服务技能低，产品价格高，服务质量差，设施不配套，服务项目少，与他人纠纷等。

对于处理解决宾客投诉问题，世界旅游业，特别是一些国际饭店联号所采用的方法基本是一致的，其基本出发点是：平息顾客激动情绪，迅速解决顾客问题。

#### （一）认真倾听，承认事实

对于宾客所投诉的问题要准确地了解，投诉接待人员必须认真听取宾客的叙述，要注视客人，不时地点头示意，让客人明白“企业在认真听取我的意见”，而且听取客人意见的代表要不时附和，“我理解，我明白，一定认真处理这件事情”。为了使客人能逐渐消气息怒，投诉的接待人或主管应以自己的语言重复客人的投诉或抱怨，若遇上认真严肃的投诉客人，在听取客人意见时，还应作一些记录，以示对客人的尊重及对所反映问题的重视，同时也给企业解决投诉提供依据。

(二)态度诚恳,同情致歉

首先要让客人理解,企业非常关心并诚心了解那些服务是否令他满意。如果客人在谈问题时表示得十分认真生气,作为投诉接待人,即值班经理,就要不时地表示对客人的同情。如:“我们非常遗憾,非常抱歉听到此事,我们理解你现在的心情……”

假若企业应对客人的抱怨或投诉事宜负责,或者将给予宾客一定的赔偿,这时值班经理就要向客人表示歉意并说:“我们非常抱歉,先生。我们(酒店)将对此事负责,感谢您对我们酒店提出的宝贵意见。”

(三)迅速决定,采取措施

作为值班经理应理解和明白宾客为什么抱怨和投诉,并迅速作出决定,采取行动以便纠正错误。

首先十分有礼貌地告知宾客针对投诉内容将要采取的措施,并尽可能让宾客同意行动计划。例如,可以按下列的方式征求宾客对采取改进措施的意见。

“××先生,我将这样去做,您看是否合适?”

“××太太,我们将这样去安排您的要求,你是否喜欢?”

“××先生,假若我这样去做,你看可以吗?”

(四)感谢宾客,尽力补救

如果宾客遇到不满意的服务不作任何投诉,但是讲给其他宾客或朋友,不仅会极大地影响企业的未来客源市场,而且影响了企业的声誉。所以,当遇到宾客的批评、抱怨甚至投诉的时候,不仅要欢迎,而且要感谢。一般通常做法是这样:

“××先生,感谢您给我们提出的批评指导意见,非常感谢您,××先生。”

“您及时让我们知道服务中的差错,这一点太好了,非常感谢您,××先生。”

“谢谢您,××夫人,你指出我们服务项目的欠缺和不足,使我们及时发现并得以纠正。”

(五)快速行动,补偿损失

当宾客完全同意值班经理所采取的改进措施时,就应立即行动,补偿损失一定不要拖延时间。时间和效率就是对宾客的最大尊重,也是宾客的最大需求,如果光说不干就是漠视宾客,更会引起新的不满。

(六)具体落实,追踪反馈

处理宾客投诉要想获得良好效果,最重要的一环便是落实、监督、检查已经采取的纠正措施。首先,要确保改进措施按计划实施。其次,要使服务水准及服务设施均处于最佳状态,并且事后再用电话问明客人的满意程度。对待投诉客人的最高敬意,莫过于对他的关心。许多对旅游企业怀有感激之情的客人,往往是那些因投诉问题得到妥善处理而感到满意的客人。

投诉的客人的最终满意程度,主要取决于企业对他公开抱怨后的特殊关怀和关心程度。另外旅游企业所有的管理人员和服务员也应相信:旅游者包括那些投诉的宾客都是有感情的,也是通情达理的;对企业的广泛赞誉及其社会名气来自企业本身的诚信和准确、细致、到位的服务。

## 第三节　景区景点与主题公园服务礼仪规范

### 一、景区景点人员服务礼仪规范

(一)旅游景区景点管理规范

旅游景区景点应当按规定配备必要的环卫、通讯、医疗、残疾人无障碍通道等服务设施和景区景点导游人员,设置导向路牌、路标等明显标志。禁止在旅游景区景点及其周围擅自摆摊、圈地、占点,妨碍旅游者观光、摄影;禁止纠缠、诱骗或者胁迫旅游者购物,接受有偿服务。旅游景区景点内有多个旅游点或者游览项目的,可以分别设置单一门票,也可以设置价格低于单一门票价格总和的联票或者套票,一并向旅游者公示,由旅游者自主选择购买。禁止向旅游者强行出售联票、套票。旅游景区景点票价的确定或者调整,应当按照价格管理规定报经有关部门批准。价格主管部门在确定或者调整景区景点价格时,应当征求旅游主管部门的意见。旅游景区景点价格上调的,对境内旅游团队自批准上调价格之日起延迟30日执行,对境外旅游团队延迟90日执行。城市公园、爱国主义教育基地等公益性旅游景区景点,应当按照国家和省、市规定,对老年人、残疾人、现役军人、教师、学生等特定对象实行免费或者优惠。对具有重要历史、科学、文化、艺术价值的旅游景区景点实行旅游者容量控制制度。

(二)景区景点服务人员礼仪规范

景区景点的各种服务设施应保证处于良好状态,给旅游者提供安全舒适、质量上乘的服务。景区景点不同岗位的服务人员,应按服务岗位的不同分别统一着装,佩戴服务标识牌。应熟悉本岗位的工作,并为旅游者的活动提供及时有效的服务。景区景点的各项服务应能自觉维护国家利益和民族尊严,尊重游客的宗教信仰、民族风俗。

(三)景区景点导游服务规范

景区景点的导游服务应能根据旅游者旅游的不同需求提供相应的游览方案,供旅游者选择。景区景点的导游服务应根据与旅游者的约定进行安排,不应随意改变游览路线、减少解说景点或敷衍行事。景区景点的导游服务不应以明示或暗示的方式向游客索要小费。

(四)景区景点餐饮服务规范

景区景点旅游酒(饭)店应公开就餐标准,明码标价,不应降低餐饮标准或克扣旅游者。旅游酒(饭)店不应使用对环境造成污染的一次性餐具。餐饮服务卫生应符合《中华人民共和国卫生法》的规定,有预防食物中毒和食品污染的要求和措施。景区景点旅游酒(饭)店不应为客人提供违反国家有关规定的野生动植物。应能满足广大游客的就餐要求,并着重体现当地饮食文化和地方饮食特色。

(五)其他相关场所服务规范

旅游购物场所应管理有序,经营者佩戴胸卡,亮照经营,无尾追兜售和强买强卖现象。购物场所所售商品应质量合格,明码标价,无欺诈行为。

景区景点应设置有满足游客需要的厕所、垃圾箱和痰筒等卫生设施。景区景点厕所应为水冲式。厕所室内应清洁,通风良好,无污水垃圾。厕所门窗应有防蝇措施。景区景点厕所应有洗手池、衣帽钩等设施。景区景点垃圾箱、痰筒应及时清洗,保持卫生。景区景点出入口、主要通道、危险地段、警示标志等应有照明设备。照明设施应保持完好。景区景点内应有畅通有效的广播通讯服务网、报警点和报警电话,随时为游客免费提供急、难、险事求救服务。

## 二、主题公园工作人员服务礼仪规范

1955年,沃尔特·迪斯尼在美国洛杉矶建成了开放式的迪斯尼乐园,现代主题公园业也随着这座神奇乐园的出现而诞生了。主题公园是现代旅游业在旅游资源的开发过程中所孕育产生的新的旅游吸引物,是自然资源和人文资源的边际资源、信息资源与旅游企业经营活动相结合的休闲度假和旅游活动空间,是根据一个特定的主题,采用现代的科学技术和多层次空间活动的设置方式,集诸多娱乐内容、休闲要素和服务接待设施于一体的现代旅游目的地。它的诞生极大地丰富了人们的闲暇生活,同时也带动了相关产业的发展。

主题公园门口的服务设施要位置突出,且具有吸引力。售票处要使游客的通过量不因为设计的不合理而受限。主题公园内经营项目的设施布局必须合理,在方便游客的同时尽可能地增加收入。如商店要建在游览线路的终点处,以免游客拿着物品游览而疲累。咖啡厅和餐厅要建在游览线路的中间或接近终点处,以免顾客过于饥饿或因当时没有进食的需要而错过。主题公园设计上要对安全和保护问题给以充分的重视,例如确保紧急出口很容易找到并且畅通;楼梯和人行道所用的建筑材料要防滑;停车场要有对游客汽车的保护措施,防止汽车被盗。在景点设计的时候要牢记很多潜在的游客有着各种特殊的需求,因此要从各个设计细节体现人本特色。如,为腿脚不方便的人提供合适的交通工具;提供文字说明以方便有听力障碍的人;提供各种可触摸的设施来方便有视力障碍的游客。在设计过程中要从建筑材料、能源利用和废物再利用等各个细节体现环保思想。总之,主题公园的服务过程中要兼顾多种目标,各种目标之间可能会产生冲突,因此必须作出适当的妥协。

一条合理游园路线的设计，不仅仅可以突出主题公园的特色，更重要的是可以使游客到达每一个景点时都享受每一个兴奋点与快乐点，同时还可以增加游客在园内的停留时间和消费可能。对于一个主题公园来说，游园路线的规划水平往往代表着这个主题公园的层次与水平。因此，作为主题公园规划方，应当重视游园路线的设计，在设计路线的时候，应当充分考虑到公园内每个景点的特色以及整体的协调性，同时也要考虑游客在游览过程中的心理变化和身体感受。主题公园的所有游艺项目的设置都应当本着突出主题的原则，例如环球嘉年华的“摩天轮”、迪斯尼乐园的童话王国等，这些游艺项目可以说代表着各自的主题特色。因此，应当对公园内的游艺项目和游览景点进行“经典化”和“系统化”规划，使每一个景点都成为亮点，同时也使所有景点成为一个整体。

在规划主题公园游园项目时，应当注重观赏性与参与性的协调与配合。参与性差可以说是中国许多主题公园的致命伤，游客到这些公园只能是走马观花式游览，这样的游园方式既降低游客的游览兴趣，同时也减少了游客在园内的消费可能。世界三大主题公园之一的环球嘉年华在每年巡回展中都能够推出适合当地游客的强参与性的软游艺项目。这些游艺项目不仅形式新颖，而且奖品丰厚，在嘉年华乐园疯狂与欢乐的氛围内，游客们争先恐后地参与这些软游艺项目。据统计，嘉年华在亚洲各地巡回的收入中，软游艺的收入占全部收入的近2/3，而软游艺奖品的低成本性，也决定着其高额利润收入。因此，设计一些能够突出自身主题特色的强参与性的软游艺项目不失为一种很好的产品策略。

良好的游园环境，不仅可以提高主题公园的整体形象，同时也可以增加游客的游园乐趣。东京迪斯尼乐园的一大特点就是超一流的游园环境，在这里游客看到的是永远是梦境般的童话世界，这里没有搬运物品的员工，只有童话的人物为游客服务，这样高质量的自然环境与人文环境真正体现了迪斯尼乐园的巨大魅力。

主题公园服务人员应做到爱团爱企、自尊自强，遵纪守法、敬业爱岗，公私分明、诚实善良，克勤克俭、宾客至上，热情大度、清洁端庄，一视同仁、不卑不亢，耐心细致、文明礼貌，团结服从、不忘大局，优质服务、好学向上。

## 三、其他旅游游乐设施工作人员服务礼仪规范

### （一）其他旅游游乐设施管理规范

游乐园应当加强管理，健全安全责任制度等各项规章制度，配备相应的操作、维修、管理人员，保证安全运营。应当设置游乐引导标志，保持游览路线和出入口的畅通，及时做好游览疏导工作。应当建立游艺机和游乐设施的技术档案和运行状况档案。游艺机和游乐设施应当符合《游艺机和游乐设施安全标准》和质量技术监督行政部门有关特种设备质量监督与安全监察规定。应当建立紧急救护制度。发生人身伤亡事故，游乐园经营单位应当立即停止设施运行，积极抢救，保护现场，

并立即按照有关规定报告所在地人民政府园林、质量技术监督、公安等有关部门。对各种游艺机、游乐设施要分别制定操作规程、运行管理人员守则。操作、管理、维修人员应当经过培训,操作维修人员应当按照国家质量技术监督局的有关规定,进行考核,持证上岗。应当在每项游艺机和游乐设施的入口处向游人作出安全保护说明和警示,每次运行前应当对乘坐游人的安全防护加以检查确认,设施运行时应当注意游客动态,及时制止游客的不安全行为。应当对游艺机和游乐设施,按照特种设备质量监督和安全监察的有关规定,进行安全运行检查。应当按照特种设备质量监督和安全监察的有关规定,申报游艺机和游乐设施检验计划。游艺机和游乐设施的定期检验由国家质量技术监督局认可的检验机构进行。严禁使用检修或者检验不合格及超过使用期限的游艺机和游乐设施。

(二)其他旅游游乐设施服务规范

按照国家规定,使用游艺机和游乐设施定期检验周期为一年,凡经过安全检验合格的游乐设施,由质量技术监督部门颁发安全检验合格标志,并粘贴在游乐设施的醒目地方,服务人员应向游客指明并告诫游客千万不要乘坐未检、检验不合格或超期未检的游乐设施。

在游乐设施的醒目地方都安装有"乘客须知",服务人员仔细讲解,确认游客已掌握后,才能允许游客乘坐。严禁游客翻越栅栏,告诫游客乘坐前一定要在安全栅栏外等候,人多时要排队。幼儿要家长陪同,严禁幼儿单独乘坐游乐设施。

服务人员要求乘客严格按照游乐设施工作人员的指挥顺序上下车。上下车时,请游客注意头上和脚下,以免磕碰或跌倒。提醒游客注意系好安全带:在游乐设施未停稳之前不要抢上抢下,乘坐时要系好安全带,并逐一检查是否安全可靠,运行时请游客两手握紧安全把手或其他安全装置,告诫游客安全带绝对不能解开。乘坐游乐设施时,要求游客在坐椅上正姿坐好,不要走动,切不可将手脚、头等部位伸向舱外,以免碰伤、刮伤、擦伤。不要故意摇动座舱,严禁私自开启舱门。提醒游客注意保管好自带物品,运行中不要向外散落、投掷,容易掉落的装饰品等请预先摘下。一旦发生意外时千万别惊慌,如果游乐设施在运行中发生停电等故障时,在游乐设施工作人员未通知前,不要下车,只有在座舱内是最安全的,等待紧急救援。

**思考与练习**

1. 模拟训练前厅接待与服务礼仪规范,要求:人员6名(宾客1人,门卫1人,行李员1人,接待员2人,结账员1人),道具(桌子1张,挂钟/签字笔/登记卡各1,行李包1个,邮件1封,雨伞1把),从宾客到店、入住登记、进入客房、邮件、离店等全过程进行演练。

2. 请简述宾客住宿后客房人员服务礼仪规范。

3. 简述宾客用餐服务礼仪规范。可模拟训练从订餐、引领、点菜、用餐、结账一系列服务礼仪规范。

4. 领位员如何引领宾客就座?

5. 旅游饭店康乐部服务礼仪规范有哪些?

6. 简述旅行社迎送接待礼仪规范。

7. 导游人员送客离站注意事项有哪些?

8. 投诉接待人员在受理宾客投诉时应注意哪些礼仪?

9. 简述主题公园服务人员应做到哪些礼仪规范。

10. 其他旅游游乐设施服务礼仪规范应注意哪些?

**案例分析**

一、一个下雨的晚上,机场附近某一大酒店的前厅十分热闹,接待人员正紧张有序地为一批误机团队客人办理入住登记手续,在大厅的休息处还坐着五六位散客等待办理手续。此时,又有一批误机的宾客涌入大厅。大堂经理小刘密切注视着大厅内的情景。

“小姐,麻烦您了,我们打算住到市中心的酒店去,你能帮我们叫辆出租车吗?”两位客人从大堂休息处站起身来,走到小刘面前说。

“先生,都这么晚了,天气又不好,到市中心去已不太方便了。”小刘想挽留住客人。

“从这儿打的士到市中心不会花很长时间吧,我们刚联系过,房间都订好了。”客人看来很坚决。

“既然这样,我们当然可以为您叫车了。”小刘彬彬有礼地回答道。她马上叫来行李员小秦,让他快去叫车,并对客人说,“我们酒店位置比较偏,可能两位需要等一下,我们不妨先到大堂等一下好吗?”

“那好吧,谢谢。”客人被小刘的热情打动,然后和她一起来到大堂休息处等候。

天已经很黑了,雨夹着雪仍然在不停地下,行李员小秦始终站在路边拦车,但十几分钟过去了,也没有拦到一辆空车。客人等得有些焦急,不时站起身来观望有没有车。小刘安慰他们说:“今天天气不好,出租车不太容易叫到,不过我们会尽力而为的。”然后又对客人说,“您再等一下,如果叫到车,我们会及时通知您的。”

又是15分钟过去了,车还是没拦到。客人走出大堂门外,看到在风雪中站了30多分钟脸已冻得通红的行李员小秦,非常抱歉地说:“我们不去了,你们服务这么好,我们就住这儿吧,让你受冻了,真是对不起。”另一位客人亲自把小秦拉进了前厅。

请分析小刘和小秦用什么方法留住了宾客?你受到什么启发?

二、有一位穿梭于各个城市做生意的“空中飞人”,经常入住酒店。他有个习惯,就是睡觉的时候喜欢“高枕无忧”,因为酒店的枕头都不高,总是要用另一张床上的枕头垫在自己的枕头下面才能睡得着。有一次入住一家酒店,第一天晚上的“高枕无忧”像往常一样自己动手。而第二天晚上回到酒店的时候,却发现了一个小小的变化：枕头变了，下层是一个普通枕头，上层是一个散发淡淡药香的保健枕头，而且比普通枕头要高。从此以后，他只要到了这个城市，就会入住那家酒店，而且还介绍朋友入住。从细节着手，关心客人，不但可以得到宾客的信任，同时也为酒店赢得了口碑效应。

请结合案例，充分考虑在旅游饭店对客服务方面还有哪些细节值得注意？

三、一天上午，某公司在一家五星级酒店的多功能会议厅召开会议。其间，该公司职员李小姐来到商务中心发传真，发完后李小姐要求借打一个电话给总公司，询问传真稿件是否清晰。

“这里没有外线电话。”商务中心的服务员说。

“没有外线电话稿件怎么传真出去的呢？”李小姐不悦地反问。

服务员：“我们的外线电话不免费服务。”

“我已预付了 20 元传真费了。”李小姐生气地说。

服务员：“我收了你的传真费，并没有收你的电话费啊?! 更何况你的传真费也不够。”

李小姐说：“啊，还不够？到底你要收多少呢？开个收据我看一看。”

“我们传真收费的标准是：市内港币 10 元/页；服务费港币 5 元；3 分钟通话费港币 2 元。您传真了两页应收港币 27 元，再以 1∶1.08 的比价折合成人民币，我们要实收人民币 29.16 元。”服务员立即开具了传真和电话的收据。

李小姐问：“是传真收费还是电话收费，根据的什么规定？”

“这是我们酒店的规定。”服务员出口便说。

李小姐：“请您出示书面规定。”

“这不就是价目表嘛。”服务员不耐烦地回答说。

李小姐：“你的态度怎么这样？”

“您的态度也不见得比我好呀。”服务员反唇相讥。

李小姐气得付完钱就走了。心想：五星级服务，难道就是这样的吗？

请你帮助这位服务员进行一次礼仪培训，并具体帮助她解决好这次危机。

# 第十章

# 国际交流礼仪规范

## 第一节　国际交流工作的基本原则

### 一、什么是国际交流

国际交流主要是根据本国的对外方针政策，组织安排对外交往的有关活动。

### 二、什么是国际交流礼仪

国际交流礼仪就是指在国际交流的各项活动中所涉及的礼仪活动、各种礼节、仪式的规范化做法。

### 三、国际交流工作的基本原则

（一）国家之间一律平等的原则

外事工作是我国对外政策的具体推行与实践体现，我国的外交政策强调国家不分大小、强弱、贫富等，相互之间是一律平等的交往关系。因而，任何单位、任何部门、任何个人在外事交往活动中必须贯彻平等原则，要热情友好，落落大方，彼此尊重，不卑不亢，坚决反对大国主义。

（二）尊重国格、尊重人格的原则

在涉外交往中既要维护本国的利益、尊严，又要尊重他国的利益和尊严，国家不分贫富大小，人不分种族、民族、宗教、风俗习惯，一律平等以礼相待，不能厚此薄彼，不能做任何有损国体、有辱国格的事。而且，在与外宾交往中，既要坦诚、谦恭、热情、周到，又不能低声下气、卑躬屈膝、失去自我，要自尊自爱。

（三）遵守外事纪律的原则

在外事接待工作中要坚持维护国家主权和民族尊严，自觉遵守外事纪律，不得失密泄密；不利用工作之便营私牟利，索要礼品；不背着组织与外国机构及个人私自交往；不私自主张或答应外国客人提出的不合理要求；参加外事活动，要严格按规章制度办事。

（四）注重礼仪与礼节要求的原则

我国对外政策也要求交际礼仪与之相适应，做到礼仪周到而不烦琐，热情接待而不铺张，活动内容丰富而不累赘。接待外宾的人员应仪容整洁，仪表大方，表情亲切、自然，熟悉各国各民族的风俗习惯，陪同外宾时要注意自己的身份和所站的位置，言谈举止要符合礼仪要求，坐立姿势应端庄，对外宾的穿着不评头品足，以使来宾真有"宾至如归"之感。

## 四、现代国际交流礼仪的基本标准

（一）国际交流中的主权平等

1. 主权平等是国际交流应遵循的原则

联合国宪章在"序言"中阐述了"大小各国平等权利"的信念。宪章第二条规定了联合国及其会员国应当遵循的七项原则。其中第一项就规定："本组织系基于各会员国主权平等之原则。"

由此可见，现代的国际关系应以公认的"主权平等"为基础。国家不论大小，都应当具有独立处理自己内外事务、管理自己国家的权利。国家与国家相互之间是平等的，所有国家都是国际社会的平等成员。

2. 主权平等的含义

"主权平等"含有两方面的意义：

一方面，每个国家都享有平等主权，不容他国侵犯；

另一方面，每个国家都有尊重别国主权的义务，不得借口行使自己的主权而侵犯他国的主权。

"主权平等"既然是现代国际关系的基本准则，作为国际交往中的一种行为规范的现代国际礼仪，当然也必须遵循这一准则。如果在相互交往中，损及他国主权，当然也就谈不上什么遵守国际礼仪。

3. "主权平等"原则的具体体现

"主权平等"的原则在国际礼仪的实践中，常常体现在以下方面：

（1）国家尊严受到尊重；国家元首、国旗、国徽不受侮辱。这里说的"国家尊严"一词虽然比较抽象，但在礼仪活动中却十分重要。礼仪活动主要是为了表现有关各方的友好关系。如果有一方的尊严受到损害，丢了面子，甚至感到难堪，就必然会损害相互关系。对于国家元首、国旗、国徽等国家主权的代表或象征，不但不应当受到侮辱（这是最起码的要求），而且应当表现出应有的尊敬。所以，在一切正式场合如果遇到升国旗、奏国歌时，都应当肃穆致敬。

（2）国家的外交代表，按照国际公约的规定，享有外交特权和豁免。这种外交特权和豁免，不但是工作上的需要，而且也体现出相互的尊重。所以，有关各方既不应当滥用外交特权，也不应当侵犯外交特权，而应当遵照有关的国际公约的规定，享用外交特权和豁免。

(3)不以任何方式强制他国接受自己的意志，不以任何借口干涉别国的内部事务，既不要强加于人，也要避免“强人所难”。不论是“客随主便”，还是“主随客便”，实际上都是要尊重对方的风俗习惯。社会政治制度的选择，是各国人民自己的事；宗教信仰也有各自的自由，都不应当加以干涉。对于宗教习俗更应尊重。

(4)在相互交往中，实行“对等”和大体上的“平衡”。所谓“对等”实际上就是“礼尚往来”。例如，相互交往的双方人员，其身份要大体相当；派代表团互访时，双方的接待规格应相差不多。

所谓“平衡”，也可以理解为“一视同仁”或“不歧视”的原则。例如，驻在国外交部邀请所有国家的使节参加某项社交活动时，就不应单独不请某一个国家的使节。所有来访的各国外交部长都由总理接见一次，如果唯独不见某个国家的外长，那也会被理解为有意给予冷遇。曾经有两个非洲国家的部长级代表团同时来我国访问，由于接待单位不同，一个部长住在国宾馆，另一个住在旅馆里，被周总理发现，严肃批评这是“搞上下铺”的做法，肯定会影响接待效果。

但是，所谓“对等”、“平衡”都是相对的，不是绝对的。在国际交往中，在礼仪上给予“破格接待”的，也有诸多先例。各国为了实现自己的外交需要，往往打破对“对等”、“平衡”的机械理解，作出一些特殊的安排。例如，1984 年，英国首相撒切尔夫人来华访问，中英双方达成了关于香港问题的联合公报，在她访华的短短36 个小时中，中方为她安排了 14 场活动。邓小平、胡耀邦、李先念等在同一天会见了她，被认为是一次“破格”的接待。

可见，礼仪规则不应当是机械的条条，其巧妙应用还在于结合实际情况善于安排。从这个意义上说，国际礼仪程序的运用也是一种外交艺术。

(5)“主权平等”的原则，在国际组织中和在国际会议上，表现为每一个参加国都有同等的“代表权”和“投票权”，每一个国家所投的票在法律上具有同等效力。联合国安理会的常任理事国享有“否决权”，是在这方面的一个例外，是根据宪章规定，被国际公认的一种特别安排。某些国际金融机构采取“加重票”的做法，也是一种例外。

(6)在“礼宾序列”问题上，也应当体现各国“主权平等”的原则。在国际会议上，各国代表的位次，不是按国家大小强弱的原则来排列，而一般是按会议所用文字的国名字母顺序排列，而签订条约协定时，应遵守“轮换制”，即每个缔约国在其保存的一份文本上名列首位，它的代表在这份文本上首先签字。

在国际交流活动中，各国代表的序列，应以代表的职务高低或就职时间的先后作为排列的依据。例如，驻在某国首都的各大使，即应以到任递交国书的时间先后为序，并由最先到任的大使担任外交团长。只有在少数信奉天主教的国家里，由于宗教原因，外交团长总是由梵蒂冈派驻当地的“圣使”担任，而副团长由最先到任的大使担任。

(7)在文字的使用上,每个国家都有使用本国文字的权利。在签订国际条约协定时,本国文字与别国文字具有同等效力,而经过有关国家的协议,也可以只使用某一种国际通用的文字。

以上这些方面,只是根据国际交往中常见的做法,从大体上的概括。国际交往日益频繁,国际生活日趋复杂多样,我们应该按照"主权平等"、"相互尊重"的基本准则,结合当时当地的实际情况,恰当地加以运用。

(二)国际惯例

在国际交流中,除了国际公约已作出规定的礼仪做法,公约签字国均有义务遵行外,国际惯例也是十分重要的依据。

1. 什么是国际惯例

所谓国际惯例,是指在国际交往中逐渐形成,最初某些国家长期反复使用,后来为各国接受并承认其法律效力的习惯做法和先例。一般包括国际外交惯例和国际商业惯例。

2. 国际惯例的特点

国际惯例有五个特点:

一是通用性,即为大多数国家和地区通用;

二是稳定性,一般不受政策调整和经济波动的影响;

三是重复性,一般都是反复运用;

四是准强制性,受到各国法律的保护,具有一定的法律约束力;

五是效益性,被国际交往活动验证是成功的。

我国民法通则规定:"中华人民共和国缔结或者参加的国际条约没有规定的,可以适用国际惯例。"因此,我们应当充分注意国际纠纷惯例的研究和运用。

## 第二节　国际交流中的国宾接待规范

国际交流活动中的国宾接待,是一个国家最高规格的接待活动,接待工作的好坏,将直接影响到一个国家的国际形象。所以,从事国际交流工作的人员,应对国宾接待工作的规范有一定的了解。

国宾接待涉及接待工作的方方面面,如迎送、宴请、会见、会谈等,每一个环节都必须严格遵循国际接待的礼仪规范。

### 一、邀请的方式

国宾来访,通常要由东道国先发出邀请,这既是礼节,也是一项必要的手续。

邀请一般应以书面方式进行,被邀者在接到邀请函后,应及时给予答复,并据此办理有关的手续。

邀请函除表示欢迎之意外,也表明被邀请者的身份、访问的性质以及访问的日期和时间等内容。有时,为了表示客气,也可请被邀者在他认为"方便的时候"来访,或将时间留待以后"另行商定"。

有些国家对邀请外国领导人来访,作出了某些规定。

例如,我国规定,应邀来访的国家元首、政府首脑访华天数一般以5天为限,最长不超过7天。其抵京日期,应避开中方的节假日和星期天。如因航班等原因实难避开,则抵京当日中方不安排正式活动。

### 二、接待费用问题

国际上比较通行的做法是,来访者的国际旅费由来访者自己负担,在抵达东道国国境后的住宿交通等,由东道主负责。

告别宴会或答谢宴会的费用,由来访者自理。但费用问题也可由双方通过协商决定。例如,对某些外宾安排自费来访,东道主除付设宴招待的费用外,全部住宿交通费均由来访者自行负担。还有的国家因财力所限,对来访代表团有人数限制,或在邀请时即言明邀请的人数,超出部分的人员,费用自理。据俄罗斯《消息报》1995年1月3日报道,外国总统访俄,俄方只负担12～15人的费用,俄总统出访,对方也是这么办。随领导人来访的企业家、记者等的费用一般自理;专机机组人员的费用,除双方民航有互惠协定外,一般亦应自理。

### 三、外事接待的准备工作

为了搞好接待,在外宾抵达以前,就应做好充分的准备工作。

首先,要搞清楚来访国宾或代表团的基本情况。例如,来访国宾的总人数,是否包括主宾和其他人员的配偶,来访人员的职务、性别、礼宾次序等情况,这些均可请对方事先提供。

其次,重要国宾来访,其随访人员中,有正式随行人员(或代表团团员)和工作人员之分,而正式随行人员中有的还是政府的高级官员。此外,有的国家领导人来访,随行的还有企业家、记者以及专机的机组人员等。这些都应在事先了解清楚,以便由有关单位做好相应的接待准备。

最后,对于外宾的饮食爱好、宗教禁忌以及是否有其他特殊的生活习惯等也可事先向对方探询,必要时,还可向对方索要来访者的血型资料。

### 四、外事接待的日程安排

拟订来宾访问日程前,要向对方了解清楚抵离的日期和时间、交通工具和施行路线、对参观访问的具体愿望等。飞机起降的具体时间,可经由民航部门密切掌握。

访问日程一般应由东道国首先提出。日程草案拟订后,可先将

主要内容告知对方,以便听取对方意见,并使对方有所准备。

日程安排的好坏,对访问的成功与顺利进行具有重要的意义。特别是国家领导人的访问,既要使日程安排符合礼仪规格的一般要求,又要避免使人感到所有这类访问都千篇一律。

拟订日程草案,除了遵循通常的礼仪程序以外,还要考虑以下一些因素:

(1)访问的目的和性质;

(2)访问者的愿望;

(3)访问者同东道国的哪些人和事有特殊的关系;

(4)访问者过去是否曾经来访过,哪些项目过去已经看过,如何使本次访问更具特色;

(5)来访者的年龄及身体状况能适应的活动限度;

(6)代表团其他成员的特殊要求与安排,特别是主宾的夫人,有时可以另行安排一些有意义的活动。

除了以上因素以外,主方领导人的时间安排是一个十分重要的因素,事先应当同有关的办公室联系好。

日程安排的松紧应适当。活动安排太少,让客人有时在宾馆里无所事事,会感到受冷遇;活动安排太多,又会令客人筋疲力尽。

要保持日程安排适当平衡确非易事。为了让客人在有限的时间内,多看一些东西,多接触一些人,常常容易把日程排得太满,没有轻松休息的时间。美国前总统艾森豪威尔谈起英国女王紧张的访美日程时说:"她们一定希望有时间休息安静一下。……如果任何助手敢把我的日程安排得像她们的那样(紧张),我就要把他解雇。"

有些大型代表团来访,为了达到更好的效果,可以安排他们分组活动。有的次要活动,可以安排代表团其他成员参加,以减轻主宾的劳累。

### 五、如何确定接待规格

接待规格的高低,体现了对来访客人的重视程度和欢迎的热烈程度,来访者对于接待规格的高低也往往比较敏感。因此,对于来访客人的接待规格要妥善掌握。

(一)体现接待规格的因素

接待规格的高低常常从各方面表现出来:

(1)宴会规模的大小。

(2)出席宴会的主方人员的身份。

(3)某些礼仪活动的隆重程度等。

(4)住房和交通工具的安排,也会被人视为接待规格高低的反映。

(二)确定接待规格的注意问题

对于同一级别的国宾,应保持大体上差不多的接待规格,以免给人以厚此薄彼的感觉。而对于某些在政治上或两国关系上有特殊需要的国宾给以“破格”的接待,则可能会收到明显的效果。

接待规格虽然可以从多方面反映出来,但领导人的接见尤其重要。由谁接见,谈得怎么样,都是人们所关注的热点。有时候,东道国的主要领导人不在首都,来宾亦愿特意去外地会见。所以,在拟订接待计划和安排活动日程时,对领导人的接见,要给予特别的重视。

## 六、外事接待的安全保障工作

各国对来访外宾,尤其是国宾的安全,都特别重视。有些国家在重要国宾来访时,采取特别的安全警戒措施。这是因为东道国政府有责任保证客人在其境内逗留期间的人身安全。

按照国际上通常的做法,国宾来访,自入境之时起,其安全保卫的责任,就落在东道国肩上。东道国政府应同来访国政府配合,精心制订保护他们的计划,包括警察护送、现场控制、近身保卫、食物品尝、交通安全以及其他一切必要的技术和预防性措施。

礼宾部门在考虑日程和活动现场的安排时,也应将安全因素考虑在内。

## 七、外事接待中的生活安排

外宾来访期间的生活接待十分重要。住房、坐车、生活起居,要尽量使其舒适、方便、安全,饮食应当可口。

住地应当选择在环境优美安静的地段,以便使来宾在繁忙紧张的活动之后得到适当的歇息。国事访问一般以住国宾馆、高级饭店为多,这些地方设备好,服务周到有经验。也有的国家为了讲究礼仪规格而安排来宾住在王宫、别墅等地方。

元首住地应升来访国的国旗或元首旗。住房的分配,身边工作人员,如秘书、译员、近身警卫和服务人员等应住在靠近主宾的房间。

对代表团中的高级官员亦应妥善安排。除非不得已的情况,对单身外宾应安排单独房间,而不要安排两人合住。住房可由东道主安排分配后,再征求客人意见;也可将房间位置图提前交给对方,请对方自行安排。

常年有外宾居住的高级宾馆、饭店,都应把搞好生活接待、不断提高服务质量作为其孜孜不倦的奋斗目标,不但要配备先进的生活设施,而且要有优质的服务。对客人要细致周到、体贴温馨,于细微处见精神。

有一位纽约商人是泰国曼谷东方饭店的常客,有一次他在星期五住进这家饭店,发现饭店把他的房间安排在二楼靠近楼梯的地方,他见此深受感动,因为基于宗教的缘由,他在星期五不能搭乘电梯。事情虽小,其情可嘉。

## 八、外事接待中的饮食安排

饮食安排应按外宾的习惯和爱好,尽量搞好。还应按外宾习惯,在房间内准备一些饮料、水果等,供其随时取用。

对于来宾国家的国旗(元首旗)的旗样和制作说明、国歌的乐谱可以通过外交途径向对方索要。此外,还要收集一些来访国的乐曲,供奏席间乐及晚会表演时用。

## 九、关于礼品的互赠

国宾来访,一般都要送礼给东道国的领导人和工作人员,东道国亦相应赠礼答谢。领导人互赠礼品,可在会见时当面相送,也可通过礼宾工作人员转交;给一般随行人员和工作人员的礼品,则可由礼宾人员转交。送礼要避免千篇一律,重复雷同,因此对赠给每次来访国宾的礼物,应有所记载,以备日后查阅。送给来访国宾的礼物,应尽量能随专机带走。如无专机,则一般不宜赠送大件易碎难运的礼品,以便于宾客作为随身行李运走。

## 十、参观访问人员的随行安排

我国做法是,外国国家元首来访,我驻该国的大使可以提前或陪同来宾回国,参加接待工作。有时,外国政府首脑来访,亦可作此安排。这不但有利于沟通情况,做好接待工作;而且有利于我驻外大使在访问结束返馆后,在当地开展工作。这也是符合一般国际礼仪的做法,其他国家也有类似做法。

来访国宾去首都以外的其他城市访问,交通工具一般应由东道国安排。外国元首、政府首脑一般安排乘坐专机或火车专列,也有乘包机或火车上加挂专用车厢的。其他一般代表团乘坐班机。公路交通发达的国家,也可视情况乘汽车。

国家元首、政府首脑去外地,均由政府派其他高级官员陪同前往。当地的市长、省长举行欢迎宴会,致欢迎词,来访的主宾或其他主要官员答词。省长、市长一般应陪同参观访问。政治性会谈一般在首都举行,个别情况下也在外地举行。著名的中美《上海公报》就是最终在上海谈定并公布的。

接待外宾,特别是接待重要国宾,任务重,时间紧,是一项涉及外事、公安、交通、民航、首都和外省市等许多单位和人员的综合工程。国家主要领导人常常亲临参加,亲自主持,并有广泛的群众参与。因此,各国都有一支精明、干练、经过培训能相互默契配合的接待人员队伍。这也是做好接待工作的一项基本保证。

## 第三节　国际交流洽谈的礼仪规范

在国际交往中，存在着某种关系的有关各方，为了保持接触，建立联系，进行合作，达成交易，拟定协议，签署合同，要求索赔，或是为了处理争端，消除分歧，而需要进行面对面的讨论与协商，以求达成某种程度上的妥协。

### 一、国际交流洽谈出国人员注意事项

通过边检，跨出国门，一个人的行为举止就不仅仅只是代表个人了，而是代表着其所在的单位、部门、城市，乃至中国人的形象。因此，在国外工作、生活、学习、旅游、访问时，一经出现在公共场合，就应当时刻注意规范和约束自己的行为、言谈举止。要遵守外事纪律，符合涉外交际礼仪的规范要求，自觉维护个人、集体、国家的形象和声誉。

涉外交际礼仪纷繁复杂，常因国家、民族、宗教信仰、风俗习惯、风土人情的不同而表现出较大的差异，其中有些属于国际惯例，必须遵守，有些是某一国家、地区的特殊要求，在对外交往中也应懂得并遵守。基本注意事项如下：

#### （一）友好相处，互惠互利

对外交往时要有宽阔的胸怀，双方在互利互惠的原则下进行相互合作与交流，即使由于条件所限而难以达成互利协议，也不应采取欺诈、强制手段来谋取自身的利益。

#### （二）遵守时间，不得失约

这是国际交往中非常重要的礼貌。参加各种外事活动，都要按时抵达。过早抵达，会使主人因尚未准备就绪而难堪，过迟到达，会使主人与客人空等过久而失礼。如确因故迟到时，应诚恳向主人和客人致歉并说明原因。万一因故不能应邀赴约，要礼貌地告知主人，并表示歉意。

#### （三）尊重老人与妇女

尊重老人与妇女，既是我国的传统美德，也是涉外交往中的必备品质。在上下楼梯，进出电梯、车辆时，都应礼让老人与妇女先行，必要时给予适当帮助；对同行的老人、妇女，男子应帮助提较重物品；进出大门，要主动帮助他们开门、关门；进出屋时也可帮助他们穿、脱大衣外套；同桌用餐时，男子也应主动帮助他们入座、离席。

#### （四）尊重各国的风俗习惯

不同的国家、民族，由于不同的历史、文化、宗教等因素，各有其特殊的风俗习惯和礼节，在外事交往中均应予以尊重。如新到一个国家或初次参加活动，应多了解，多留意，多观察，不懂或不会做的事，可仿效别人。

## 二、国际交流中谈判人员注意事项

参加同外商或外国朋友、华侨、港澳台同胞谈判的人员应注意下列问题：

(1)应具备坚定的政治立场，严格遵守组织纪律，执行请示报告制度，保守国家机密，维护国家利益。

(2)每次谈判前都应确定与对方主谈人职位大致相等的主谈人。其他谈判人员在谈判中非经我方主谈人同意，不得随便发言或向对方提意见。有意见可书面提交主谈人。若几个单位参加同一谈判，应事先统一意见。在谈判中的不同意见可会后研讨，必要时可休会，不得当场争论；谈判中要维持主谈人的意见。

(3)谈判前应对所谈的问题作充分准备，可制订不同方案，避免因仓促上阵造成失误。如果外商是熟人，不必介绍，仅上前握手问候，如果外商是初次晤面且又互不相识，接待人员应主动上前询问并作自我介绍；如果迎接的是大批客人，则需事前准备标牌或小旗，让客人在远处就能看到并主动前来接洽。

## 三、谈判的礼仪性准备

洽谈的礼仪性准备，首先要求洽谈者在安排或准备洽谈会时，应当注重自己的仪表，预备好洽谈的场所，布置好洽谈的座次，并且以此来显示我方对于洽谈的重视以及对于洽谈对象的尊重。

举行双边洽谈时，应使用长桌或椭圆形桌子，宾主应分坐于桌子两侧。若桌子横放，则面对正门的一方为上，应属于客方；背对正门的一方为下，应属于主方。若桌子竖放，则应以进门的方向为准，右侧为上，属于客方；左侧为下，属于主方。

在进行洽谈时，各方的主谈人员应在自己一方居中而坐。其余人员则应遵循右高左低的原则，依照职位的高低自近而远地分别在主谈人员的两侧就坐。举行多边洽谈时，为了避免失礼，按照国际惯例，一般均以圆桌为洽谈桌来举行“圆桌会议”。

## 四、谈判人员洽谈时的礼仪规范

谈判人员洽谈时要注意以下几点：

(1)洽谈人员应懂得礼敬对手。

即所谓“你敬我一尺，我敬你一丈”，保持“绅士风度”或“淑女风范”。

(2)洽谈人员应掌握依法办事的原则。

提倡法律至尊，假若要在洽谈中搞“人情公关”，即与对方拍拍打打，与对方称兄道弟，向对方施以小恩小惠，则是非常错误的。任何有经验的谈判人士，都是不会在洽谈会上让情感战胜理智的。

(3)洽谈人员应把握平等协商的分寸。

有关各方在合理、合法的情况下，进行讨价还价。

(4)洽谈人员应学会求同存异技巧。

在任何一次正常的洽谈中，都没有绝对的胜利者和绝对的失败者。在洽谈会上，妥协是通过有关各方的相互让步来实现的。

(5)洽谈应掌握互利互惠的尺度。

在洽谈会上，要掌握互惠互利的尺度，不要对对方提出不切实际的要求，或是一厢情愿地渴望通过自己的让步让对方回报感情。

(6)洽谈时要人事分开。

**思考与练习**

1. 简述国际交流工作的基本原则。
2. 什么是国际惯例，国际惯例有什么特点？
3. 简述国际交流中国宾接待的邀请方式。
4. 国宾接待体现接待规格的有哪些因素？
5. 通过本章的学习，谈谈你对国际交流工作的认识。

**案例分析**

一、汪老师是一个刚从大学毕业分到我校的英语教师，一天，他主动提出要去观摩一下外教老师上课。课间，汪老师为了锻炼和提高自己的口语，在课堂上频频向外教大卫发问，当问到大卫是留学生还是访问学者时，大卫已经很不高兴了，后又问到大卫在中国拿多少钱，如在美国教英语又可拿多少钱的工资，大卫实在忍无可忍，摔下课本，拂袖而去，并直接到校长办公室投诉。

大卫为什么生气？与外国人交流，汪老师犯了什么忌讳？

二、澳大利亚籍外教卡罗琳来校执教一年了，元旦前，邓老师特意买了一件有中国特色的礼物送给她向她祝贺新年，并对她说："不好意思，只是一件很普通的小礼物，请你收下。"邓老师本以为卡罗琳会高兴地收下，没想到，卡罗琳当时迟疑了一下，没作任何表示接过了礼物，并随手放在桌上，脸上带有明显的不快。

邓老师送礼物的方式有什么不妥？对外交流互送礼品有什么讲究？

# 第十一章

# 我国主要客源国和地区礼仪

## 第一节　东亚太地区

### 一、日　本

(一)基本概况

日本国国名意为“日出之国”、“太阳升起的地方”。主要是大和族人,阿伊努人、朝鲜人及华人占极少数。首都东京,货币为日元,日语为日本国国语。

(二)礼仪习俗

日本人社交习俗总的特点可以概括为:

待人处事彬彬有礼,微笑相迎精神欢喜;
见面问好鞠躬行礼,谦让礼貌讲求规矩;
语言文明说话客气,交谈乐于轻声细语;
白色、黄色受人喜爱,绿色、紫色民间为忌;
乌龟、鹤类长寿吉利,狐狸和獾人人厌弃。

日本人在社交活动中,爱用自谦语言,并善于“贬己恰人”。“请多关照”、“粗茶淡饭,照顾不周”等,是经常使用的客套话。很重视衣着仪表的美观,在公开场合,一般都要着礼服,西装套服较为常见。最喜爱的服装是和服。有崇拜、敬仰“7”的风俗,据说这与太阳、月亮、水星、金星、火星、木星、土星给人间带来了光明、温暖和生命有关。日本人有喝茶的习惯,一般都喜欢喝温茶。斟茶时,他们的礼貌习惯是斟至八成满为最尊敬客人。饮酒时,喜欢主客间相互斟酒,不习惯自斟自饮,即客人在主人为其斟酒后,马上接过酒瓶给主人斟酒。认为这样相互斟酒能表示主客之间的平等与友谊。日本人不习惯以烟待客,自己吸烟时,一般不向客人敬让。因为吸烟有害健康,不能用来招待至亲好友。日本人的等级观念很强,上、下级之间,长、晚辈之间的界限分得很清楚。妇女一般对男子极为尊重。在社会交往中最好送礼,而且注意实惠,讲究礼品的颜色。日本人经常把一些小礼物送人,一般在遇吉事送礼中喜用黄白色或红白色,在遇不幸事时,送礼惯用黑色、白色或灰色。对白色感情较深,视其为纯洁的色彩;

日本人还喜爱黄色,认为黄色是阳光的颜色,给人以生存的喜悦和安全感。喜欢乌龟和鹤类等动物,因为这些动物给人以吉祥和长寿的印象。

樱花是日本的国花,他们视樱花为日本民族的骄傲,把樱花作为勤劳、勇敢、智慧的日本人民的象征。

日本人相互见面多以鞠躬为礼。比较熟悉的人见面互相鞠躬以二三秒钟为宜;如果遇见好友,腰弯的时间要稍长些;在遇见社会地位比较高的人和长辈的时候,要等对方抬头以后再抬头,有时候甚至要鞠躬几次。在社交场合上也施握手礼。切不要以名字称呼日本人,只有家里人和非常亲密的朋友之间才以名字相称。在称呼对方"某某先生"时,就在他的姓氏后面加上"San"字。无论是商务还是社交方面的约会,都应准时到达。如果你真去日本人家里做客的话,那么一踏进门就应先脱下帽子手套,然后脱下鞋子。按习惯,要给女主人带上一盒糕点或糖果,而不是鲜花。如果日本人送你礼物,要对他表示感谢,但要等他再三坚持相赠后再接受。收受礼物时要用双手接取。日本人喜欢别人送给他们礼物。礼物要用色彩柔和的纸包装好,不用环状装饰结。特别喜欢白兰地酒和冻牛排。成双成对的礼物被认为是好运的兆头,所以衬衫袖口的链扣子和配套成对的钢笔和铅笔这类礼物特别受欢迎。但任何东西不要送四件和九件的,因为日文中的"4""9"字发音与"死""苦"字相同。

(三)饮食习惯

日本料理的最大特点就是以鱼、虾、贝类等海鲜品为烹饪主料,或热吃,或冷吃,或生吃,或熟吃。他们的主食是大米,其他的主要粮食有小麦、大麦、小米、玉米、荞麦、糯米、大豆、小豆、甘薯等。这些主要粮食有的做成蒸饭、煮饭、稀粥、杂烩粥、炒饭、豆沙饭团、粽子等;有的则做成米粉团、年糕、面包、烤饼、面条、馒头等作为面食用。逢年过节和过生日总喜欢吃红豆饭,以示吉祥。很喜欢酱和酱汤,因为它含有大量的蛋白质和铁质,且容易消化,适于老弱病残者食用,同时也是日本人家庭中不可缺少的菜谱之一。

日本人在饮食上讲究菜肴质精量小,注重菜品的营养价值。一般口味不喜太咸,爱甜、酸和微辣味。

(四)信仰忌讳

日本人大多数信奉神道(日本固有的宗教,即崇拜皇祖神天照大神)和大乘佛教,有"过午不食"的教规。不喜欢紫色,认为紫色是悲伤的色调;最忌讳绿色,认为绿色是不祥之色。还忌讳3人一起"合影",认为中间被左右两人夹着,是不幸的预兆。

日本人对送花有很多忌讳:忌讳赠送或摆设荷花;在探望病人时忌用山茶花、仙客来及淡黄色和白颜色的花。因为山茶花凋谢时整个花头落地,不吉利;仙客来花在日文中读音为"希苦拉面",而"希"同日文中的"死"发音类同;淡黄色与白颜色花是日本人传统观念中就不喜欢的。对菊花或装饰花图案的东西有戒心，因为它们是皇室家庭的标志，一般不敢也不能接受这种礼物或礼遇。

日本人对装饰有狐狸和獾图案的东西很反感，认为狐狸“贪婪”和“狡猾”，獾“狡诈”。还很讨厌金、银眼的猫。认为见到这样的猫，是十分丧气的。忌讳触及别人的身体，认为这是失礼的举动。忌讳把盛过东西的容器重复使用；忌讳在洗脸水中再对热水；忌讳晚上剪指甲；忌讳洗过的东西晚上晾晒；忌讳睡觉或躺卧时头朝北（据说停尸才头朝北）。

日本人使用筷子有很多忌讳：忌把筷子直插饭中；忌用舌头舔筷子；忌用筷子穿、插着食物吃；忌用筷子从菜中扒弄着吃；忌用筷子动了一个菜不吃，又动另一个菜；忌把筷子跨放在碗碟上面；忌以筷子代牙签剔牙；忌扭转筷子，用嘴舔取粘在筷子上的饭粒；忌拿筷子在餐桌上游动寻找食物；忌用同一双筷子让大家依次夹拨食物。

日本人在饮食中礼仪忌讳也颇多：招待客人忌讳将饭盛过满过多，也不可一勺就盛好一碗；忌讳客人吃饭一碗就够，第二碗象征性也应再添点，否则认为是象征无缘；忌讳用餐过程中整理自己的衣服或用手抚摸、整理头发。

日本人一般不吃肥肉和猪内脏，也有人不吃羊肉和鸭子。

## 二、韩国

### （一）基本概况

韩国分别为日本海、朝鲜海峡和中国的黄海环绕。首都是首尔，它位于亚洲东北部的朝鲜半岛的南部，北接朝鲜，为单一的民族朝鲜族。官方的语言是韩语。8 月15 日是韩国的国庆日。

### （二）礼仪习俗

韩国人握手时讲究使用双手，或是单独使用右手。在晚辈、下属与长辈、上级握手时，后者伸出手来之后，前者须先以右手握手，随手再将自己的左手轻置于后者的右手之上。在韩国，一般情况下，妇女不和男子握手，以点头或是鞠躬作为常见礼仪。在称呼上多使用敬语和尊称，很少会直接称呼对方的名字。要是对方在社会上有地位头衔的，韩国人一定会屡屡称用。韩国人初次见面时，经常交换名片。韩国很多人养成了通报姓氏习惯，并和“先生”等敬称联用。韩国一半以上居民姓金、李、朴。韩国人洽谈业务，往往在旅馆的咖啡室或附近类似的地方举行。韩国人注重服饰，男子穿西服，系领带。

韩国人不轻易流露自己的感情，公共场所不大声说笑。特别是女性在笑的时候还用手帕捂着嘴，防止出声失礼。在韩国，妇女十分尊重男子，男女同座的时候，往往是男性在上座，女性在下座。韩国有男尊女卑的讲究，进入房间时，女人不可以走在男人的前面，须帮助男人脱下外套。坐下时，应主动坐在男子的后面。在男子面前不可以高声谈论。

韩国人崇尚儒教，尊重长者和老人，长者进屋时大家都要起立，问他们高寿。和长者谈话时要摘去墨镜。早晨起床和饭后都要向父母问安；父母外出回来，子女都要迎接。乘车时，要让位给老年人。吃饭时应先为老人或长辈盛饭上菜，老人动筷后，其他人才能吃。

在韩国，如有人邀请你到家吃饭或赴宴，你应带小礼品，最好挑选包装好的食品。席间敬酒时，要用右手拿酒瓶，左手托瓶底，然后鞠躬致祝辞，最后再倒酒，且要一连三杯。敬酒人应把自己的酒杯举得低一些，用自己杯子的杯沿去碰对方的杯身。敬完酒后再鞠个躬才能离开。要离去时，主人送你到门口，甚至送到门外，然后说再见。韩国人用双手接礼物，但不会当着客人的面打开。不宜送外国香烟给韩国友人。酒是送韩国男人最好的礼品，但不能送酒给妇女，除非你说清楚这酒是送给她丈夫的。在赠送韩国人礼品时应注意，韩国男性多喜欢名牌纺织品、领带、打火机、电动剃须刀等，女性喜欢化妆品、提包、手套、围巾类物品和厨房里用的调料，孩子则喜欢食品。

在韩国，男子一般上身穿袄，下身穿宽大的长裆裤，女子一般是上穿短袄，下穿齐胸的长裙。韩国人讲究礼貌，待客热情。见面时，一般用咖啡、不含酒精的饮料或大麦茶招待客人，有时候还加上适量的糖和淡奶。这些茶点客人必须接受。

（三）饮食习惯

韩国人在一般的情况下喜欢吃辣和酸。主食主要是米饭、冷面。菜肴有泡菜、烤牛肉、烧狗肉、人参鸡，等等。总体来说，韩国人的菜品种不是太多，而且其中的绝大多数都比较清淡。一般来说，韩国的男子的酒量都不错，对烧酒、清酒、啤酒往往来者不拒，妇女则多不饮酒。平日，韩国人大都喝茶和咖啡。但是，韩国人通常不喝稀粥，不喜欢喝清汤。韩国人一般不喜欢吃过油、过腻、过甜的东西，不吃鸭子、羊肉和肥猪肉，尤其不吃熊掌、虎肉。吃饭时，一般用筷子，韩国人会为你提供铁餐具。与长辈吃饭时不许先动筷子，不可以用筷子对别人指指点点，用餐完毕后将筷子整齐放在餐桌的桌面上。吃饭时，不宜高谈阔论。吃东西时，嘴里响声不能大。在韩国人的家里宴请时，宾主一般都是围坐在一张矮腿方桌周围，盘腿席地而坐。在这种情况下，切勿用手摸脚，也不允许伸直双腿，或是双腿叉开。

（四）信仰忌讳

韩国人主要信奉佛教。国花是木槿花，松树为国树，喜鹊为国鸟，老虎为国兽。韩国人喜爱白色。忌讳数字“4”和“13”，因发音与“死”相同的缘故。韩国人禁忌颇多，逢年过节相互见面时，不能说不吉利的话，更不能生气、吵架。农历正月头三天不能倒垃圾、扫地，更不能杀鸡宰猪。寒食节忌生火。渔民因忌翻船吃鱼不许翻面。忌到别人家里剪指甲，认为否则两家死后结冤。吃饭时忌带帽子，认为否则终身受穷。睡觉时忌枕书，认为否则读书无成。忌杀正月里生的狗，认为否则三年内必死无疑。

与年长者同坐时,坐姿要端正。未征得同意前,不能在上级、长辈面前抽烟,不能向其借火或接火。进入家庭住宅或韩式饭店应脱鞋。在大街上吃东西、在人面前擤鼻涕,都被认为是粗鲁的。照相在韩国受到严格限制,军事设施、机场、水库、地铁、国立博物馆以及娱乐场所都是禁照对象,在空中和高层建筑上拍照也在被禁之列。

### 三、新加坡

#### (一)基本概况

新加坡国名源于本岛的狮子形状,在马来语中,“新加”是“狮子”之意,“坡”是“岛”的意思。其中大多数是华人,其余是马来西亚人和印度人等。新加坡首都新加坡,货币为新加坡元。政府规定英语、华语、马来语和泰米尔语为官方语言。

#### (二)礼仪习俗

新加坡人待人处事彬彬有礼,总习惯笑脸迎送客人。对吉祥字、吉祥图画等都有特殊的感情。对“喜”、“福”、“吉”、“鱼”字都非常喜欢,认为这些字都预兆着吉利。认为“苹果”、“荷花”代表“和平”;“蝙蝠”表示“幸运”;“竹”表示“文明”、“学习”和“力量”;“梅花”是“新年之花”。新加坡有“花园之城”的美誉。新加坡人酷爱花草,“兰花”是他们偏爱的花种。特别讲究卫生,喜欢沐浴,爱穿绸料衣服。偏爱鸟类,饲养鸣禽十分盛行,许多人将养鸟作为工作之余的一种最好的消遣活动。偏爱红色,认为红色艳丽夺目,对人有激励作用,还把红色看成是庄严、热烈、刺激、兴奋、勇敢和宽宏的象征。他们的时间观念较强,有准时赴约的良好习惯,认为准时赴约是对客人的尊重和礼貌。他们的闲谈话题,一般都是旅游中的一些见闻和一些在经济方面的成就。

新加坡人在社交场合与客人相见时,一般都惯行握手礼。在与东方人相见时,也有施鞠躬礼的习惯(即轻轻鞠一躬)。新加坡佛教徒在与客人相见时,惯以双手合十为礼。客人同时也应以双手合十还礼,以示相互尊重。在进入清真寺前要脱鞋,有时在进入当地人家里前也要脱鞋。街道和其他场所都保持得非常整洁,要注意不随地扔烟蒂和垃圾,否则会受到重罚。由于长期受英国的影响,新加坡是十分西方化的。新加坡的招待方式通常是请吃中饭或晚饭。如应邀去新加坡人家里赴宴,送一盒巧克力或一束鲜花将是受欢迎的。

#### (三)饮食习惯

新加坡多是华人,尤其爱吃海味品。不信佛教的人一般都爱吃咖喱牛肉。新加坡人的饮食讲究吉利用餐,注重菜品的营养成分。一般口味喜清淡,爱微甜味道。

（四）信仰忌讳

新加坡为多宗教国家，马来人和巴勒斯坦人多信奉伊斯兰教，华人中有部分信奉佛教，另外还有少数人信仰印度教、基督教和天主教。新加坡人对男子留长发极为反感，认为这是一种可耻的行为，会受到舆论的谴责。忌讳有人口吐脏言。不喜欢“7”，认为“7”是个消极的数字。对“恭喜发财”之类的话反感。新加坡的印度人、马来人忌讳左手传递东西或食物，认为使用左手是一种不礼貌的举止。在新加坡，大年初一扫帚必须都收藏起来，绝不许扫地，认为这天扫地会把好运气都扫走的。新加坡伊斯兰教禁食猪肉，忌讳使用猪制品，也忌讳谈论有关猪的话题。

## 四、马来西亚

（一）基本概况

马来半岛是个盛产黄金的地方，在马来语中，“马来”二字意为“黄金”。大多为马来族人和华人，印度人、巴基斯坦人占很少部分。首都吉隆坡。货币为林吉特。马来语为马来西亚国语，英语和华语为通用语言。

（二）礼仪习俗

马来西亚人路遇相识的人，都要相互问候。一般是其中一人以阿拉伯语“真主保佑，一路平安！”向对方致意，另一方也要以“愿你一样好！”来回敬对方，两人以手接触后，举到胸前一下，表示施礼。特别注重社交场合的衣冠整洁。无论谁到他们的家中访问，进内厅前必须先将鞋脱掉，放在楼梯口或门口，然后方可进屋。对来访宾客十分热情，一般都要用当地驰名的马来糕饼或点心、茶、咖啡、冰水及栳叶（一种当地的药用植物叶）来招待，以示对客人的尊敬。时间观念较强，讲求信义，对事先的约会，是一定会按时赴约的。重视饭前洗手，一般都愿意用水冲洗，不愿用湿毛巾干擦。另外，还喜欢在桌上备有“水盂”，以供用餐过程中随时浸涮手指。

马来西亚人普遍喜爱绿色，并视绿色为吉祥之色。马来西亚伊班族人崇拜犀鸟，并把其奉为神灵。“扶桑花”是马来西亚的国花，人们把其喻为热爱祖国的烈火般的激情，也有人将其喻为革命的火种洒满大地而燃起的熊熊大火，使殖民主义者相继后退。

马来西亚人见面时，一般是施握手礼。年轻人见到老年人时，一般要相互紧握双手，然后再双手朝胸前作抱状，身体朝前弯下（如鞠躬）。同一般熟悉的人相见，男子之间，一般要互相接触一下右手，然后各自用右手扪胸示礼。马来西亚妇女见到男子，施礼前要先用手巾盖住手掌，再同男人的手掌相接触，然后把手伸至胸前作抱状，同时身体稍向前弯下鞠躬。

在进入马来人的住家或清真寺时必须脱鞋并取下太阳眼镜。在马来西亚对乱扔纸屑杂物要处以重罚。与马来西亚人约会事先约定是恰当的，准时赴约是应该做到但并不强调必须做到的。马来西亚人对外宾一般都很友好热诚。商务活动中，请客吃饭是一个重要组成部分，通常是在饭店里以午宴或晚宴招待。在穆斯林式的宴席上，千万不要用左手去触碰食物，按照主人的方式行事是万无一失的，不吃猪肉，也不喝带酒精的饮料。印度教徒和某些佛教徒不吃牛肉。按传统习惯，马来人和印度人用手取食，华裔则用筷子和汤匙。不论受礼者属于哪个族群，用左手递送礼物或马上打开礼物来看都被认为是不礼貌的。如果主人赠送礼物给你，写一封感谢信是理所应当的。

（三）饮食习惯

马来西亚人的食物一般以米饭、糕点、椰酱、咖喱为主；喜欢带有辣味的菜肴。马来西亚风味“沙爹”（即烤鸡肉或羊肉串），是宴席必备的佳肴。吃中餐的兴趣似乎还要比吃西餐更浓些。用餐一般都以手抓食，只有在西式宴会时，才偶尔用匙和叉。定居在马来西亚的华人，吃饭一般都习惯使用筷子和勺子做餐具；马来西亚的印度人吃饭一般惯用手抓饭或用勺子。

在饮食上讲究饭菜量少质精，注重饮食及餐具的洁净卫生。一般口味不喜太咸，爱香辣味道。

（四）信仰忌讳

马来西亚人大多信奉伊斯兰教，少部分人信奉佛教、基督教、天主教和印度教。马来西亚人恪守宗教的教规，会宾宴客从不备用酒水，而是以茶或其他饮料来代酒干杯。他们的头部、背部是被视为神圣不可侵犯的，若有他人触摸他们的头部或拍打后背等，是不会得到好言相待的，甚至会闹出乱子。他们忌讳双腿分开坐和翘着“二郎腿”。忌讳左手递送东西或食物，认为左手是卑贱和不洁净的，使用左手是对人的极大不敬，是令人不能接受的。马来西亚的马来人认为，宾客若在主人家不吃不喝，是对主人的不尊敬，并会引起主人的反感，有的甚至会被视为不受欢迎的人。马来西亚人忌讳乌龟，并认为狗是一种肮脏的动物，会给人带来厄运的瘟疫令人生厌。马来人不但禁吃猪肉和狗肉，也不吃自死的动物肉和血，还忌讳使用猪制品。

## 五、泰国

（一）基本概况

“泰国”是“自由之地”、“自由之国”的意思。其中泰人占一多半，其次是佬人和华人。首都曼谷。货币为铢。泰语为泰国国语。

（二）礼仪习俗

泰国人社交习俗总的特点可以概括为：

泰国人多信佛教，恪守教义很强调；
尤把头部来注重，碰摸会把人惹恼；
信仰忌讳繁又多，文明举止最重要；
“好客”民族有传统，事事处处讲礼貌；

约会特别守信义,礼节礼仪颇周到。

泰国人每逢喜庆吉日、迁居、丧葬等,一般要邀请亲朋好友和僧侣参加。如果是官方举办的,被邀请的人数为双数,若是私人聚会为单数。从民众习惯上来讲,多数人喜欢请9个人,其原因是泰文"9"的发音是吉祥之音,它的含义是"向上"、"兴旺"、"发达";再有的还说泰文"9"似一头大象,大象又是吉祥的象征。泰国有个特有的国俗民风,男子一生都要当一次和尚,少则三个月,多则三五年,甚至终生。泰国和尚免向任何人施礼(因为人们认为和尚的袈裟代表佛)。视白象为国宝和吉祥的象征,常用它来代表智慧、力量和忠诚。喜爱蓝色,认为蓝色象征着"安定"和"永恒"。"荷花"备受泰国人的喜爱,常借荷花来赞美人的气节。

泰国人在与客人见面时,通常施合十礼。将手合十于胸前,头稍稍低下,互相问候"撒瓦迪"(你好)。还礼时,也须双手合十,放至额到胸之间。地位较低或年纪较轻的人,应该主动向地位高和年纪大的人致合十礼。地位高、年纪大的人还礼时,手不应高过前胸。双手举得越高,表示尊敬的程度越深。在特殊情况下,如平民拜见国王的时候要施跪拜礼;儿子出家当和尚父母也施跪拜礼。进入泰国人住家按习俗要脱鞋。不要踩在门槛上,因门槛下有神灵栖居。切忌触碰任何人的头部,即使是对小孩子,因为头颅被视作人体的最高部分。在泰国人的社交聚会中,你将发现年轻人都尽量使自己处于比年长者矮一截的位置,以免别人感觉对长者"不敬"。泰国商人总要考虑很久才能作出决定,所以与他们打交道要有耐心。除了在较为西方化的社会团体中,泰国人见面时通常不以握手为礼。一般情况下,年轻人向长者合十弯腰致礼,长者以同样的方式还礼。泰国人不用姓氏而用名字称呼;如果你被称为"鲍勃先生"或"玛丽小姐"时,不必感到奇怪。作为客人,应对主人的家庭和住房表示感兴趣,但不要过分赞美某样东西,以免主人觉得非把它送给你不可。在一般情况下,小小的纪念品可作为礼物相赠。礼物通常应用纸包装好。鲜花也是合宜的礼物。别随意把你的脚指向任何东西。无论站着或坐着,应注意不要把你的脚斜放在惹人注目的位置,或让人看到你的脚底。

(三)饮食习惯

泰国人最爱吃民族风味的"咖喱饭"(它是用大米、鱼肉、香料、椰酱及蔬菜等烹制而成的)。特别喜爱吃辣椒,而且越辣越好,"辣椒酱"是每餐必备的;泰国人也非常喜欢用味精和鱼露调味。泰国人不喝热茶,而习惯在喝的茶里放冰块,喝饮料也同样喜欢配上些冰块。在喝橘子汁或酸橙汁时,总喜欢在里面加放点盐末。这种习惯的养成,可能与国内气候炎热有很大的关系。饭后有吃水果的习惯,在吃西瓜或菠萝时,不仅爱放些冰块,而且也习惯蘸上些盐末或辣椒末一起吃,认为这样吃起来显得别有风味。早餐喜欢吃西餐,午餐和晚餐大多爱吃中餐。用餐时,不习惯使用筷子,有的人爱用叉子和勺(右手拿勺,左手拿叉),有的人乐于以手抓饭取食。

泰国人在饮食上讲究菜品要鲜嫩,注重风味特色。一般口味不喜太咸,爱辛辣味。

(四)信仰忌讳

泰国人大多信奉佛教,佛教是泰国的国教。泰国的和尚可以吃肉,但每天只许吃两餐饭,就是把托钵得来的食物分成早、午两顿食用,午后只能喝水。忌讳随便触摸别人头部,除了和尚之外,任何人都不能随便触摸别人的头部,否则就是对他们的一种极大侮辱。泰国和尚最忌讳别人送现金。泰国人忌讳有人盘足或把两腿叉开而坐,因泰国的一般家庭不设坐椅,人们惯于席地而坐,但绝不允许盘足或把腿叉开而坐。泰国人讨厌西方人平时生活中的拍拍打打的举止习惯,泰国的乡村人对握手礼也看不惯,甚至不欢迎。忌讳有人用脚踢门或用脚指东西,忌讳别人拿着东西从头上掠过,忌讳左手服务,忌讳用红笔签字和用红颜色刻字。睡觉忌讳头西脚东,认为只有死人停尸才头西脚东。把戴着墨镜用手指着对方说话视为一种不礼貌的行为。禁止议论或打听国王及王室的秘密。忌食鲜牛肉,不喜欢酱油、红烧菜肴、甜味菜、香蕉和海参等食品。

## 六、港澳台地区

### (一)香港特别行政区

1. 基本概况

因明代至清初香港盛产香木,不少居民都以种香及制香为生,这样外运香水的海湾就被称作了“香港”。我国从 1997 年 7 月 1 日开始对香港恢复行使主权,并于是日成立香港特别行政区。货币为港元。官方语言是粤语(广东方言)和英语。

2. 礼仪习俗

香港同胞的社交习俗可以这样概括:

香港同胞讲友谊,态度和善重礼仪;
传统特别喜吉祥,逢事人人图吉利;
“8”、“6”数字很可亲,愿多相见为福气;
不愿他人问私事,忌讳“谐音”含歹意;
家乡多为粤、闽地,生活习俗似祖籍。

香港同胞在接受别人斟酒或倒茶时,总喜欢用几个指头在桌上轻叩。“3”字在香港很吃香,原因是香港同胞读“3”与“升”是谐音,“升”意味着“高升”。“8”和“6”在香港也很时髦,在粤语中“8”是“发”的谐音,“发”意味着“发财”;“6”与“禄”同音,也有“六六顺”之意。香港同胞过节时,常相互祝愿“恭喜发财”。

香港同胞在社交场合与客人相见时,一般是以握手为礼。亲朋好友相见时,也有用拥抱礼和贴面颊式的亲吻礼的。他们向客人表达谢意时,往往用叩指礼(即把手指弯曲,以几个指尖在桌面上轻轻叩打,以表示感谢)。香港同胞几乎在所有场合都是矜持和拘礼的。蓝色和白色是中国人表示悼念的颜色,应予回避。见面时与告别时通常握手。初次握手引见后,用双手递上商业名片。约定会见时间后,有30分钟“出入”仍不失礼貌。客人应邀去赴宴时可带水果、糖果或糕点作为礼物并用双手递送给女主人。不要送钟,它是“送终”的谐音;也不要送剪刀或其他锐利的物品,它们象征断绝关系。不要比主人先开始饮酒进食。

3. 饮食习惯

香港同胞对西餐中餐均能适应,但对中餐格外偏爱。香港同胞在饮食上讲究菜肴鲜、嫩、爽、滑,注重菜肴营养成分。一般口味喜清淡,偏爱甜味。

4. 信仰忌讳

香港同胞忌讳别人打听自己的家庭地址,不欢迎别人去家里做客,一般都乐于到茶楼或公共场所。忌讳询问个人的工资收入、年龄状况等情况。对“节日快乐”之语很不愿意接受,因为“快乐”与“快落”谐音是很不吉利的。他们忌讳“4”字,因为“4”与“死”谐音,故一般不说不吉利的“4”,送礼等也避开“4”这个数,非说不可的情况下,常用“两双”或“两个二”来代替。在香港,酒家的伙计最忌讳首名顾客用餐选“炒饭”,因为“炒”在香港话中是“解雇”的意思,开炉闻“炒”声,被认为不吉利。

(二)台湾省

1. 基本概况

“台湾”是我国最大的海岛。台湾省古时人们称之为“夷州”或“琉球”。汉族人占98%以上(其中80%祖籍福建人,20%祖籍广东人)。台湾地区货币为新台币。官方语言为普通话,全省通行闽南话和梅县一带的客家话。

2. 礼仪习俗

台湾同胞社交习俗可以概括为:

祖国领土台湾岛,隔海同胞相见少;
亲人相互盼统一,团聚期望尽量早;
台胞多为闽、粤根,习俗基本随父老;
开朗大方重谦虚,诚恳忠厚待人好;
热情和蔼讲文明,注重礼节和礼貌。

台湾同胞是很注重文明的,人们都很讲究社交礼貌。无论见面、会友,还是交际、拜访,在举止言谈方面,特别注意尊重他人。台湾的高山族同胞,素以敬老互助成风而闻名于世。在道德观念方面,最厌恶虚伪和狡诈的作风。办起事来特别喜欢一言为定。台湾同胞目前仍保持着闽、粤一带的生活习惯和风俗。一般老年人依然对青黑色的香纹衫感兴趣,妇女大都喜欢佩戴金银首饰。但由于社会的变革,青年人在穿着方面也开始向新潮流追赶。台湾地区的高山族人,不论男女大都喜欢穿着手织的窄幅麻布裁制的无袖胴衣,长到膝头的叫“鲁靠斯”,短到肚脐的叫“拉当”。高山族人一般还喜欢赤足,爱佩戴几种多彩多姿的头饰、耳饰、手镯、脚环、项链等。偏爱红色,民间一般都以红色为吉祥的象征。投亲访友总习惯把礼物用红纸包起来送人。很喜欢"6"数,有"六六顺"之说。又因"6"与"禄"同音,又是有钱财、有福气的吉祥表示,因此,人们都愿借"6"数来表示吉祥。

台湾同胞在社交场合与客人见面时,一般都以握手为礼。亲朋好友间相见时,也惯以拥抱为礼,或吻面颊的亲吻礼。台湾地区的高山族雅美人在迎客时,一般惯施吻鼻礼(即用自己的鼻子轻轻地擦吻来宾的鼻尖),以示最崇高的敬意。在某些住家内不穿鞋子,改穿拖鞋。与熟人或亲密朋友见面时,习惯上握一下手。初次见面时只需点头打招呼,微微弯腰鞠躬表示敬意,但不要做得过分。台湾的饭菜极其丰盛,一顿饭可能有20道菜,所以在开始阶段要吃得少些以留有余地。祝酒是常见的,"干杯"的意思是一饮而尽,杯底朝天。筷子与瓷调羹是台湾同胞常用的餐具。登门访问台湾同胞时,宜带一样小礼品,例如水果、糖果或干点。递送礼品或其他物品时应用双手奉上。接受宴请后写一封感谢信是必须的,会受主人欢迎。

3. 饮食习惯

台湾深山的高山族人食物比较贫乏,他们很少吃白米,一般多以番薯、芋头为主食。台湾兰屿的雅美人多半吃芋头和鱼类;水田地区的人则以大米为主,夹有玉米等。台湾排湾族人喜欢黏小米混合花生或鸟兽肉等,再用树叶包成粽子。他们一般对西餐、中餐均能适应,但对中餐更为偏爱。台湾同胞思念家乡,对大陆的家乡风味菜格外喜欢。到内地观光的人,也愿品尝当地的名贵佳肴。

台湾同胞在饮食上讲究菜肴的丰盛吉祥,注重菜肴的鲜、嫩、滑、爽。一般口味喜清淡,爱微甜味道。

4. 信仰忌讳

台湾地区信奉佛教和道教的信徒约占全省人口的34%;信奉天主教、基督教的约占3%;另外还有部分居民信奉伊斯兰教、天理教、轩辕教、大同教、理教等。忌讳别人打听他们的工资、年龄以及家庭住址。讨厌有人冲他眨眼。忌讳以扇子赠人,因为有"送扇无相见"之说。忌讳"4"数,因其与"死"音近似,产生怕遇"4"数的心理,平时无论干什么都要设法避开"4"数,或改"4"数为"两双"来说。忌以手巾送人,因为有"送巾断根"之说。忌讳把剪刀送人,因其有"一刀两断"之说。忌讳以雨伞当作礼物送人,因为"伞"与"散"谐音,"雨"与"给"谐音,"雨伞"与"给散"谐音。忌以甜果为礼送人,忌讳把粽子当做礼品送人。台湾地区的阿美人十分忌讳打喷嚏,一天之中若碰上有人打喷嚏,便视为遇到了很不吉利的事情。

# 第二节 欧洲地区

## 一、英国

### (一)基本概况

大不列颠及北爱尔兰联合王国简称为“联合王国”,“不列颠”意为“杂色多彩”,中国人习惯称之为“英国”。英格兰人占大部分,苏格兰人、威尔士人、北爱尔兰人仅占少部分。首都伦敦,货币为英镑,官方语言是英语。威尔士北部用凯尔特语,苏格兰西北高地及北爱尔兰通用盖尔语。

### (二)礼仪习俗

英国人社交习俗总的特点可以这样来概括:

英国客人重仪表,风度翩翩气质好;
处事稳重不随便,谨慎小心不毛糙;
社交乐于很坦率,忌讳转弯假客套;
私事反对他人问,因为无需您知晓;
“女士第一”最盛行,礼貌规矩不可少。

英国人在社交场合中特别注重礼仪形式,引见客人有自己的规矩习惯:一般要向地位高的人引见地位低的人;向老年人引见青年人;向妇女引见男子;向已婚妇女引见未婚的青年女子。他们特别注意尊重妇女,一般情况下,走路先让妇女行,乘电梯先让妇女,为女宾或女主人斟茶或饮料。很喜欢别人在称呼他们时,在姓名的后面加自己的荣誉头衔。英国人誉“蔷薇”为国花和“花中皇后”。“蔷薇”在英国人的心目中,已成为和平与友爱的象征。他们十分喜爱红胸鸲,尤为崇拜雄性红胸鸲对自己所建立的疆界负有巡察及保卫之责的本能,人们称其为“上帝之鸟”,并被公民投票定为国鸟。他们平时非常喜欢猫、狗等小动物,有把狗视为“神圣动物”、“忠诚伴侣”的习俗。普遍喜爱饮茶,妇女尤其嗜茶成癖。“下午茶”几乎成为英国人的一种必不可少的生活习惯,即使遇上开会,有的也要暂时休会而饮“下午茶”。

英国人在与客人初次见面时的礼节是握手礼,女子一般施屈膝礼。英国男子戴帽子遇见朋友,有微微把帽子揭起“点首为礼”的习惯。

### (三)饮食习惯

英国的“烤牛肉加约克郡布丁”被称为国菜。这是用牛腰部位的肉,再把鸡蛋加牛奶和面,与牛肉、土豆一起在烤箱中烤制的菜肴。上桌时,还要另配些单煮的青菜,即为“烤牛肉加约克郡布丁”。普通家庭一日三餐(即早餐、午餐、晚餐),他们以午餐为正餐。阔绰人家则一日四餐(即早餐、午餐、茶点和晚餐)。早餐一般为燕麦或大麦片，牛奶、糖或盐做的粥，火腿蛋，奶油面包或果酱面包；午餐有冷肉、土豆和用黄瓜、番茄、胡萝卜、莴苣、甜菜头等制作的凉拌菜；茶点一般在下午4～5时，主要有茶、糕饼、面包；晚餐是正餐，要穿礼服，菜肴要丰美。英格兰人一般都爱吃酥皮葱饼；英国的许多海港一带的人，一般都特别喜爱鲱鱼和鲭鱼。

英国人在进餐时，一般都爱先喝啤酒，还喜欢喝威士忌等烈性酒。中国茶叶自17世纪传入英国后，便与英国人结下了不解之缘。他们一改过去只喝咖啡、啤酒的习惯。如今，真正的英国人大都有早晨喝"被窝茶"，午后喝"过午茶"的习惯。他们平时主要吃英式西餐或法式西餐，对中餐也极为赞赏并乐于品尝，在英国国内所有的市镇都有一家以上的中餐馆。他们用餐一般都习惯左手拿餐叉，右手用餐刀，并喜欢在餐桌上备有调味品。

英国人在饮食上讲究菜肴要量少质精，注重菜品要鲜嫩、焦香。一般口味不喜太咸，爱甜、酸、微辣味。惯以米饭或点心为主食。

（四）信仰忌讳

英国的主要宗教是新教和天主教，圣公会为英国国教会，教徒占全国人口的近半数。英国现代教育中，教儿童要敬月，不可用手去指；要敬星，不可数它；第一次见新月，必鞠躬为礼，但如隔着玻璃，则认为非好兆；流星被认为是报丧的。他们有个怪俗，把新的一年是否吉祥如意，全都寄托在第一个来访的客人身上。认为若是来人善良、快乐、富有，则会交好运；如若一个凶恶或贫穷的人来临，则会倒霉。苏格兰人认为新年来访客人若是浅黄头发的女人，则会晦气；若是来的是男客而又是黑头发的，来年必定会走运。英国人忌讳四人交叉式握手，据说这样交叉握手会招来不幸。这可能是因为四个人的手臂正好形成一个十字架的原因。他们很忌讳"13"和"星期五"这些数字与日期，一般都视其为"厄运"和"凶兆"。他们还忌讳"3"数。尤其在点烟的时候，不论用火柴还是打火机，只能点到第2个人，然后要把火熄后，再给第3个人点。他们忌讳别人过问他们的活动去向、政治倾向及个人生活上的事情。对"厕所"这个词很听不惯，他们称男厕为"男士室"，把女厕叫"女士室"。凡要上厕所之时，他们一般都爱用"对不起，我要去看我姑妈"一语来替代"我要去上厕所"之意。英国人同别人谈话时，不喜欢距离过近，一般以保持50公分以上为宜。他们还特别不喜欢大象及其图案，认为大象笨拙，令人生厌。他们对墨绿色很讨厌，认为墨绿色会给人带来懊丧。他们很忌讳黑猫，尤其是黑猫从面前穿过，更会使人恶心。他们忌讳把食盐碰撒，哪怕你是不小心的，也会使人非常懊丧，认为这是引发口角或与朋友断交的一种预兆。他们忌讳有人打碎玻璃，认为打碎玻璃就预示着家中要死人或起码要有7年的不幸。忌讳在餐桌上使水杯任意作响，或无意碰响水杯而又不去中止它作响。英国人忌讳百合花，并把百合花看作是死亡的象征。忌讳在众人面前相互耳语，忌讳有人用手捂着嘴看着他们笑。在饮食上不愿意吃带黏汁和过辣的菜肴，忌用味精调味，也不吃狗肉。

## 二、法国

### (一)基本概况

法兰西共和国源于古代当地部落的名称,1958 年 5 月戴高乐当政形成如今的共和国,即第五共和国。法国主要由法兰西人以及少数的布列塔尼人、巴斯克人和科亚嘉人组成。首都巴黎,通用货币是欧元,官方语言为法语。

### (二)礼仪习俗

法国人社交习俗总的特点可以概括为:

法国友人很直爽,性格大多较开朗;
谈吐幽默又风趣,特别善于搞交往;
"女士优先"成风气,良好传统大发扬;
忌讳询问个人事,秘密从不对人讲;
注重礼节和礼仪,乐于助人讲风尚。

法国人最爱美,这是举世公认的,尤其妇女,称得上世界上最爱打扮的人。就连他们国家的老年妇女也是如此,每天都离不开化妆和美容,为的是把自己打扮得更年轻些。"女士第一"在法国极为盛行。他们时间观念很强,无论出席什么集会,都习惯准时到达,从不拖拉迟到。不愿听到那些蹩脚的发音。法国女宾由于有化妆的习惯,所以一般都不欢迎服务员为她们递送香巾。法国人在同客人谈话时,总喜欢相互站得近一些,他们认为这样显得更为亲近。他们偏爱公鸡,认为它既有观赏价值和经济价值,还有司晨报晓的特殊本领,把它看做"光明"的象征,并视其为国鸟。他们非常喜爱鸢尾花,认为它是自己民族的骄傲,是权力的象征,国家的标志,并敬其为国花。法国是个盛产鲜花的国家,人们爱花成癖。他们视秋海棠为"热忱的友谊",用兰花表示"虔诚",用丁香表示"纯洁",用大丽花表示"感谢",用玫瑰表示"爱情"之意,等等。他们对蓝色偏爱,并把蓝色看成是"宁静"和"忠诚"的色彩;对粉红色也较为喜欢,认为粉红色是一种积极向上的色彩,给人以喜悦之感。他们谈话习惯用手势来表达自己的意思,但手势和我们的习惯有所不同。如,我们用拇指和食指分开表示"8",他们则表示"2";我们用手指指自己的鼻子,表示"是我",但他们的手指指自己的胸膛才表示"是我";他们还把拇指朝下表示"坏"和"差"的意思。

法国人在社交场合与客人见面时,一般惯以握手为礼,少女和妇女也常施屈膝礼。他们的男女之间,女子之间见面时,还常以亲面颊或贴面颊来代替相互间的握手。法国人还有男性互吻的习俗,两位男士见面,一般要当众在对方的脸颊上分别亲一下。在法国一定的社会阶层中"吻手礼"也颇为流行。不过施吻手礼时,嘴不应接触到女士的手;也不能吻戴手套的手;不能在公共场合吻手;更不得吻少女的手。被邀请到某人家里做客是难得的,即使已相识很久。不过,若有这类邀请的话,给女主人送上鲜花(不要送玫瑰花或菊花)或巧克力之类小礼品将是受欢迎的。法国人注重烹调艺术,因此中午和晚上的两餐是日常生活中的重要组成部分,不容忽视。能激起人们思维和美感的礼物特别受欢迎。不要送印有公司名称的显眼大标志的礼品。要回避个人问题、政治和金钱之类的话题。

(三)饮食习惯

法国是世界三大烹饪王国之一。他们是很讲究吃的,而且舍得花钱。在餐饮中,他们对于逊色的菜,是不愿意接受的。法国人同酒结下了不解之缘。据有关资料介绍:法国人均每年要喝75升葡萄酒。另外法国人对菜肴和酒的搭配也很有讲究。他们认为饭前一般要喝度数不高的甜酒,习惯称之为"开胃酒";吃饭时要喝不带甜味的葡萄酒或玫瑰酒;吃肉时一般喝红葡萄酒;吃海味时喝白葡萄酒或玫瑰酒;饭后要喝一点儿带甜味的"消化酒";每逢宴请还要喝香槟酒,以增加席间欢乐的气氛。

法国人非常喜欢中国菜肴,仅首都巴黎有中餐馆2600多家,占全市餐馆总数的四分之一左右。法国人对烹调技术极为重视,他们讲究菜肴的色、香、味、形,操作上很重视掌握火候。法国菜有个突出的特点,尤为看重菜品的鲜嫩程度。因为他们一般都喜欢吃略带生口、极为鲜嫩的菜肴。干酪是法国人餐桌上的主要食品之一。他们爱在三明治中夹上干酪或意大利饼,也愿把它当做喝茶的点心。法国人一般都乐于喝生水(自来水),不习惯喝开水。

法国人的饮食注重烹调火候,讲究菜肴的鲜嫩,强调菜肴的质量。一般喜肥、浓、鲜、嫩,偏爱酸、甜、咸味。主食为米饭或面粉,对点心也很爱吃。

(四)信仰忌讳

法国人大多信奉天主教,其次是新教、东正教和伊斯兰教。法国人忌讳黄色,对墨绿色也极为反感。视孔雀为祸鸟,认为仙鹤是蠢汉和淫妇的象征。还视菊花为丧花,认为核桃、杜鹃花、纸花也是不吉利的。很忌讳"13"这个数字,认为"13"、"星期五"都是不吉利的,甚至是大祸临头的一种预兆。他们还把对老年妇女称呼"老太太"视为一种污辱的语言。忌讳男人向女人赠送香水,有过分亲热或"不轨企图"之嫌。忌讳别人打听他们的政治倾向、工资待遇以及个人的私事。对法国人来说,初次见面就送礼,会被人认为是不善交际的,甚至还会认为你行为粗鲁。在饮食上,法国人不爱吃无鳞鱼,也不爱吃辣味重的菜肴。

## 三、德国

(一)基本概况

"德意志"一词是"人民的国家"、"人民的土地"的意思。德意志人占绝大多数,仅有极少数的索布人等。德国首都柏林,通用货币为欧元,官方语言是德语。

(二)礼仪习俗

德意志人社交习俗总的特点可以这样来概括：

德意志人讲友谊，性格豪放有朝气；
社交场合重风度，讲求衣冠要整齐；
崇尚科学喜艺术，尤其更为爱体育；
“以右为上”是传统，“女士优先”为惯例；
待人热情很真挚，注重礼节和礼仪。

在一般社交场合上，德意志人总乐于在打招呼时对方称呼他们的头衔。在与朋友相见或告别时，总习惯互相把手握了又握。待人诚恳坦直，如果你在街上向陌生的德意志人打听问路，他们会很热情地为你解答和指引迷津，有的甚至还会不辞辛苦地陪送你找到要去的地点。宴会用餐席位原则是“以右为上”，一般男人要坐在妇女和职位较高男人的左侧，当女士离开饭桌或回来时，男人一定要站起来，以表示礼貌。他们很讲究会客或宴请的地点，注重设备的豪华和现代化程度。他们还乐于在幽雅、卫生的厅堂里用餐。他们不注重时装的花哨时髦和衣冠楚楚，但都很注重衣冠的整洁，即使是观看文艺演出，男的也要穿礼服，女的也要穿长裙。

德意志人有一种观念，认为谁在路上遇到烟囱清扫工，便预示着一天都会交好运。据说这一习俗是源于过去清扫工为民清扫烟囱，避免了一些灾祸，至今人民记忆犹新。他们最爱蓝色的矢车菊，并视之为国花，用以启示人们小心谨慎、虚心学习。他们还认为矢车菊象征日耳曼民族爱国、乐观、俭朴等特征。他们对白鹳备加喜爱，并视其为国鸟。人们还把白鹳在屋顶筑巢看成为吉祥之兆。他们喜用黑、灰色，南方人偏爱鲜明的色彩。

德意志人在社交场合与人见面时，一般惯行握手礼。他们在握手时惯于坦然注视对方，以示友好。他们与熟人、亲朋好友相见时，一般惯施拥抱礼；情侣和夫妻间见面惯施拥抱礼和亲吻礼。要尊重博士等头衔，若非对方主动提出，决不要贸然以名字相称。在与不熟悉的客人谈话时，通常称“Sie(您)”，书写时 S 要大写。在双方同意的基础上，才能用较亲密的“du(你)”，并以名字相称。约会必须事先安排，准时是十分必要的。如果不能赴约，应该用电话通知取消或改期。被邀请到德国人家里做客是一种殊荣，男客应带鲜花，在门厅里解开包装纸，见到女主人就献上花，不要送带有浪漫色彩的红玫瑰，切忌送“13”数与偶数的花。在接受任何款待之后几天内应送去表示感谢的短柬。不要谈及棒球、篮球或美式足球，可以谈谈德国的乡村生活、业余爱好以及英式足球之类体育运动。

(三)饮食习惯

德意志人很讲究食物的含热量，所以肉食在一日三餐中占据了突出的地位。他们注重摄取维生素，也吃些蔬菜，但比起肉类的兴趣来，那可就差多了。大餐的主食大多为炖或煮的肉类。除北部沿海地区外,大多数人不习惯吃鱼。他们有个特有的饮食风俗,就是吃鱼不准说话,这恐怕是怕鱼刺扎嗓子或其他原因。他们对早、午餐较为重视,早餐不喜欢喝牛奶,爱喝咖啡或可可,晚餐较为简单,一般都是香肠或火腿吐司。他们用餐时喜欢关掉电灯,只点些小蜡烛,在幽淡的烛光下促膝谈心,进餐饮酒。德意志人用餐讲究餐具,宴请宾客时,桌上要摆满酒杯、刀叉、盘碟。德国人习惯不同的酒要使用不同的酒杯,吃鱼的刀叉不能用来吃肉和奶酪等。德意志人饮葡萄酒要分不同场合不同饮法:一般在大型宴会前,人们习惯喝甜葡萄酒;吃鱼、蛋或烤肉时,惯饮红葡萄酒;吃野味时,要喝红葡萄酒;宴会时,应再喝一杯白葡萄酒或低度红葡萄酒,也可以喝上一杯啤酒,外加干酪;最后人们还能喝一杯香槟酒。他们习惯吃西餐,用餐使用刀叉;也非常喜欢吃中餐。

德意志人在饮食嗜好上讲究菜肴与酒的搭配,注重菜肴质量要精。一般不喜太咸,爱酸、甜味道。以面食为主,很爱吃蛋糕和巧克力点心等。

(四)信仰忌讳

德意志人主要信奉基督教和天主教,另有少数人信奉东正教和犹太教。他们忌讳"13"和"星期五"。认为"13"是厄运的数字,如"13"号与"星期五"在同一日,就更为不吉利,恐怕那就要大难临头了。他们认为核桃是不吉祥之物。忌讳四人交叉握手,忌讳蔷薇、菊花,不喜欢客人随便赠送玫瑰花,忌讳他人过问自己的年龄、工资、信仰、婚姻状况等问题。德意志人不喜欢听恭维话,更不爱听过分的恭维话;忌讳在公共场合窃窃私语(夫妻和恋人间除外),忌讳目光盯视他人,忌讳交叉式的谈话。他们对红色以及杂有红色或红黑色相间的颜色都不感兴趣。他们不喜欢过于肥浓的菜肴,不爱吃辣,不太爱吃鱼虾。

## 四、意大利

(一)基本概况

意大利古时称过"威大利亚","威"变音为"意",即称"意大利亚",意为"小牛生长的乐园"。意大利人占全国人口的绝大多数,其余为费留利人、拉丁人、奥地利人等。首都罗马,通用货币为欧元,意大利语是官方语言。

(二)礼仪习俗

意大利人社交习俗总的特点可以概括为:

意大利人很开明,思想解放头脑灵;
性格爽快又耿直,不耍心计讲真诚;
社交场合重衣着,举止行动要端正;
言谈话语尊重人,"您"为敬语来相称;
讲究文明和礼貌,待人处事最热情。

意大利人在与宾客相见时,习惯热情向客人问好,面带笑容地以"您"字来称呼客人。一般都喜欢客人用头衔称呼他们。他们时间观念不强,对约会总习惯迟到,认为这样是礼节风度。他们在官方场合衣着整齐、举止端庄,平时也极爱打扮自己。在服饰上都喜欢标新立异。他们有说话心直口快、情绪爱激动的特点,谈问题时从不转弯抹角或耍心计,一般都是直出直入地开诚布公。意大利人习惯用手语表达个人的意愿,常用的手势有:用大拇指和食指圈成"O"形,其余三指竖起,意表"好"、"行"或"一切顺利";竖起食指来回摆动,意表"不"、"不是"、"不行";一边伸出手掌,再加上撇撇嘴,意表"不清楚"和"无可奉告";用食指顶住脸颊来回转动,意表"好吃";五指并拢,手心向下,在胃部来回转动,意表"饥饿";五指并拢,用食指侧面碰击额头,意表骂别人"笨蛋"、"傻瓜"。

意大利人喜爱绿、蓝、黄三色,视绿色为春天的色彩;认为蓝色会给人带来吉祥;黄色一般常用于宗教及婚礼服装上。他们偏爱雏菊,认为雏菊象征着意大利人民的君子风度和天真烂漫。他们对狗和猫两种动物异常喜爱。有的人把狗视为自己的家庭成员,认为狗是人类最忠实的朋友。对猫感情极深的原因是,猫曾为当地消除鼠疫立下过功劳。

意大利人相互见面时,大多都惯行握手礼,常见朋友之间,多招手示意。按惯例,要给收拾房间的女佣、勤杂工以及停车场服务员等小费;即使账单里已包含了服务费,仍应给侍应生留下少许小费。意大利人全部喜欢握手和打手势来表达意思。商业上的约会要事先安排好。午饭是一天中最丰盛的一顿,在特殊情况下可能持续两三个小时。如果是在家里请客吃饭,你应该带去葡萄酒、鲜花或巧克力。送花要送单数的或是一打。商业上交换礼品在意大利是很普通的。一般的话题有英式足球、家庭事务、商业和地方新闻。

(三)饮食习惯

意大利人习惯吃西餐,以法式大菜为主,一般都对晚餐比较重视。进餐时大多数人都喜欢喝酸牛奶。他们对中国的饭菜极为欣赏,大多数人都喜欢吃中国的美味佳肴。意大利人做米饭,习惯将淘好的大米和切碎的葱一起放在油锅里,稍微炒一下,然后倒进煮锅里,加上盐和水,盖好锅盖,用文火煮熟。他们喜欢喝酒并非常讲究。一般饭前要喝开胃酒,吃鱼时喝白葡萄酒,吃肉时喝红葡萄酒,饭后喝少量的烈性酒,并喜欢酒中加进些冰块。他们用餐习惯拖延时间,能长达两三个小时。通常不用刀叉,而用手抓食。他们爱吃辣椒,菜肴越辣越好。

意大利人在饮食嗜好上讲究菜肴与酒的搭配,注重菜品的浓、香、烂。一般口味喜肥浓,爱辣、甜酸味。以面食为主,也吃米饭。

(四)信仰忌讳

绝大多数意大利人信仰天主教,另有少量的新教徒和犹太教徒。意大利人忌讳"13"和"星期五"。认为"13"数象征着"厄兆","星期五"也是极不吉利的。他们忌讳菊花。因为菊花是用于葬礼上的花,故人们把它视为"丧花"、"妖花"。他们忌以手帕为礼送人,认为手帕是擦泪水用的,是一种令人悲伤的东西。忌讳别人用目光盯视他们,认为目光盯视人是对人的不尊敬,可能还有不良的企图。在与客人闲谈中,不喜欢议论有关政治方面的问题,以及美国的橄榄球等话题。

## 五、俄罗斯

### (一)基本概况

俄罗斯是从其民族名称"罗斯人"演化而来的。大多数为俄罗斯人,鞑靼人、乌克兰人、楚瓦什人占少部分,还有少数的巴什基尔人、白俄罗斯人、莫尔多瓦人、德意志人、犹太人等。首都莫斯科,货币为卢布,官方语言是俄语。

### (二)礼仪习俗

俄罗斯人社交习俗总的特点可以概括为:

东欧俄罗斯联邦,民族众多人豪放;
特别注重讲文明,衣冠从来不浪荡;
待人热情有礼貌,耿直慷慨又大方;
红色"7"数都厚爱,普遍称马为吉祥;
视"左主凶右主吉",相遇兔子最懊丧。

俄罗斯人养成了注重礼貌的良好习惯。与客人相见,总要相互问好并道"早安"、"日安"或"晚安"。言谈中"对不起"、"请"、"谢谢"时常挂在嘴边。在待客中,常以"您"字表示尊敬和客气;而对亲友往往则用"你"字相称,认为这样显得随便,同时还表示出对亲友的亲热和友好。外出时,总习惯衣冠楚楚。衣扣要扣得完整,从不像有些国家的人那样,把外衣搭在肩上或系在身上。俄罗斯人对妇女颇为尊敬,"女士优先"在国家里很盛行。凡在公共场所,无论是行走让路,还是乘车让位,总要对女士有特殊的优待。时间观念很强,对约会总习惯准时赴约。对马怀有特殊的感情,认为马能驱邪,会给人带来好的运气,故有不少农民非常喜欢把马头形的木雕钉在屋脊上,以示吉祥求得四季平安。一般都偏爱"7",认为"7"预兆会办事成功,"7"还可以给人们带来美满和幸福。普遍对红色很喜爱,人们都把红色视为美丽和吉祥的象征。很讲究餐桌陈设的艺术性,认为美好的餐台设计会让人心情喜悦,并有增进人们食欲的作用。由于受地理环境的影响,一般都怕热不怕冷,夏天尤其喜欢餐厅内带有空调设备。俄罗斯的女主人,对来访客人带给她的单数鲜花是很欢迎的;男主人则喜欢高茎、艳丽的大花。

俄罗斯人在社交场合与客人见面时,一般惯施握手礼。拥抱礼也为他们常施的一种礼节。他们还有施吻礼的习惯,但对不同人员,在不同场合,所施的吻礼也有一定的区别:一般对朋友之间,或长辈对晚辈之间,以吻面颊者为多,不过长辈对晚辈吻额更显亲切和慈爱;男子对特别尊敬的已婚女子,一般多施吻手礼,以示谦恭和崇敬之意。吻唇礼一般只在夫妇或情侣间流行。来访者若私带艺术品出境或与市民私下交换货币是严重的犯罪行为。绝不能在街上丢弃任何东西,连一张过期的电影票也不行。这种行为有损俄罗斯的整洁,而且是违规的。

(三)饮食习惯

俄罗斯人总的饮食特点是菜汤加稀粥,餐餐上饭桌,菜肴、小吃、饮料丰富多彩。主食普遍爱吃面食,肉类偏爱牛肉,蔬菜最爱白菜、蘑菇,饮料最爱格瓦斯,酒类最爱伏特加,水果最爱吃苹果,干果最爱葡萄干。

俄罗斯各民族的饮食嗜好各不相同:俄罗斯人爱吃黑麦面包、黄油、酸牛奶、酸黄瓜、咸鱼等食品;喜欢用盐来招待客人,常用面包夹盐待客,以示热情和礼貌。俄罗斯联邦境内的鞑靼人以烤面饼、抓饭、面条、馅饼等为主食,以牛奶、羊奶、马奶为饮料。俄罗斯联邦境内的巴什基尔人主要吃奶、肉和面粉制品,也吃土豆、蔬菜;爱吃酸面包、无盐面包、面片抓肉丝、马肉香肠等;喜欢酸乳、马奶酒和茶,茶中乐于加些奶。俄罗斯境内的莫尔多瓦人爱吃油煎薄饼、奶渣饼、馅饼、麦粥、豌豆和白菜,喜欢喝蜜制啤酒。俄罗斯境内的犹太人只吃反刍的、有分趾蹄的动物,如牛、羊等肉。俄罗斯人一般对晚餐要求较为简单,对早、午餐较为重视。他们用餐一般时间都习惯拖得很长。他们一般以吃俄式西餐为主,大多都使用刀叉用餐,也有个别人习惯用手抓饭吃。

俄罗斯人在饮食嗜好上讲究餐台设计,注重菜品量大、实惠。一般以咸、甜、酸、辣、油大为适口,天热时吃菜乐于清淡些。以面制品的烤食为主,也愿意品尝中国风味的清汤饺子。

(四)信仰忌讳

俄罗斯联邦主要宗教有东正教、伊斯兰教、天主教、新教、犹太教和佛教。他们对盐十分崇拜,并视盐为珍宝和祭祀用的供品,认为盐具有驱邪除灾的力量。如果有人不慎打翻了盐罐,或是将盐撒在地上,便认为是家庭不和的预兆。为了摆脱凶兆,他们总习惯将打翻在地的盐拾起来撒在自己的头上。他们有“左主凶右主吉”的传统思想观念,认为左手握手或左手传递东西及食物等,都属于一种失礼的行为。他们忌讳“13”数,认为“13”是个凶险和预示灾难的数字。他们对兔子的印象很坏,认为兔子是一种怯弱的动物,若从自己眼前跑过,那便是一种不祥的兆头。他们忌讳黑色,认为黑色是丧葬的代表色,对黑猫更为厌恶,并视黑猫从自己面前跑走为不幸的征兆。

俄罗斯人在饮食上,一般都不吃乌贼、海蜇、海参和木耳等食品;还有些人对虾和鸡蛋不感兴趣,个别人还不吃这两种食品。境内的鞑靼人忌吃猪肉、驴肉和骡子肉。境内的犹太人不吃猪肉,不吃无鳞鱼。伊斯兰教徒禁食猪肉和使用猪制品。

# 第三节　美洲地区

## 一、美国

### (一)基本概况

1776年7月4日“独立宣言”发表,“美利坚合众国”宣布成立。白人占大多数,黑人数占1/10略多些。其他还有印第安人、墨西哥人、波多黎各人、古巴人、阿拉伯人、日本人、华人、菲律宾人等。首都华盛顿,货币为美元,官方语言为英语。

### (二)礼仪习俗

美国人社交习俗总的特点可以用这样几句话来概括:

美国宾客善交道,平易近人含微笑;
热情好客有传统,待人接物讲礼貌;
性格浪漫喜新奇,开朗大方不单调;
自由随便无拘束,彼比从不互客套;
坦率诚挚爱直言,不愿与人搞弯绕。

美国人性格浪漫、为人诚挚。他们在与互不相识的人交际时,惯于实事求是、坦率直言。即使是自我介绍时,他们也喜欢对自己的情况据实说出,愈真实愈好。对那些谦虚、客套的表白是看不习惯的。过分的客套对他们来说是一种无能的表现;过头的谦虚可能会被他们误认为你心怀鬼胎。在公共场所就座时,一般都让长者和妇女坐在右边;走路要让长者和妇女走在右边。他们以好客著称,为了表示友好,使客人感到随便,不拘束,他们一般乐于在自己家里宴请客人,而不习惯在餐馆请客。他们很健谈,喜欢边谈边用手势比画;彼此间乐于保持一定的距离,一般以50公分左右为好。他们行动喜欢自由自在,不受约束。惯于晚睡晚起,有拖拖拉拉的习惯。请美国人用餐,他们一般是不提前到达的,而是准时或迟到5～15分钟。

美国人喜爱白色,认为白色是纯洁的象征;偏爱黄色,认为是和谐的象征;喜欢蓝色和红色,认为是吉祥如意的象征。他们喜欢白猫,认为白猫可以给人带来运气。美国人欣赏白头鹰,认为它威武强悍,人们把它敬为国鸟,并以它作为国徽的图案。解释为:顶冠象征美国是一个主权国家;分握橄榄枝与箭的两爪象征和平与武力;嘴叨黄带,上书“合众为一”表示美利坚合众国由多州组成。他们比较怕热。喜欢简明而又富有生机的图案,如梅、兰、牡丹等。

美国人与客人见面时,一般都以握手为礼。他们习惯手要握得紧,眼要正视对方,微弓身,认为这样才算是礼貌的举止。一般同女人握手美国人都喜欢斯文些。美国人在社交场合与客人握手时,还有这样一些习惯和规矩:如果两人是异性,要待女性先伸出手后，男性再伸手相握；如果是同性，通常应由年长人先伸手给年轻人，地位高的先伸手给地位低的，主人先伸手给客人。他们另外一种礼节是亲吻礼，这是在彼此关系很熟的情况下施的一种礼节。

（三）饮食习惯

美国人在饮食上如同他们的脾气秉性一样，一般都比较随便，没有过多的讲究。但目前已越来越重视食品的营养，吃肉的人渐渐少了，海味及蔬菜品种越来越受他们的青睐。喜欢“生”、“冷”、“淡”：“生”是爱吃生菜多，习惯菜品上锅就一“冒”，因其特别重视菜肴的鲜、嫩；“冷”是乐于吃凉菜，不喜欢过烫过热的菜肴；“淡”是喜欢少盐味，味道忌咸，稍以偏甜为好。

美国人不习惯厨师烹调中多用调料，而习惯在餐桌上备用调料自行调味。平时惯用西餐，一般都一日三餐。早、午餐乐于从简，晚餐是一天的主餐，内容比较丰富，但也不过是一两道菜加上点心和水果。在使用刀叉餐具方面，一改欧洲人惯于刀叉不换手的习惯，他们好以右手为刀割食品后，再换叉子取食用餐。他们特别愿意品尝野味和海味菜肴，尤其对蛙肉和火鸡更加偏爱。

美国人在饮食嗜好上讲究菜品的合理搭配，注重食品的营养价值。一般口味喜清淡，以微带甜味为适口。惯以米饭为主食，也爱吃烧卖、饺子、春卷、鸡汤馄饨等。

（四）信仰忌讳

美国人大多信奉新教和罗马天主教，其次为犹太教、东正教、伊斯兰教。美国人忌讳“13”、“星期五”、“3”，认为这些数字和日期都是厄运和灾难的象征。还忌讳有人在自己面前挖耳朵、抠鼻孔、打喷嚏、伸懒腰、咳嗽等。若喷嚏、咳嗽实在不能控制，则应避开客人，用手帕掩嘴，尽量少发出声响，并要及时向在场人表示歉意。忌讳有人冲他伸舌头。讨厌蝙蝠，认为它是吸血鬼和凶神的象征。美国人还有三大忌：一忌问年龄，二忌问买东西的价钱，三是忌在见面时说“你长胖了！”。在美国有“瘦富胖穷”的概念，一般富人有钱游山玩水，身体练得结实，容貌普遍消瘦；胖人没多少钱，更无闲暇去锻炼了，容易使人偏胖。忌讳同性人结伴跳舞，忌讳黑色，认为黑色是肃穆的象征，是丧葬用的色彩。特别忌讳赠送带有公司标志的便宜礼物。美国人对握手时目视他方很反感，认为这是傲慢和不礼貌的表示。忌向妇女赠送香水、衣物和化妆用品。不喜欢人在自己的餐碟里剩食物。美国人饮食上忌食各种动物的五趾和内脏；不吃蒜；不吃过辣食品；不爱吃肥肉；不喜欢清蒸和红烩菜肴。

## 二、加拿大

（一）基本概况

传说法国探险家卡蒂埃到此地，在询问当地易洛魁部落酋长“这个地方叫什么名字”时,这位酋长答道“加拿大”。卡蒂埃误以为他的这一回答是指整个的国土。“加拿大”一词,是葡萄牙语中“荒凉”的意思。英裔居民占43%,法裔居民占26%,意大利、德国、乌克兰等后裔占28%,土著人占3%。首都渥太华,货币为加元,官方语言是英语,通用法语。

(二)礼仪习俗

加拿大人社交习俗总的特点可以概括为:

加拿大人很友好,性格坦诚心灵巧;
平易近人喜幽默,谈吐风趣爱说笑;
枫叶极为受崇敬,视为友谊与国宝;
白雪特别受偏爱,生活为伴离不了;
白色百合为丧花,“13”“周五”惹烦恼。

加拿大人生活习性包含着英、法、美三国人的综合特点。既有英国人那种含蓄,又有法国人那种明朗,还有美国人那种无拘无束的特点。他们热情好客,待人诚恳。喜欢现代艺术,酷爱体育运动,尤其是冬季冰雪运动。加拿大是世界上著名的“枫叶之国”。枫叶点缀了加拿大的国土,加拿大人民对枫叶产生了极其深厚的感情。他们视枫叶为国宝和祖国的骄傲;还把枫叶喻为友谊的象征,他们还偏爱白雪。他们视白雪为吉祥的象征,常用筑雪墙、堆雪人等方式来助兴,认为这样可以防止邪魔的侵入。他们特别喜欢客人赞扬他们美好的国家和勤劳智慧的人民。加拿大爱斯基摩人(因纽特人),性格乐观,慷慨大方,友善和气,喜欢说笑。他们异常好客,被誉为是世界上“永不发怒的人”。

加拿大人在社交场合与客人相见时,一般都惯行握手礼。亲吻和拥抱礼虽然也是加拿大人的礼节方式,但它仅适合于熟人、亲友和情人之间。其居民中大部分讲法语。加拿大是世界第二大国,它是美国最大的贸易伙伴。加拿大由许多不同族群组成的;尽管其习俗在全国大致相同,但仍有某些差别。按照常情,最好的办法是客随主便。与美国公民相比,加拿大较为保守,见面与分别时握手是合宜的。在加拿大大多数地方都要求遵守时间。招待会多在饭店或夜总会举行。如果你在私人家里受到款待,礼貌的做法是给女主人带去鲜花或送去鲜花。不要送白色的百合花,它们是与葬礼联系在一起的。在谈话中不要偏袒分裂主义——把加拿大分成讲法语和讲英语的两个国家。加拿大人以自己的祖国自豪,反对与美国作言过其实的比较。谈到肯定加拿大成绩的事例并对加拿大人民及其国家给予好评是最受欢迎的。

(三)饮食习惯

加拿大由于历史的原因和人种的构成因素,生活习俗及饮食习惯与英、法、美相仿。其独特之处是他们养成了特别爱吃烤制食品的习惯。这主要受地理环境天寒地冻的影响。他们在餐具使用上,一般都习惯用刀叉。他们极喜欢吃家乡风味烤牛排,尤以半生不熟的嫩牛排为佳。他们习惯饭后喝咖啡和吃水果。

加拿大人在饮食嗜好上讲究菜肴的营养和质量,注重菜肴的鲜和嫩。一般不喜欢太咸,偏爱甜味。一般以米饭为主。

(四)信仰忌讳

加拿大人大多数信奉新教和罗马天主教,少数人信奉犹太教和东正教。他们忌讳"13"、"星期五",认为"13"是厄运的数字,"星期五"是灾难的象征。他们忌讳白色的百合花,因为它会给人带来死亡的气氛,人们习惯用它来悼念死人。加拿大妇女有美容化妆的习惯,因此他们不欢迎服务员送擦脸香巾。他们在饮食上,忌吃虾酱、鱼露、腐乳和臭豆腐等有怪味、腥味的食物;忌食动物内脏和脚爪;也不爱吃辣味菜肴。

## 三、巴西

(一)基本概况

"巴西"之名,源于当地的一种著名"红木"的名称。1500 年 4 月 22 日,葡萄牙人德雷·阿尔瓦雷·卡布拉尔航海抵达南美时,发现了这块无名大陆,便竖起一块刻有葡萄牙王室徽章的十字架,并为其取名"圣十字架地",同时宣布归葡萄牙所有。主要由绝大多数的巴西人和极少数的印第安人及外来移民等组成。首都巴西利亚,货币为克鲁塞罗,官方语言是葡萄牙语。

(二)礼仪习俗

巴西人社交习俗总的特点可以这样来概括:

巴西友人很质朴,性格爽快善谈吐;
心地善良又耿直,幽默风趣不粗鲁;
坦率豪放喜热闹,生来能歌又善舞;
足球运动嗜成癖,人人酷爱又关注;
待人友好又诚挚,热情礼貌世人瞩。

巴西的男人一般都喜欢开玩笑,还习惯拍拍打打地同他人谈话,他们认为这样更能显出相互间的亲近和友好。在巴西,无论男女老幼,人人都酷爱足球运动。他们在接受别人送礼时,总习惯当着送礼者的面打开礼品包,然后致以谢意。如果他们到什么地方买了礼品,首先要把原来包装的纸剪掉一点,因为他们认为包装纸是管运气的,不要把别人的好运气带走。巴西印第安人区流行着一种奇特的礼节:客人来访第一件事就是请他们洗澡,客人洗的时间越长,就越表示对主人的尊敬。如果主人有急事要谈,主人则陪客人同浴,边洗边谈。他们欢迎来自文明社会客人的仪式很奇特。首先由一个巫师向客人脸上吹气,他们认为这样可以驱散文明人带来的疾病;接着是部落的男人泪流满面地发表演说,他们认为眼泪是对和平使者的欢迎;最后女人用唾液和树叶调制颜料,把客人的脸颊涂成红色或黑色,以表达他们的友好情意。巴西赤道森林里的印第安人有不把自己的名字告诉陌生人的特有习俗,他们认为把自己的名字说出来,会给自己带来伤害。

巴西人很重视亲笔签名,无论写信、便条等,都要郑重地签下自己的名字,以示尊重和礼貌。他们特别喜爱孩子,交谈中尤为喜欢别人夸耀他们的孩子。他们也极珍爱兰花,并将兰花尊为国花。他们认为兰花是民族一切可贵品德的象征,视大而美的花形象征高瞻远瞩,坚实的花瓣象征坚毅刚强,富于变化的花色象征知难而进和百折不挠。他们偏爱蝴蝶,认为蝴蝶有美丽的形象,是一种吉祥之物。

巴西人在社交场合与客人相见时,最常用的礼节是微笑和施握手礼。在相见时,往往以拳礼相互表示问安和致敬(行此礼要先握紧拳头,然后向上空伸出拇指)。巴西人在与亲朋好友、熟人或情人之间相见时,大多都习惯施拥抱礼或亲吻礼。妇女之间最常用吻礼(在施礼时要脸贴脸用嘴发出接吻的吻声,以此来抒发她们的亲热之情,但她们虽吻而嘴却不接触脸)。与一小群人告别时,必须与在场的人一一握手。

葡萄牙语是巴西的通用语言。巴西人不以表露感情为羞,在马路上也会相互拥抱。如果你是在巴西人家里接受了招待,礼貌的做法是在翌日给女主人送去一束鲜花并附上一封感谢信。切忌送紫色的花,紫色是死亡的象征。巴西男人喜爱逗人的笑话,也爱放声大笑,但别谈带有种族意识的笑话。

(三)饮食习惯

巴西人用餐惯以欧式西餐为主,也乐于品尝中国菜肴。“黑豆”是巴西人每天必不可少的主食品,用以做黑豆饭。巴西的国菜“脍豆”,就是用猪蹄、杂碎和黑豆做原料,放在砂锅内一起炖制的。“烤肉”是巴西人最喜欢吃的风味菜之一,又是一品国菜,还是一种大众菜。因此,许多巴西人家里都备烤炉,以备宴请宾客或自家享用。巴西人最爱吃里脊肉;大多人都喜欢辣味菜肴。巴西有“咖啡王国”之称,他们最爱喝咖啡,每天就像中国人饮茶一样,对咖啡一杯接一杯地喝个够。

巴西人在饮食嗜好上讲究菜肴量少而精,注重菜肴的营养成分。一般不喜太咸,爱麻辣味道。

(四)信仰忌讳

巴西人大多数信奉天主教,另外也还有少部分人信奉基督教新教、犹太教以及其他宗教。他们忌讳数字“13”,他们普遍认为“13”为不祥之数,是会给人带来厄运或灾难的数字。因此,人们都忌讳见到、听到“13”。在同客人闲聊中,不愿议论与阿根廷有关的政治问题。他们对行文或通信中,别人代签或以印章替代签字的做法是不理解的,甚至认为这是不尊重对方的表现。他们忌讳紫色,认为紫色是悲伤的色调;忌讳绛紫红花,因为这种花主要用于葬礼上;他们还把人死喻为黄叶落下,因此,棕黄色就成凶丧之色,为人们所忌讳。忌用拇指和食指联成圆圈,并将其余三指向上升开,形成“OK”的手势,认为这是一种极不文明的表示。对未经许可私入宅门的人是极为讨厌的。送礼忌讳送手帕,他们认为送手帕会引起吵嘴和不愉快。巴西人饮食上忌吃奇形怪状的水产品和用两栖动物肉制作的菜品,也不爱吃用牛油制作的点心。

## 第四节　大洋洲地区

### 一、澳大利亚

(一)基本概况

"澳大利亚"的名称来自于拉丁文,意为"南方之地"。以外来移民后裔为主,英国和欧洲其他国家移民后裔占绝大多数,土著居民仅占0.98%,华人和华侨占1.2%。首都堪培拉,货币为澳元,官方语言是英语。

(二)礼仪习俗

澳大利亚人社交习俗总的特点可以概括为:

澳大利亚大地域,人多来自英后裔;
习俗嗜好受影响,类似父老随祖籍;
性格内向喜随便,开朗大方不拘泥;
私事私人自安排,忌讳他人来干预。

澳大利亚人特别重视人与人之间的平等,讲究礼尚往来要互不歧视。他们认为谁也不比别人优越,谁也不能藐视别人,人们只有分工的不同,都是相互服务的,不应存在高低贵贱之分,理应相互尊重。他们善于交往,并喜欢和陌生人交谈。他们的言谈话语极为重视礼貌,文明用语不绝于耳,口头语言既文雅又简洁。他们很注重礼貌修养,谈话总习惯轻声细语,很少大声喧哗。在他们的眼里,高声喊叫(特别是在楼外喊人)是一种不文明的粗野行为。有"女士优先"的良好社会风气,对妇女极为尊重。澳大利亚人还不喜欢赞赏女士的长相、才气、文雅举止等各方面。他们认为这是一种没有教养的表现。

澳大利亚人还有个特殊的礼貌习俗,他们乘出租车时,总习惯与司机并排而坐,即使他们是夫妇同时乘车,通常也要由丈夫在前面,妻子独自居后排。他们认为这样才是对司机的尊重,否则会被认为失礼。他们时间观念非常强,对约会是非常讲究信义的,有准时赴约的良好习惯。澳大利亚达尔文人凡是到酒吧间饮酒,都很注意自己的衣着。通常习惯穿衬衫、短裤和长袜搭配成套的达尔文装,否则,会被视为不讲礼貌。澳大利亚人最喜爱袋鼠,他们认为袋鼠是澳洲古大陆最早的主人;他们还喜欢用各种金属制成形状不同的袋鼠纪念章等物品。他们偏爱素有"篱笆树"之称的金合欢花,人们视它为大洋洲的象征,并尊之为国花。他们喜欢琴鸟,爱其貌美,鸣声婉转,善于模仿,并将其誉为国鸟。

在亚太地区的所有国家中,澳大利亚可能是西方人,特别是美国人,感觉最安乐舒适的地方。大多数澳大利亚人,不论其地位多高,都很平易近人,会真诚而专注地倾听你的意见。澳大利亚人在提供服务或接受个人服务时极为随便——出租汽车的司机接待单身男乘客时欢迎他坐在自己旁边。尽管澳大利亚人在穿着方面常比英国人较为随便,但是对形式和礼节却与英国人一样重视,不过遵循的"规则"不同。在澳大利亚必须注意不乱掷东西,因为他们希望来访的客人尊重澳大利亚人高标准的整洁要求。他们大多数人有强烈的社会责任感,高度重视集体的努力。人们喜欢紧紧地握手并以名字相称。男人往往把他们的朋友亲密地唤做 mate(伙计)。事先约会是必要的,人们高度重视准时赴约。应邀去吃中饭或晚饭时,给女主人带上一束鲜花或一瓶酒是受欢迎的。告别时必须对主人的款待表示感谢。澳大利亚人与朋友偶会于途中或相逢在其他场合,只习惯轻声地说个"哈罗"的"哈"字。与宾客相见时,总喜欢热烈握手,彼此以名相称。澳大利亚有些土著居民,握手方式是用两人中指相互勾住,而不是全指掌相握。

(三)饮食习惯

澳大利亚国内居民95%为英国移民的后裔,因此生活及饮食习惯基本与英国人相似,但他们对鱼类菜肴显得比英国人更爱吃,对中餐他们十分喜爱。在餐具使用上,一般都以刀叉取食用餐。

澳大利亚人在饮食嗜好上讲究菜肴的色彩,菜品要量少质精。一般不喜太咸,爱甜酸味。乐于吃面食,特别爱吃中国风味的清汤饺子。

(四)信仰忌讳

澳大利亚人大多信奉新教和天主教,此外还有东正教、犹太教和伊斯兰教。在澳大利亚,即使是很友好地向人(尤其是妇女)眨眼,也会被认为是极不礼貌的行为。他们对兔子特别忌讳,认为兔子是一种不吉祥的动物,人们看到它都会倒霉,因为这预示着厄运将要临头。对"13"数很讨厌,认为"13"会给人们带来不幸和灾难。忌讳"自谦"的客套语言,认为这是虚伪和无能或看不起人的表现。澳大利亚人在饮食上不吃辣味,个别人也不吃酸味。伊斯兰教徒恪守教规,禁食猪肉和使用猪制品。

## 二、新西兰

(一)基本概况

10世纪毛利人最先发现新西兰大陆。那时,毛利人称其为"奥蒂罗",意为"白云绵绵的土地"。新西兰在荷兰语中具有"新的海中陆地"之意。这里大多为欧洲移民后裔,毛利人占12.5%,华侨和华裔占0.57%。首都惠灵顿,货币为新元,通用英语,毛利人用本民族语言。

(二)礼仪习俗

新西兰人社交习俗总的特点可以这样来概括：

四面临海新西兰，土著民族史久远；
会客礼节极特殊，碰鼻为礼表情感；
国民多为英后裔，性格习俗随祖传；
坦诚直率无拘束，生活乐趣颇广泛；
待人盛情重礼貌，态度真挚讲和善。

新西兰热情好客，有尊敬长辈的传统。新西兰毛利人能歌善舞。男子跳舞时还用丰富的面部表情(吐舌头、瞪眼睛、做鬼脸等)来表达自己的心情；女性多头戴花环，腰系蒲草裙，用手的姿势及抖动方式来抒发自己的感情。他们对初次来访的尊贵客人盛情款待，主人要集合全部落的人，并用具有浓郁民族色彩的歌舞来欢迎宾客的到来。在这时候，客人要在手持刀剑的武士面前，拾起一块事先放置好的木块交给头人，以表示真诚的友谊。他们把水视为纯洁神圣之物，重要集会上都要举行泼水仪式，向参加者的身上洒清水，以此来互相祝福。他们以用"烧石烤饭"(即将灶内鹅卵石烧红后，泼上一瓢冷水，再把盛有食物的铁丝筐放进灶里，先盖湿土，最后用稀泥糊严，经过数小时，饭即成熟)招待客人为最高礼仪。他们对狗怀有特殊的感情，视狗为"终生的伴侣"、"牧羊的卫士"。他们历来珍爱几维鸟，把几维鸟看成是民族的象征，并尊其为国鸟。他们偏爱银蕨，视其为国家的象征。

新西兰人在社交场合与客人相见时，一般惯用握手施礼；和妇女相见时，要等对方伸出手再施握手礼。他们也施鞠躬礼，不过鞠躬方式独具一格，要抬头挺胸地鞠躬。新西兰的毛利人会见客人的最高礼节是施"碰鼻礼"，碰鼻子的次数越多，时间越长，礼就越重。这里不通行给小费，小费往往会遭到谢绝。在建立起一种较为轻松随和的气氛之前，应恪守礼仪。预先约会是可取的，客人应争取略早一点到达。来访者通常邀请客户在旅馆或饭店里共进午餐，业务上的会见安排在主人的办公室里。新西兰人喜欢谈论国内和国际政治局势、天气以及体育运动。他们喜欢那些了解他们文化的来访者。应回避的话题是种族问题。

(三)饮食习惯

新西兰毛利人经常利用地热蒸制牛肉、羊肉、马铃薯等食品，这些食品通称为"夯吉"。他们制作"烧石烤饭"的原料有芋头、南瓜、白薯、猪肉、牛排、鸡、鱼等，在铁丝筐内分层一次烧制成，然后洒上盐、胡椒粉等食用。

新西兰人在饮食嗜好上讲究菜肴花样，注重菜品量少质精。一般口味不喜太咸，爱甜、酸、微辣味道。以米饭为主食。他们不喜欢吃带黏汁或过辣的菜肴。

(四)信仰忌讳

新西兰人大多数信奉基督教新教和天主教。他们把"13"视为凶数，无论做什么事情，都要设法回避"13"。他们在国内忌讳男女同场活动，即使看戏或看电影，通常他们也分为男子场和女子场。他们视当众剔牙和咀嚼口香糖为不文明的举止。他们视当众闲聊、吃东西、喝水、抓头皮、紧裤带等作风为失礼的举止。新西兰的毛利人,对有人给他们照相是极为反感的。新西兰人不愿谈论有关种族方面的问题。

## 第五节　非洲地区

### 一、埃及

(一)基本概况

"埃及"之名译自英语,阿拉伯语为"米斯尔"。在阿拉伯文中,"米斯尔"表示"辽阔的国家"之意。阿拉伯人占最多,其次是科普特人,另外还有极少数的贝都因人和努比亚人。首都开罗,货币为埃及镑,国语是阿拉伯语,上层社会中通用英语,懂法语的人也不少。

(二)礼仪习俗

埃及人社交习俗总的特点可以这样来概括:

北非国家埃及人,大多均为穆斯林;
教义教规重恪守,文明历史永长存;
一般都很爱仙鹤,"5""7"数字喜光临;
黑、蓝、黄色属忌讳,更为特殊禁说"针";
讨厌当众吐唾沫,赞女窈窕为不纯。

埃及人对绿色和白色都有很深的感情。一般人都厚爱这两种颜色,有把绿色喻为吉祥之色,把白色视为快乐之色的说法。他们对生活中经常遇到的数字也有喜厌之分。一般人都比较喜欢"5"和"7"数。认为"5"数会给人们带来"吉祥",认为"7"数是个受人崇敬的完整数字。因为"安拉"创造世界用了6天的时间,在第7天休息,所以人们办一些重要的事情总习惯采用"7"数,例如有很多咒语、祷告要说7遍;朝觐者回来后,第7天请客;婴儿出生后,第7天宴请;还有纪念婚后7日,纪念去世后7日等。他们有把葱视为真理标志的习惯。他们非常喜爱仙鹤,认为仙鹤是一种吉祥鸟,它美丽又华贵,象征着喜庆和长寿。埃及人宠猫、敬猫,视猫为神圣的精灵。在埃及人的心目中,猫是女神在人间的象征,是幸运的吉祥物,是受人崇敬的国兽。

埃及人与宾朋相见或送别时,一般都习惯行握手礼,或施拥抱礼。还时兴亲吻礼,并有多种亲吻礼节:男女间亲昵性的亲吻、抚爱性亲吻、敬重性亲吻、崇敬性亲吻。"亲手礼"往往是对恩人的亲吻礼的另一种形式。"飞吻"是情人间的一种亲吻礼。"亲脸"多是妇女们相见时的一种礼节,即先亲一下右颊。后亲左颊;若亲戚或关系密切者,再亲一下右颊。男人间也亲吻,不过他们是先亲左颊,再亲右颊,若亲戚或关系密切者,再亲一下左颊。埃及人认为,在生意成交之前建立友谊和信任是很重要的。进入清真寺之前要记住脱掉鞋子。埃及人对见面礼节十分讲究,并充分表现其殷勤好客,主人往往对来访者再三表示欢迎。每周的工作日是从星期六到星期四,星期五是穆斯林的休息日。埃及人社交活动的时间通常比美国开始得晚些,晚餐可能要在10: 30或更晚一些时候。应邀去吃饭时,习惯要带鲜花或巧克力作礼物。递送或接受礼物时要用双手或右手,切忌用左手。招待埃及客人时,一定要备有非酒类饮料,尽管酒类饮料的消费正日益广泛地被人接受。不要把你盘子里的食品吃光,这被认为是不礼貌的。

(三)饮食习惯

由于受宗教的影响,埃及人用餐惯用手抓饭取食。埃及人乐于品尝冷盘风味菜、带馅儿的菜,以及奶油烧制的菜肴。他们在公历4月下旬惠风节时,特别喜欢吃鸡蛋。他们认为在这个期间吃鸡蛋预兆着吉祥,不吃眼睛就会凸出来。他们对蔬菜中的生菜尤为偏爱,认为它象征着春天的葱绿,人吃了会身体强壮,促进生育。

埃及人在饮食嗜好上讲究菜肴的香、脆,注重菜品的质量和花色。一般口味偏浓重,喜麻辣味道。主食以面为主,有时也吃米饭。

(四)信仰忌讳

埃及大多信奉伊斯兰教。他们绝对禁食自死物、血液和猪肉,以及非诵真主之名而宰的动物,也禁止使用猪制品。埃及还有少数信奉基督教和犹太教的教徒。他们有忌讳"13"数的习俗,因认为"13"是不吉祥的数字。

埃及人在吃饭时,一般都不与人随意交谈。他们认为边谈话边吃饭会浪费粮食,是对"安拉"的不敬。他们忌讳黑色与蓝色,把这两种颜色看成是"不祥"的色彩。因此,他们常把蓝天说成是绿色的。埃及人还忌讳黄色,认为黄色为叛逆、嫉妒、怀疑、不信任、色情、忧郁、缺乏理智的代表色。埃及人不喜欢世人喜爱的珍稀动物大熊猫,因为他们认为大熊猫的样子与猪的形象很近似。忌讳左手传递东西或食物。认为左手是肮脏、下贱之手,是承包厕所任务的手。特别忌讳谈"针"这个字和借针使用,尤其是每日下午三点到五点这段时间内,无论说"针"字或借针使用,都会遭到冷遇的。他们忌讳称赞女人窈窕,否则会招来对方的斥责和臭骂,因为他们认为体态丰腴才算美。他们忌讳当众吐唾沫,因为在他们看来,吐唾沫是对仇人的诅咒举动。一些埃及人迷信很深,认为眼皮跳预示着将会有某种事情发生,"右眼跳灾,左眼跳福"是他们的信仰。一些埃及人还认为手的悸动也预示着要发生什么事情,如右手悸动,他可能会打人,如左手悸动,他可能会向别人贺喜,或自己发财。

埃及人在闲聊时,不愿谈论有关中东政治问题的话题。他们不吃海参、蟹等怪状海味品;对动物内脏,除肝可以吃外,其余均不吃。埃及人还不吃红烩带汁和没熟透的菜;他们也不喜欢吃整鱼和带骨刺的鱼。

**思考与练习**

1. 请谈谈日本人的“忌八筷”。
2. 请简述韩国人的礼仪习俗。
3. 请概述新加坡、马来西亚、泰国、港澳台地区的礼仪习俗。
4. 英国人的信仰忌讳有哪些?
5. 简述法国人的饮食习惯。
6. 简述俄罗斯人的礼仪习俗和信仰忌讳。
7. 如何理解美国人的信仰忌讳和礼仪习俗?
8. 请概述巴西、加拿大、意大利、德国的礼仪习俗。
9. 简述澳大利亚人的饮食习惯。
10. 新西兰人礼仪习俗有哪些?
11. 概述埃及的礼仪习俗。

**案例分析**

焦雪梅是一名白领丽人,她机敏漂亮,待人热情,工作出色。有一回,焦小姐所在的公司派她和几名同事一道,前往东南亚某国洽谈业务。可是,平时向来处事稳重、举止大方的焦小姐,在访问那个国家期间,竟然由于行为不慎,而招惹了一场不大不小的麻烦。事情的经过是这样的:焦小姐和她的同事一抵达目的地,就受到了东道主的热烈欢迎,在随之为他们特意举行的欢迎宴会上,主人亲自为每一位来自中国的嘉宾递上一杯当地特产的饮料,以示敬意。轮到主人向焦小姐递送饮料之时,一直是“左撇子”的焦小姐不假思索,自然而然地抬起自己的左手去接饮料。见此情景,主人神色骤变,重重地将饮料放回桌上,扬长而去。

原来,在那个国家里,人们的左右手有着明显的分工。正规情况下,右手被视为“尊贵之手”,可用于进餐、递送物品以及向别人行礼。而左手则被视为“不洁之手”,用左手递接物品,或是与人接触、施礼,在该国被人们公认为是一种蓄意侮辱。焦小姐在这次交往中违规犯忌,说到底是由于她不了解交往国的习俗所致。

请谈谈对主要客源国礼仪的掌握有何现实意义。

# 第十二章

# 宗教礼仪习俗与规范

## 第一节　基督教礼俗

### 一、基督教的产生

基督教产生于1世纪的巴勒斯坦地区，它是犹太教的派生物，是当今世界第一大宗教。

根据《圣经·新约》的记载，基督教最初从犹太教分离出来时重新塑造了自己的崇拜形象：耶稣基督，他自称“上帝的儿子”。基督教在随后的100多年间迅速发展，并在反抗罗马统治的斗争中不断巩固自己的地位，同时逐步独立于犹太教之外，成了一个新的宗教。

### 二、基督教的经典

基督教尊《旧约全书》和《新约全书》为基本经典，二者合成基督教各大派共同信奉的《圣经》。《旧约》是继承了犹太教的经典，成书于公元前3世纪，以希伯来文写成。《新约》成书于公元1世纪下半叶至2世纪下半叶，以希腊文写成。

### 三、基督教礼仪

(一)称谓

基督教的信徒之间称呼信徒，在我国习惯称教友。新教的教徒之间可称兄弟姐妹，因为大家同是上帝的儿女。还可称同道，因为大家都信奉耶稣所传的教道。

教会的神职人员，按其教职称呼，如主教、牧师、神父、长老等。

对外国基督教徒可称先生、小姐、女士，或称呼学衔和职衔，如博士、总干事等。

(二)洗礼

洗礼为基督教的入教仪式，受洗礼后就可赦免入教者的“原罪”，并能接受上帝的恩宠和有权领受其他“圣事”。洗礼有两种方式：

(1)点水礼：用水蘸洒在受洗礼者的额头上划十字；天主教多施点水礼。

(2)浸入礼:是把受礼者全身浸在水中的一种洗礼方法。东正教多施浸入礼。

(三)礼拜

根据《圣经·新约》记载,耶稣基督在星期日复活,因而在这一天举行礼拜,称为"主日礼拜"。少数教派根据《圣经·旧约》规定星期六(安息日)为礼拜日,称为"安息日礼拜"。

礼拜是信徒们在教堂里进行的包括唱诗、读经、祈祷、听讲道和祝福的宗教活动,每周一次。除每周一次的常规礼拜之外,还有圣餐礼拜、追思礼拜、结婚礼拜、安葬礼拜、感恩礼拜等。

(四)祈祷

祈祷也称祷告,这是基督教徒向上帝和耶稣表示祈求、赞美、感谢和认罪等的仪式。祷告有私祷和公祷两种形式。私祷是为个人独自进行的祈祷;公祷为礼拜、聚会时由主礼人主领和主颂的祈祷。

祈祷时,信徒们通常将双手指交叉合拢并置于胸前,闭上双眼,排除杂念。祈祷完毕须口呼"阿门",意为"真诚",表达唯愿如此,"允许获得所求"。

(五)告解

告解即忏悔,指教徒单独向神职人员表白自己的罪行和过错,并表示悔改之意,神职人员对忏悔者要劝导,并对告解内容予以保密。

(六)终敷

所谓终敷一是指为教徒临终时敷擦"圣油"(一种含有香液的橄榄油),以此赦免其一生罪过,让其安心去见上帝;二是指在教徒病情垂危时,由神父用已经过主教祝圣的橄榄油,敷擦病人的耳、目、口、鼻和手足,并颂念一段祈祷经文,帮助受敷者忍受病痛。

(七)婚配

教徒在教堂内,由神父主礼,按照教会规定之礼仪正式结为夫妻。

(八)圣体

面饼和葡萄酒经神父祝圣后,就变成了耶稣的肉和血,教徒经过一定仪式领食,表示纪念耶稣为众人牺牲之意。

(九)守斋

守斋是基督教徒在每星期五和圣诞节除夕(12 月 24 日),只食用素菜和鱼类,不食一切肉类食品。

## 四、基督教禁忌

唯一崇拜上帝,忌拜别的神,忌讳别的偶像,忌妄称上帝的名字。

忌杀人、奸淫、盗窃、出假证明陷害他人;忌对别人的妻子或财物有不轨行为。

如应邀到基督教徒家中做客,送给女主人礼物,数目忌"13",日期忌讳星期五。

据《圣经》记载，耶稣及其门徒共13人，在被处死前，举行了最后的晚餐，那天恰好是星期五，耶稣被钉于十字架上也是在13号，星期五。

相传耶稣开始传教前，在旷野守斋祈祷40昼夜。为纪念这一事件基督教把复活节前40天规定为斋戒节。

在节日期间一般于星期五守大斋（禁食）小斋（禁食肉），禁食时忌讳脸上带着愁容，忌讳举行婚礼和参加非宗教娱乐活动。

在各个国家和地区，基督教徒的礼仪禁忌也不完全一样。在汤加，星期日被认为是宗教安息日，这天忌出家门外出工作；印度的基督教则忌讳在晚上举行婚礼。

## 第二节　佛教礼俗

佛教是世界宗教中形成最早的宗教，曾对包括中国在内的一些亚洲国家产生深远的影响。佛教现为世界三大宗教之一，目前全球约有3亿多佛教徒，佛教徒现在主要集中在亚洲，而遍及世界各地，是东方文明发展史上一个十分重要的组成部分。

### 一、佛教的产生、传播

一般认为佛教产生于公元前6世纪至公元前5世纪的古印度，创始人是释迦牟尼。相传他生于公元前565年，卒于公元前485年，他自动接受传统的婆罗门教育，在29岁时由于受反传统的沙门思潮的影响而出家修行，6年后摈弃了传统的苦修，创立了佛教，称之为“悟道成佛”（佛即佛陀，意为觉者）。

佛教向北传入中亚，包括中国、蒙古、朝鲜、日本等；向南传入斯里兰卡、缅甸、泰国、老挝、越南、柬埔寨；而印度本土的佛教却由于伊斯兰教的传入和印度教的复兴而逐渐衰落。

### 二、佛教的经典

佛教经典数量在三大宗教中是首屈一指的，可称得上是洋洋大观。

佛教经典是佛涅槃后由其弟子不断汇集成册而成的。由于传播地区广泛，佛教被译成多种文字，汇成典籍丛书，也称“大藏经”。

### 三、佛教的礼仪

（一）称谓

佛教的教制、教职各国不尽相同，称谓也不完全一致。如泰王国有僧王，其他国则不设。

在我国寺院中的主要负责人称“住持”或称“方丈”，负责处理寺院内部事务的称“监院”，负责对外联系的称“知客”，他们可尊称为“高僧”、“长老”、“大师”、“法师”等。

佛门弟子依受戒律等级的不同,可分为出家五众和在家两众。

出家五众指沙弥、沙弥尼、式叉尼、比丘、比丘尼;

在家两众指优婆塞和优婆夷。

佛教中出家的男性称“比丘”,简称“僧”,俗称“和尚”;出家女性称“比丘尼”,简称“尼”,俗称“尼姑”。

凡出家佛教徒必须剃去须发,披上袈裟,称为“剃披”,僧尼一经“剃披”,即入住寺院,开始过着与世隔绝的生活。

旅游接待人员,尤其是导游人员了解和掌握这些称谓的不同,在接待工作中能准确地说出他们的称谓,是非常必要的。

(二)四威仪

“四威仪”是指僧尼的行、住、坐、卧应保持的威仪德相,即“行如风,站如松,坐如钟,卧如弓”。要求一切举止都需遵礼守法,不允许有轻浮的举止。

(三)受戒

这是指佛教徒接受佛教戒律的仪式。过去,比丘和比丘尼受戒时,要在头上烫若干个香洞(有6、7、9、12个香洞之分)。

(四)戒律

受戒后出家的僧尼就必须严格遵守佛教的各种清规戒律,如“五戒”、“十戒”等。

1. 五戒

五戒即:(1)不可杀生;(2)不可偷盗;(3)不可淫邪;(4)不可饮酒;(5)不可妄语。

2. 十戒

十戒即:(1)不杀;(2)不盗;(3)不淫;(4)不妄;(5)不酒;(6)不着彩色衣服;(7)不用化妆品;(8)不睡高床;(9)不过午食;(10)不蓄财宝。

(五)合十

也称合掌。这是佛教徒之间或与他人见面时行的一种礼。施礼时双手手心相对合拢,手指朝上,置于胸前,口中念道“阿弥陀佛”,以示敬意。如果在合十的同时又蹲下,则为行大礼。

(六)顶礼

顶礼是向佛、菩萨或上座行的大礼。行礼时双膝跪下,舒两掌过额头承空,头顶叩地,以示头触佛足,恭敬至诚,即谓“五体投地”。

(七)朝山

朝山是指佛教徒往名川大寺去进香拜佛。大乘佛教教徒进入寺庙不可脱鞋,进殿要朝拜佛祖释迦牟尼,还要朝拜弥勒佛、观音菩萨以及三世十方众佛和菩萨;

小乘佛教教徒进入寺庙时需脱鞋，进殿只能朝拜释迦牟尼佛像。

### 四、佛教的禁忌

(1)佛教徒忌以怨报怨。在他们看来，以怨报怨，怨恨非但不能冰消瓦解，反而越结越深。

(2)佛教有五戒、八戒、十戒等戒律。八戒是在五戒的基础上另外加不卧高广大床，不装饰打扮及歌舞戏乐，不食非时食(正午过后不吃饭、不超过规定时辰饮食)。十戒在八戒外还有不涂饰香发、不蓄金银财宝。

(3)在老挝，佛教徒守持五戒，一般不持素，只禁食人、象、虎、豹、马、狗、蛇、猫、龟等十种肉。午后除病僧外一律禁止食用嘴嚼的食物。

(4)在缅甸，佛教徒忌吃活物，持不杀生与放生的习俗。忌穿鞋进入佛堂与一切神圣的地方。他们认为制鞋用的是皮革，是杀生所得，并且鞋子踏在脚下是肮脏的物品，会玷污圣地，受到报应。

(5)在日本，有佛事的祭祀的膳桌上，禁忌上带有腥味的食品，同时禁食牛肉。忌妇女接触寺庙里的和尚，忌妇女送东西给和尚。

(6)在泰国，佛教徒最忌讳别人摸他们的头。同时还忌讳当着佛祖的面说轻率的话。佛教徒购买佛饰时忌说“购买”，只能用“求租”或“尊请”之类的词，否则被视为对佛祖的不敬，会招来灾祸。

(7)在中国，佛教徒忌别人随意触摸佛像、寺庙里的经书、钟鼓以及活佛的身体，佩戴的念珠等被视为“圣物”。

(8)流行于泰、拉祜、布朗、德昂等少数民族中的“南传上座部佛教”另有一些禁忌。如在德昂族中，在进洼(关门节)、出洼(开门节)和做摆(庙会)等宗教祭日里，都要到佛寺去拜祈3天，忌讳农事生产；进佛寺要脱鞋；与老佛爷在一起时，忌吃马肉和狗肉；妇女一般不能接近佛爷，也不能与佛爷谈话。

德昂族传说“活佛”飞来时先落于大青树上，然后才由佛爷请进佛寺，故视大青树为“神树”，忌砍伐。

## 第三节 伊斯兰教礼俗

伊斯兰教是世界各大宗教中最年轻的，从信徒数量上看是世界上第二大宗教，7世纪初兴起于阿拉伯半岛，主要传播于亚洲、非洲。20世纪以来，在西欧、北美一些地区也有所传播和发展。在马来西亚、塞内加尔等40多个亚非伊斯兰教国家中，穆斯林占全国总人口的大多数，在埃及、沙特阿拉伯等30多个国家中，伊斯兰教被定为国教。

如今，伊斯兰教国家和穆斯林人民在国际政治、经济、文化生活中发挥着日益重要的作用。

## 一、伊斯兰教的五大信仰

(一)信安拉(即真主)

伊斯兰教认为,安拉是宇宙的唯一主宰,是世界万物的创造者,安拉全知全能,至仁至慈,无形象,无方位,无所不在,无以匹敌。每一位穆斯林,都必须信仰真主安拉并全心侍奉安拉。

(二)信天使

伊斯兰教认为,天使(又称"天仙"或"天神")是真主用光创造的精灵,受真主驱使,天使数目颇多,著名的有四大天使,其中地位最高的是向穆罕默德传达真主"启示"的吉卜利勒。穆斯林只需承认他们的存在,不能膜拜。

(三)信经典

伊斯兰教认为,《古兰经》是真主安拉的语言,是"天经"。《古兰经》是安拉降示给穆罕默德的最后一部最完整、最可靠的神圣经典,穆斯林应信仰天经,用《古兰经》规范自己的言行。

(四)信先知

伊斯兰教认为,安拉在不同历史时期差遣过多位使者或先知,如阿丹(一译"亚当")、努哈(一译"挪亚")、易卜拉欣(一译"亚伯拉罕"),而穆罕默德是安拉最后派遣的一位使者和先知,其言行代表安拉的意志。

(五)信后世

伊斯兰教认为,人要经历前生和后世,世界终将有一天要毁灭。在"世界末日"到来时,每个人都将被带到真主的面前接受审判,行善者进入天堂,作恶者堕入火狱。

## 二、伊斯兰教礼仪

(一)教职

伊斯兰教的教职是"伊玛目"、"海推部"、"穆安津"等,合称"掌教"。

(二)五功

伊斯兰教规要求穆斯林要尊奉"五功",这是穆斯林的宗教义务,又是宗教功课。

(1)念功,即念诵清真言"万物非主,唯有真主,穆罕默德是真主的使者"。

(2)礼功,即每天在晨、晌、晡、昏、宵五个时辰做礼拜五次,每星期还要进行一次"主麻礼拜"。每年的开斋节和宰牲节时,要举行会礼。日常礼拜前要"小净",主麻拜和会礼前要"大净"。礼拜时要朝向麦加大清真寺的克尔白(天房)。

(3)斋功,即在每年伊斯兰教教历太阳年九月斋戒一个月,此期间,穆斯林在每天的日出到日落这段时间内,禁止吃喝、娱乐等项活动一个月,但病人、孕乳期妇女和幼儿可延缓。

(4)课功,这是伊斯兰教的宗教课税,教徒们要根据自己拥有的财物多少缴纳。我国穆斯林均为自愿捐奉。

(5)朝功,即朝觐,每个穆斯林不分男女,凡身体健康有经济能力者,在道路安全的情况下,一生至少应自备旅费去伊斯兰教的圣地——麦加朝觐一次。"大朝"(亦称"正朝")的朝觐时间为伊斯兰教教历十二月八日至十二日,朝觐者在进入麦加前需在规定的地点受戒。朝觐的主要活动内容为巡礼"克尔白",瞻吻"玄石"。

伊斯兰教教历十二月十日是伊斯兰教的主要节日"宰牲节",我国也称"古尔邦"节。节日里,人们沐浴盛装,举行会礼,宰杀牲畜献祭。朝觐分正朝和副朝两种,每年十至十二月上旬为正朝时间,其余为副朝时间。

### 三、伊斯兰教禁忌

(1)忌食猪肉。我国10个信仰伊斯兰教的民族都禁食猪肉及自死物、血液和非诵安拉之名而宰的动物。同时也禁饮酒。

(2)忌用动物形象做图案。根据"真主独一"的信条,伊斯兰教徒忌任何偶像崇拜,只信安拉;忌模仿制造、绘制任何动物图像,包括人的形象也在禁忌之列。所以在伊斯兰建筑艺术作品中只能看到绘制的植物或几何图形。

(3)在回历九月,进行斋戒。

(4)不戴面纱的妇女忌进清真寺。

(5)忌男女当众拥抱接吻,妇女在陌生人面前要戴面纱。

(6)给信奉伊斯兰教的人送礼,忌送带有动物形象的东西。在他们看来,带有动物形象的东西会给他们带来厄运。

(7)穆斯林每天要做五次祈祷,在祈祷期间,忌外来人表示不耐烦,干扰祈祷。同时,穆斯林在礼拜时,必须净身,清真寺内严禁穿鞋进入。

(8)饮食时,只能用右手,忌用左手。

(9)穆斯林殡葬要从速、从简,不用任何陪葬物,不用棺材,只用洁净的白布包裹遗体。

### 思考与练习

1. 世界上最著名的三大宗教是哪三个?并简单描述三大宗教中最具特色的宗教习俗。

2. 简述基督教的禁忌。

3. 简述伊斯兰教的"朝觐"。

4. 佛教有哪些戒律?

5. 佛教最初是怎样传入中国的?
6. 基督教信徒做“礼拜”有哪些讲究?
7. 简述穆斯林的“五功”。

**案例分析**

一、某高星级酒店接待了一个穆斯林宗教考察团,接待方曾多次与酒店协调宴请的菜肴安排,强调不能有猪肉出现,甚至不能有猪的油腥味,饭店总经理也高度重视,曾多次审核宴会菜单。但宴会进行中,该团负责人还是在宴会中吃出了猪肉,原来因该宴会档次较高,厨师为烘托气氛专门为宴会设计了一个大型“凤凰展翅”的彩拼,但厨师为五彩的翅膀添加的几片粉色的“午餐肉”却是猪肉做的。这次接待事故导致了很坏的政治影响。

这起事故错在哪个环节,如何避免?宗教客人接待应如何注重细节?

二、某一旅行团在泰国旅游期间,导游告诉游客在芭提雅穿太正式的西服并不被认为是有钱人,于是在游览曼谷大皇宫时,有些客人穿戴随意,其中有一位女客人穿着没有后带的“拖鞋”式凉鞋被拦在外面,另一位穿健美裤的女客人也被拦在外面。

两位女客人为什么不被允许参观皇宫?如何理解非正式着装?